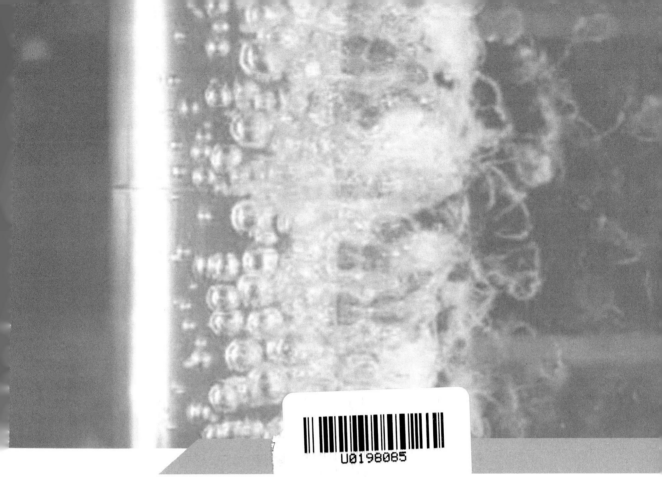

DUOXIANGLIU LILUN JI GONGCHENG YINGYONG

# 多相流理论
# 及工程应用

主编 王军锋 李彬

江苏大学出版社
JIANGSU UNIVERSITY PRESS

镇 江

**图书在版编目(CIP)数据**

多相流理论及工程应用 / 王军锋,李彬主编. -- 镇
江：江苏大学出版社,2024.5
ISBN 978-7-5684-2186-7

Ⅰ.①多… Ⅱ.①王… ②李… Ⅲ.①多相流－研究
Ⅳ.①O359

中国国家版本馆 CIP 数据核字(2024)第 098390 号

多相流理论及工程应用

Duoxiangliu Lilun Ji Gongcheng Yingyong

主　　编/王军锋　李　彬
责任编辑/徐　婷
出版发行/江苏大学出版社
地　　址/江苏省镇江市京口区学府路 301 号(邮编：212013)
电　　话/0511-84446464(传真)
网　　址/http：press. ujs. edu. cn
排　　版/镇江文苑制版印刷有限责任公司
印　　刷/镇江文苑制版印刷有限责任公司
开　　本/787 mm×1 092 mm　1/16
印　　张/15.5
字　　数/380 千字
版　　次/2024 年 5 月第 1 版
印　　次/2024 年 5 月第 1 次印刷
书　　号/ISBN 978-7-5684-2186-7
定　　价/48.00 元

如有印装质量问题请与本社营销部联系(电话：0511-84440882)

# 前 言
## Preface

多相流研究具有两种及两种以上不同相态或不同组分物质共存,并有明确分界面的多相流体动力学、热力学、传热传质学、燃烧学、化学反应和生物反应,以及相关工业过程中的共性科学问题,是一门从传统能源转化与利用领域逐渐发展起来的新兴交叉科学,是能源、动力、核反应堆、化工、石油、制冷、低温、可再生能源开发利用、航空航天、环境保护、生命科学等领域实现现代化的重要理论和关键技术基础,在国民经济的基础和支柱产业发展中具有重要作用。

本书旨在系统地介绍多相流的基本理论与工程应用,涵盖从基本概念到前沿研究的广泛内容,并结合实际工程案例分析其应用和挑战,具有综合性、科学性、创新性和针对性等特点。本书从多相流相场空间结构与分布、界面现象、波动现象、颗粒相的特性、可变形颗粒动力学、沸腾系统中的汽液两相流及其不稳定性、多相流数理模化等方面,介绍多相流动力学的基本概念、分析方法和基本理论,拓展相关研究的国内外进展与部分成果在工程中的应用,同时涵盖了江苏大学关于荷电多相流的研究成果与进展。

本书语言简明扼要,便于理解,具有很强的理论性、专业性、技术性和实用性,既可作为相关专业研究生教材或本科生选修课教材,也可作为有关技术领域研究人员和工程技术人员的工具书和参考书。

本书的编写参考了大量国内外相关技术资料,吸取了许多专家和同仁的宝贵经验,在此鸣谢。

由于编者水平有限,书中难免存在不妥之处,恳请读者给予批评和指正。

编　者
于江苏大学
2024 年 3 月

# 目录 Contents

## 第3章  多相流基本方程

## 第4章  离散相动力学

## 第10章　多相流数值计算方法

# 第1章

# 绪　论

## 1.1　多相流的定义及分类

### 1.1.1　多相流的定义

在物理学中,所谓的"相"是指自然界中物质的态,如气态、液态、固态等,一种物态即称为一相。在热力学中,物体中每一个均匀部分称为一相,各部分均匀的固体、液体和气体可分别称为固相物体、液相物体和气相物体,或者统称为单相物体。但在流体动力学中,动力学性质相近的一群物体就可以称为一相。一种物态可能是单相的,也可能是多相的。例如,不同种类、不同尺寸、不同形状的固体颗粒在流体中运动时,可以视具体情况把固体分为许多相。因此,流体动力学中讨论的"相"比物理学和热力学中的"相"具有更广泛的意义。

各部分均匀的气体或液体的流动可称为单相流体的流动,简称单相流。当物体各部分之间存在差别时,这一物体就称为多相物体。例如,气体和液体的混合物、气体和固体的混合物以及液体和固体的混合物等。多相物体的流动则称为多相流动,简称多相流。需要指出的是,此处"多"意指两相及两相以上的流动,而不是习惯中的"多"就代表三及大于三的意思。多相流在英文中被称为 multiphase flow,在日文中常被称为"混相流"。

固体不能与气体或液体混合均匀而成为单相流体。因此,固体颗粒和气体或液体的混合流动一般为多相流。不同液体的混合流动可能是单相流,也可能是多相流。例如,水与酒精的混合流动是单相流,而水与水银的混合流动则为两相流。不同气体混合后总是成为一种新的单相流体。

### 1.1.2　多相流的分类

多相流的分类方法有很多种,最常见的是根据参与流动的相的数目来分类,可分为两相流、三相流和四相流等,其中两相流最为常见。两相流主要有四种:气体和液体一起流动的称为气液两相流;气体和固体颗粒一起流动的称为气固两相流;液体和固体颗粒一起流动的称为液固两相流;两种不能均匀混合的液体一起流动的称为液液两相流。三相流主要有三种:气体、液体和固体颗粒一起流动的称为气液固三相流;两种不能均匀混合的液体和固体颗粒一起流动的称为液液固三相流;两种不能均匀混合的液体与气体一起流动的称为气液液三相流。若存在气体和多种不能均匀混合的液体以及固体颗粒一起流动的工况,如气、油、水、砂的共同流动,可以命名为四相流(林宗虎,1988)。需要指出的是,本书中"气液两相流"一词中的"气"泛指气体,而"汽液两相流"一词中的"汽"仅代表同种液体产生的蒸汽。

通常情况下,多相流动体系由两种连续介质或一种连续介质和若干种不连续介质组成。连续介质称为连续相,不连续介质(如固体颗粒、气泡、液滴等)称为分散相(或非连续相)。根据流动介质的连续与否,多相流动可以分为两类:一类是连续相中含有分散相的均匀或不均匀混合物的流动,普通多相流动多指这类流动;另一类是相交界面相互作用起着重要作用的流动,此时两相介质是均匀的,但必须考虑相界面的力学关系。

对气液两相流来说,还可以根据气液两相的组分而分为单组分气液两相流和双组分气液两相流。例如,水蒸气和水的组分是相同的,所以汽水混合物的流动属于单组分气液两相流;空气和水的组分是不同的,所以空气和水混合物的流动属于双组分气液两相流。单组分气液两相流在流动时根据压力和温度的变化会发生相变,即部分液体汽化为蒸汽或部分蒸汽凝结为液体,而双组分气液两相流在流动时一般不会发生相变。

就两相流而言,它可以是在同一个方向上的流动,即"同向流动";也可以是在相反方向上的流动,即"反向流动";还可以是介于两种流动之间的流动,如气液两相流中液相的平均速度为零,或者液相的平均速度与气相速度相垂直的流动。当气相以分散的气泡穿过液层时,这种流动称为浮泡过程;另外一种液相速度为零而气相速度向上的流动是在环状流动状况上产生的,即所谓的"液泛"流动工况。

多相物体的流动现象广泛存在于自然界、日常生活及工程实际中。一般而言,绝大多数的流动都是多相流,纯粹的单相流(如极纯净的气体或水等)是极为少见的。诸如自然界中云雾、含尘空气、雨雪、冰雹、含泥沙水流、雪崩、滑坡以及生物体内血液的运动,日常生活中开瓶后啤酒中气泡的运动、水烧开时水壶中汽泡的运动,工业生产中粉料或粒料的气力或液力管道输送、粉尘的分离与收集、喷雾干燥与冷却、选矿、气流纺纱、液雾/煤粉/金属粉的燃烧、流化床、材料喷涂、等离子体化工、各种粉末制备、烟气透平内含尘流、锅炉及反应堆内汽水流动、炼钢或炼铁炉内气泡-液体流动、固体火箭排气、炮膛中火药粒流动、蒸汽轮机内湿蒸汽流动等,都是多相流的例子(周力行,1991)。

## 1.2 多相流研究概述

### 1.2.1 多相流研究科学价值

多相流广泛存在于自然界及工程中,随着人类认识自然和改造自然能力的增强,对多相混合物的流动规律的研究也日益受到重视。早在1877年,Boussinesq就已较系统地研究了明渠水流中泥沙的沉降和输送。1910年,Mallock研究了声波在泡沫液体中传播时强度的衰减。然而,许多经验和研究成果分散在各个生产部门,相互交流不多。"两相流"这一术语在20世纪30年代首先出现在美国的一些研究生论文中。但直到20世纪40年代,学者们才开始有意识地总结归纳所遇到的各种现象,用两相流的统一观点系统地加以分析和研究。1943年,苏联首先将这一术语应用于正式出版的学术刊物上。"Two-Phase Flow"(两相流)这一名词在1949年见诸英文文献。20世纪50年代以后,此类论文数量显著增加,内容包括两相流边界层、激波在两相混合介质中的传播、空化理论、流态化技术、喷管流动等。1956

年,Ingebo 研究了颗粒群阻力系数与单颗粒阻力系数的差别,总结出描述颗粒群阻力系数的经验公式。20 世纪 60 年代以后,越来越多的学者开始探索描述两相流运动规律的基本方程。1961 年,Streeter 在《流体动力学手册》中介绍了两相流。1974 年,国际多相流杂志(*International Journal of Multiphase Flow*)创刊。1976 年,Rudinger 以"气体-颗粒流基础"为题在比利时的 von Karman 流体动力学实验室做了专题系列讲座,并于 1980 年整理成书出版。1982 年,Hetsroni 出版了《多相流手册》。可以说,两相流作为一门独立的学科,已经形成并开始了迅猛的发展,但总体来说尚处于发展初期,在很多方面都要依赖经验数据,而且数据的分散性很大(刘大有,1993)。

多相流的研究工作与工程需要密不可分。在国外,除已形成许多多相流研究中心外,美国中西部 20 多所大学与阿贡国家实验室及工矿企业联合成立了多相流研究所;日本成立了全国性的多相流学会,学术活动十分活跃;涉及多相流问题的国际学术会议平均每年举办十多次,刊登有关多相流学术论文的国际杂志已超过 200 种。

在国内,西安交通大学于 20 世纪 50 年代末率先开展了有关多相流的研究工作。20 世纪 80 年代以来,其他高等院校和相关研究所也相继开展了多相流的研究工作。近十年来,国内关于多相流的研究十分活跃,各单位在多相流研究方面都取得了不同的重要成果。但总体来说,由于缺乏系统的基础研究,仪器设备等较国外落后,我国多相流的研究和国外相比还有较大差距。此外,我国学者在走出去宣传自己的科研成果等方面的努力不够,国外的许多学者对我国学者的研究工作和学术水平还不够了解(陈学俊,1994,1996)。但这种情况在近年有所改善。随着我国国力的增强,多相流研究的投入日益增多。

### 1.2.2 多相流研究现状

多相流学科是一门只有数十年历史的新兴学科,是在流体力学、传热传质学、物理化学、燃烧学等学科基础上发展形成的,在能源、动力、石油化工、核能、制冷、低温、环保、航天等工业部门有广泛的用途,因此发展迅速。尤其在 20 世纪 60 年代以后,核电站、航天工业、动力工业及化工业中极端环境的应用,油气混输管路的发展,水煤浆运输和新型采油工艺的应用,以及环保工业的发展等,大大地促进了多相流学科的发展。

目前,在研究领域和研究课题多样化的同时,多相流研究工作向更细致、更专业、更深入的方向发展。以前,有关多相流的研究分散在机械、能源、动力、化工、冶金、核能、石油、航空、航天等学科领域内。但近年来,这种人为划分的学科边界逐渐消失,各学科走向交叉和融合,这极大地促进了多相流研究的发展。比如,在气液两相流的研究中,人们已经注意到在这样的系统中存在随时间变化而移动、变形、分裂、结合的非常复杂的气液相界面,以及由相间的相对运动引起的各种尺度的湍流涡团,同时通过相界面可进行复杂的质量、动量和能量传递。为此,研究工作已涉及气液两相湍流的物理模型、数学模型、多维两相流体力学、瞬态现象的解析和试验研究,双流体模型中的湍流输运项、各本构方程的评价以及机理模型的建立,流型转变机理的模型化以及单一颗粒或颗粒群(包括气泡、液滴)的运动解析(升力、变形、分裂、结合等机理),伴有波动的液膜流气液界面的结构及输运现象的解析,非线性现象、高速气液两相流动现象、过渡特性的解析和试验研究,高压气液两相过冷沸腾的多维特性以及临界热负荷的评估和模化等(Serizawa,1995)。

# 1.3　多相流的特点和研究方法

### 1.3.1　多相流的特点

多相流与单相流相比具有许多特点,主要表现在以下方面:

① 多相流中含有多种不相混溶的相,这些相都具有独立的流动变量。即使是两相流,也可划分为气液、气固、液液、液固四种类型。因此,与单相流相比,描述多相流的参数显著增加。

② 多相流中各相的体积分数和分散相的颗粒大小能够在较大范围内变化,进而显著影响流动性质和结构(多相流的流动结构也称为流型);各相的相对速度和物理性质(密度、黏度等)的差异以及相界面行为都是影响多相流动的重要因素;各相的性质、含量及流动参数决定了流动型态,不同的流型可用不同的方法来处理。

③ 各相间常存在水力学和热力学不平衡。不平衡性表现在相间的速度和温度差异,这种差异是导致相间发生相互作用的原因。随着时间的推移,这种差异有逐渐减弱的趋势,这种现象称为松弛。

④ 相间常存在传热和传质及化学反应。例如,流体与管壁的温度不同(换热器中),或冷水与热水发生混合,都会发生热传递。若发生化学反应,则常涉及化学反应动力学、非平衡态热力学及非线性等问题。

⑤ 对于气液或液液两相流,各相间可通过界面发生热量、质量和动量的传递,且界面的形状也会随时发生变化。例如,小气泡(液滴)会发生聚并而变成大气泡(液滴)。

⑥ 多相流多为湍流,层流很少见。在湍流两相流中,除各相内部的动量、热量和质量传递外,还有相间(如流体与颗粒或液相与气相间)的质量、动量及能量相互作用;除流体内部反应外,颗粒与流体、液相与气相间还可能有异相反应。除此之外,湍流两相流中有时还会有静电效应或电磁效应。

⑦ 多相流一般是三维流动。由于工程装置几何形状的复杂性,纯粹的平面二维或轴对称流动较为少见。例如,在锥形旋风分离器中,由于切向进风口的存在,流动都是三维且不对称的。

⑧ 对多相流来说,通过近代计算流体力学和大型数字计算机的数值模拟理论和方法,可以更加深入地理解模拟多相的复杂行为,为工程设计和优化提供有效的解决方案。

总之,参数多、相间存在变动界面以及非平衡效应的存在,使得多相流问题的处理变得更加困难和复杂。

### 1.3.2　多相流的研究方法和理论模型

理论上,流体力学的基本方程是可以用于多相流的。但是在多相流中,不仅要对各相列出各自的守恒方程,还要考虑相间的相互作用,因此与单相流相比,用于描述多相流的方程组更加复杂,对多相流的分析和研究也更加复杂和困难。

1．多相流的研究方法

目前,多相流的研究方法大多是单相流研究方法的延伸,大致有以下几种。

（1）经验关系式法

根据实验数据建立经验关系式是工程设计中常用的方法。经验关系式法就是将工业性试验结果、半工业性试验结果或实验室的实验结果整理成经验关系式或图表。其主要步骤是:收集实验数据;对系统变量建立任意或半任意的相关方程;使用任意常数或任意函数使方程能够拟合实际数据;根据获得的方程去预测其他情况。

这种方法的优点是计算比较简便且相对精确,但其局限较大,只能用于规定的范围,不能外推,只有在设计对象与获得关系式的条件相同时才会获得良好结果。

（2）分析方法

分析方法试图从基本原理出发推导多相流控制方程。其主要步骤是:对每相和界面条件建立局部瞬时方程;用平均方法得到瞬时空间平均方程、局部时间平均方程和时间空间平均方程;把平均方程简化到所要求的程度(如含有相间相互作用项的多流体方程),以此来求解实际问题。

这种方法的优点是较严密,借助现代计算技术得到的关系式更具普遍性。但这组平均方程不是封闭的,要想对其求解还需要知道一些相关关系,如壁面及界面的剪切力和质量、能量的传递项等。因此,只有当这些相关关系有一定的物理基础或有更大的普遍性时,分析方法才能给出比经验关系式法更好的结果。

（3）唯象方法

唯象方法试图从物理上透彻地解析存在的现象并据此建立模型,其实质上是一种半经验半理论的方法。其主要步骤是:按相界面分布方式确定流型;详细地观察现象,并运用相应的测量手段建立理论或半理论的物理模型来描述局部现象;综合局部模型得到对整体系统的描述;运用整体模型进行预测、设计。

这种方法的优点是能在物理上深刻地了解现象,描述的真实性得到了改善,为把所建立的模型外延到不同系统开辟了较好的途径。但模型的正确选择取决于对物理本质的深刻认识,而这种认识难以用规格化的方式表达,在常规设计中,也往往显得过分地依赖实验数据。

综合上述分析,经验关系式法、分析方法和唯象方法是研究多相流的基本方法。其中,经验关系式法有局限性、误差较大,但简单方便,适用于工程中。分析方法较严密,但纯粹的分析方法适用性很小。唯象方法通过对物理现象的透彻理解,并用简单的模型去描述,取得了较好的结果。将分析方法和唯象方法相结合,则构成了一种特殊分析方法,其受到了人们的普遍重视。该方法一方面利用从分析方法发展的理论体系来说明唯象模式,并沟通各模式间的关系;另一方面利用唯象方法获得一些相关关系,使得分析方法有更丰富可靠的实验基础,更具普遍性。

2．多相流的理论模型

总结已有的研究成果,目前应用于多相流的理论模型主要有单流体模型、双流体模型、分散颗粒群轨迹模型等。

将多相流视为单一混合物的连续介质来处理,通常称为单流体模型。把多相流中的各相分别考虑成连续介质,同时充满整个流场,通常称为多流体模型。若研究的对象为两相流,则称为双流体模型。多流体模型的数学描述及处理采用的是欧拉方法。而把流体相视作连续介质,把颗粒相视作离散介质处理,通常称为分散颗粒群轨迹模型。其数学描述和处理方法,对颗粒相来讲均是通过对施加在单个颗粒上的各种力的分析,得到颗粒在气流中的轨迹和其他参量,因此采用的是拉格朗日方法。

这三种基本模型的使用效果与具体的研究对象有关,不能简单评价孰优孰劣。在选择模型时,除考虑具体研究对象的特点、所要求解的问题外,还必须考虑所选用模型的可行性。目前最活跃的是多流体模型,它对不少实际问题的描述是有潜力的,特别是对三维问题的描述。但理论分析需要有实验的支持,因而实验方法必须得到发展。

## 1.4 多相流研究的应用背景

### 1.4.1 在化学工程中的应用

本小节将以流化技术和静电雾化为例讲解多相流在化学工程中的应用。

（1）流化技术

将大量的粉体颗粒悬浮于具有一定速度的风中,从而使粉体颗粒具有类似于流体的某些表观特征,这种流固接触的状态称为粉体流态化（图1.1）,这种床层称为流化床。流化技术广泛应用于化学反应、干燥和燃烧等领域。

粉体颗粒的流化可根据风速分为以下四个阶段（图1.1）。其中,$L_0$、$L_{mf}$、$L_f$ 分别表示固定床阶段、临界流化阶段、流化阶段中粉体颗粒的床层高度。

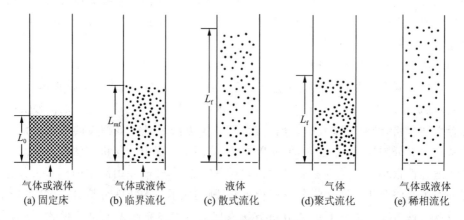

图 1.1 不同粉体流态化对比

固定床阶段:当风速较低时,粉体颗粒静止不动,即未发生流化,床层属于固定床阶段。

临界流化阶段:当风速继续增大,粉体颗粒在风中的浮力接近或等于粉体颗粒所受重力及其在床层中的摩擦力时,粉体颗粒开始松动悬浮,床层体积开始膨胀;继续加大风速,几乎所有的粉体颗粒都会悬浮在床层空间,床层属于初始流化或临界流化阶段。此时的风速称为临界流化速度或最小流化速度。

流化阶段:当风速大于最小流化速度时,气体鼓泡现象开始出现,在气泡上升过程中,不断有粉体颗粒离开这一区域,另一部分颗粒又补充进去,这样就把下层颗粒带到上层,造成床层内颗粒的剧烈搅拌,提高了粉体颗粒与风的传热效率。在流化过程中,可以出现两种流化类型,即散式流化和聚式流化。

稀相流化阶段:继续加大风速,粉体颗粒与送风的力平衡被打破,床层上界面消失,大部分颗粒被风带走,床层属于稀相流化(气力输送)阶段,此时的风速称为带出速度或最大流化速度。

(2) 静电雾化

静电雾化通常是指液体以一定流量从带有高压静电的毛细通道(管)中流出,毛细管末端出口处的液体会受到重力、电场力、表面张力等的作用而形成细小射流,并进一步破碎成细小单分散液滴的过程(图 1.2)。通过改变施加电压可以有效控制雾滴的粒径分布及雾滴的运动形态,且雾滴带有同种电荷产生相互排斥,在空间具有良好的弥散性,因此静电雾化在药剂喷洒、静电喷涂、燃料雾化燃烧、静电除尘、微纳米粒子及薄膜制备以及质谱分析等方面得到了广泛的应用。

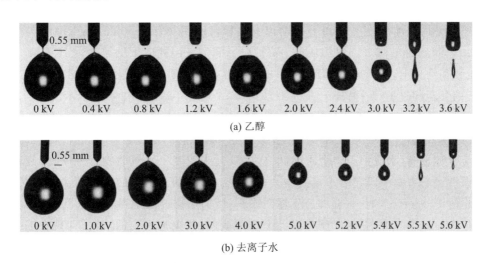

(a) 乙醇

(b) 去离子水

图 1.2　不同电压下乙醇和去离子水由滴状到微滴状的喷雾模式转变

近年来,国内外大量学者围绕毛细管静电雾化现象等进行了详细的理论、实验及应用研究,获得了滴状、纺锤状、锥射流、多股射流等典型的雾化模式。同时,不少研究者研究了液体种类、电极形式及操作参数对静电雾化模式的影响,并探讨了物性参数、电极布置形式以及电压、流量等对毛细管静电雾化过程及模式转变的影响规律。王晓英等对静电雾化模式中锥射流的液锥进行了受力分析,基于应力平衡建立了液锥力学模型,运用高速摄影技术得到了液体的雾化模式和液锥形态的演变过程,探讨了流量、荷电电压及针形喷嘴的内半径等对液锥形成过程的影响。尽管众多学者对毛细管静电雾化模式进行了详细的探讨,但从力学角度研究与分析静电雾化模式及其转变过程仍然是十分困难的,不同雾化模式下微射流与雾滴的受力状况、雾化模式的转变诱因等仍需进一步深入探讨。

### 1.4.2　在水利、水力中的应用

水土流失问题是世界性的,无论是发展中国家还是发达国家都存在不同程度的水土流

失问题。从总的趋势来看,全球的水土流失问题十分严峻,并且还在进一步恶化。据联合国粮农组织的专家估算,全世界约有 2500 万 $km^2$ 土地遭受水土流失,占陆地总面积的 $16.7\%$,每年流失土壤达 260 亿 t。这些泥沙输入河道、湖泊、水库、港口,给防洪、灌溉、发电、航运等带来了极为不利的影响。

我国是世界上水土流失比较严重的国家之一。20 世纪 80 年代末期,遥感普查结果显示,全国各类水土流失面积达 492 万 $km^2$,占国土面积的 $51.5\%$,其中水力侵蚀面积为 179 万 $km^2$,风力侵蚀面积为 188 万 $km^2$,冻融侵蚀面积为 125 万 $km^2$。水土流失严重影响了农业生产,特别是粮食生产。水土流失遍布于各省,不论山区、丘陵区、平原区,也不论农村、城市,都存在水土流失问题。除此之外,七大流域和内陆河流域也存在该问题。黄河中上游的黄土高原占地面积约为 60 万 $km^2$,严重水土流失面积高达 43 万 $km^2$,可以说是世界水土流失之最,年平均土壤侵蚀模数为 3700 $t/km^2$。其中,从内蒙古河口镇到龙门区间的晋陕峡谷地带约有 10 万 $km^2$,年平均土壤侵蚀模数达 10000 $t/km^2$,最严重的达 $50000\sim60000$ $t/km^2$。从这个地段输入黄河下游的泥沙达 $60\%$,即超过 9 亿 t,且是粗沙,大多沉积在下游河床上。黄土高原年平均侵蚀模数在 5000 $t/km^2$ 以上的地区面积共有 15.6 万 $km^2$,每年产沙达 14 亿 t,占总产沙量的 $87.5\%$。每年从黄土高原输入黄河三门峡以下的泥沙达 16 亿 t,其中有 4 亿 t 淤积在河床上,使河床每年升高 10 cm,成为有名的地上悬河,河床高出两岸农田 $3\sim$ 10 m,有的甚至超过 10 m;另外 12 亿 t 泥沙入海,平均每年造陆几十平方千米。黄河水的含沙量平均为 37.4 $kg/m^3$,汛期高达 $500\sim600$ $kg/m^3$,最高达 1600 $kg/m^3$。黄河中上游形成了"越流失越穷,越穷越流失"的局面,导致了下游"越险越加,越加越险"的恶性循环。

河流含沙量高,水流中固体物质如此之多,反过来改变了水流的物理性质,其运动机理已超出泥沙运动力学中研究的水流挟沙力的理论。我国西北地区的引黄灌溉渠道,过去当含沙量超过 100 $kg/m^3$ 时,渠道即产生泥沙淤积,因而历史上限定当含沙浓度达 $15\%$(相当于含沙量 160 $kg/m^3$ 左右)时闭闸停灌。但实践表明,在渠道不变的情况下,现在当含沙浓度高达 $50\%\sim60\%$(相当于含沙量 $730\sim950$ $kg/m^3$)时,水流通过渠道仍不会产生淤积。黄河洪水高含沙水流运动的种种现象,为固体水力输送提供了很多重要信息。此外,我国还是泥石流发育的国家之一,西南和西北地区山地泥石流中固体物质含量比河道中高含沙水流还要高出很多。据小江流域泥石流观测,其单位体积重往往在 2.0 $t/m^3$ 以上,相当于固体含量 $80\%$ 以上,或含沙量 1600 $kg/m^3$ 以上,最高可达 2000 $kg/m^3$,并且大部分物质是直径很大的砾石和石块,这样高浓度的固液混合物能在坡降不大的沟道中高速直下。我国西南地区泥石流观测积累了大量资料,泥石流运动的观测和研究也从另一侧面为固体高浓度水力输送提供了有用的宝贵资料。十多年来,我国在高含沙水流和泥石流方面的研究、观测取得了丰硕的成果,得到了国外同行的认可和重视。

泥沙起动即河床上不同粗细的泥沙随着水流条件的增强开始运动,其水力条件(流速、水深等)是研究泥沙运动力学与河床演变的重要内容之一。水利方面的水库排沙、河床演变、渠道稳定、抛石截流和护岸以及其他方面的航道治理、桥梁冲刷、水环境保护等均与泥沙起动有密切的关系。从学科上看,泥沙起动是泥沙运动的起始环节,也是泥沙运动力学的基础之一。泥沙运动的一些基本问题,如推移质输沙率、悬移质挟沙能力等,与泥沙起动有不可分割的联系。因此,泥沙起动方面的研究进展对泥沙运动理论的发展有一定的推动作用,而泥沙运动其他方面的研究也能促使泥沙起动研究的深入。泥沙起动事实上是一种低输沙率状态,也应服从低输沙率规律。如果有一个理论基础好、符合实际的低输沙率公式,则相当于提供了一系列的起动流速关系式(韩其为、何明民,1999)。目前的研究重点为土壤的物理化学性质、降水速度(单位时间单位面积的降水量)与水流流向的关系,入渗水流、土壤性质对土壤力学行为的影响,泥沙起动规律及起动流速,以及泥沙夹带与沉积规律。

### 1.4.3 在管道输送工程中的应用

利用管道输送固体物料,具有效率高、收效快、安全可靠,沿运输路线无噪声、无尘,占地面积小,最利于环境保护等优点,日益受到人们的青睐(陈次昌 等,1994;费祥俊,1994)。管道输送可分为三大类:气力输送、水力输送和密封容器输送。其中,水力输送广泛应用于各个部门:冶金部门,负责输送精矿与尾矿;煤炭与电力部门,负责输送煤渣;水利部门,负责疏浚港口、水库清淤;环保部门,负责输送工业垃圾;轻工部门,负责输送纸浆、鱼类;等等。水力输送在国外已发展为一门成熟的技术,美国于 1957 年建成第一条长距离输煤管道(俄亥俄管道),管长为174 km,管径为 254 mm;1970 年建成第二条长距离输煤管道(黑方山管道),管长为440 km,管径为 457 mm,使用效率达 98% 以上。目前,固体物料输送管道有向长距离、大管径、高浓度和大运量方向发展的趋势。

(1)长距离浆体管道输送系统

图 1.3 所示为一个长距离浆体管道输送的典型流程。长距离浆体管道输送系统一般包括浆体的制备、存贮、起点泵站、管道和中间的加压泵站,以及终点处浆体的脱水使用设施等。概括起来为前期处理、流动输送及后期处理三大环节,具体流程如图 1.4 所示。

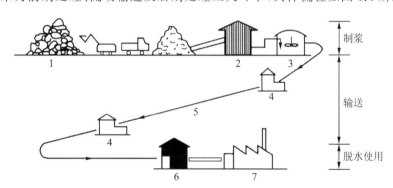

1—矿区;2—破碎、制浆;3—存贮;4—泵站;5—管线;6—稠化、脱水;7—使用。

**图 1.3 长距离浆体管道输送的典型流程示意图**

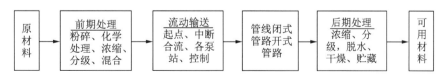

**图 1.4 浆体输送工程流程**

① 前期处理。

管道输送的物料一般是天然物料,需进行前期处理(包括粉碎、化学处理、浓缩、分级、混合等几个环节),制成适于管道输送的浆体物料。换言之,浆体输送中所需的流速和压降基本上由浆体特性决定,而前期处理可以适当控制浆体(两相流混合液)特性。因为浆体特性与颗粒平均直径、粒径分布及浓度有关,所以在前期处理过程中,颗粒的粒度和浓度是主要控制对象。粒径的选取应在适合泵送与易于脱水这两个范围内进行比较。如果把颗粒磨得太细,虽然泵送容易,但在管道终端脱水困难;如果粒径过粗,造成浆体极大的非均质性,就需要很高的输送流速和费用,并且磨损也严重。

前期处理机械一般包括颗粒磨细机械、颗粒筛分与分级机械、制浆设备等。颗粒磨细机械的作用是把原材料磨细,以适应管道输送的要求。颗粒筛分与分级机械的作用是控制上限粒径。对任何长距离的浆体管路而言,上限粒径的控制是极其重要的。沉降快的粗颗粒含量大,会造成管道堵塞,为此应装设安全筛,以防粗大颗粒进入管路。制浆设备的用途是完成液体与固体颗粒的混合,使之成为适于输送的固液两相混合物。

② 流动输送。

流动输送是把制成的浆体输入管道。在流动输送中,采用往复泵与离心泵。当输送距离超过一台泵的能力时,可设增压泵站;若采用往复泵,因其压力大、排水量小,故可并联安装;若采用离心泵,则可串联配置多级泵。流动输送的机械主要是两相流泵。

③ 后期处理。

浆体流送后,首先经过浓缩、分级、脱水和干燥等工序,再进入下面的流程。为了避免输送过程中发生故障,固液分离宜采用大型设备以使输送连续而稳定,但分离后的污水处理是个难题,既要考虑处理费用,又要解决污染和水源等问题。后期处理机械包括贮存设备、脱水机械和干燥设备等,以期使得分离后的固体含水量最小。

(2) 尾矿输送系统

与长距离浆体管道输送系统相比,尾矿输送系统较为简单,一般管道长度为几千米至几十千米,不存在上述的制浆和脱水等环节。我国冶金系统常用的典型流程如图1.5所示。

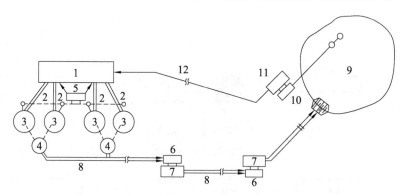

1—选矿厂;2—尾矿自流槽;3—浓缩机;4—分砂泵站;5—循环水泵站;6—矿浆池;7—主泵站;8—尾矿压力管;9—尾矿库;10—回水池;11—回水泵站;12—压力回水管。

**图 1.5  尾矿输送系统流程示意图**

① 浓缩池。

一般自选矿厂排出的尾矿矿浆浓度是很低的,重量比浓度 $c_w$ 只有 $0.05 \sim 0.20$。为将尾矿中的水体收回选矿厂重复使用,以及减少尾矿输送系统的投资和运行费用,提高输送效益,均需在选矿厂(尾矿输送的首部)设置浓缩池(又称浓缩机),其作用是使尾矿在浓缩池中重力沉降,排出的底流矿浆有较高的浓度。我国浓缩机尺寸系列的直径φ为 15,18,24,30,38,45,53 m,通常采用周边齿条传动式浓缩机,将浆池底部的浓缩浆体耙向排料口排出。一般均为自然沉降,不加凝聚剂。

② 分砂泵站。

由于尾矿对泵的磨损严重,一般均采用离心式胶泵,其作用是抽送浓缩池底流。每个浓缩机常采用 2 台分砂泵,一台工作,另一台备用,泵的转速是固定的。

③ 总砂泵站。

总砂泵是管道系统的主泵,我国大型选矿厂一般采用 8 英寸(1 英寸＝2.54 cm)胶泵,由于其扬程不高,必要时可用两台泵串联工作。泵站之间一般设矿浆池,但也有不设矿浆池而直接串联工作的。泵的转速采用可控硅调节。

④ 管道和阀门。

我国尾矿系统的管道常常采用铸铁管。由于多数尾矿管道输送浓度偏低,管壁磨损严重,为延长管道的使用寿命,有的会采用昂贵的铸石作内衬。尾矿系统的阀门,以往均采用给水工程中使用的阀门,由于磨损严重,成为尾矿系统中的一个薄弱环节。20 世纪 80 年代初研制出的颗粒泥浆阀,成功克服了上述缺点。

⑤ 尾矿库。

尾矿库是尾矿存放的场地,也是尾矿系统最后的环节,通常选在距离较近、库容较大的山沟。尾矿库的坝采用尾矿堆筑,如尾矿粒度细,堆坝困难,一般采用水力漩流器,让矿浆经漩流器把颗粒按粗细分级,较粗的颗粒用于堆坝,其余较细颗粒浆体进入尾矿库。由于尾矿库的面积大,沉降时间长,因此尾矿库中的澄清水水质比浓缩池循环水要好得多,这部分水可用水泵输送或自流回选矿厂重复使用。

### 1.4.4 在制冷、低温系统中的应用

蒸汽压缩式制冷系统由压缩机、冷凝器、节流阀和蒸发器四大件组成,如图 1.6 所示。它们之间由管道依次连接,形成了一个封闭系统,制冷剂在系统内循环流动,不断地发生状态变化,并与外界进行能量交换,从而达到制冷的目的。

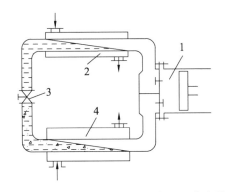

1—压缩机;2—冷凝器;3—节流阀;4—蒸发器。

图 1.6　单级蒸汽压缩式制冷系统示意图

它的工作过程是：压缩机吸入蒸发器内产生的低温低压制冷剂蒸汽，保持蒸发器内的低压状态，创造了蒸发器内制冷剂液体不断地在低温下沸腾的条件；压缩机吸入的蒸汽经过压缩，其温度、压力升高，创造了制冷剂蒸汽能在常温下被液化的条件；高温高压蒸汽排入冷凝器，在压力保持不变的情况下被冷却介质（水或空气）冷却，放出热量，温度降低，并进一步凝结成液体，从冷凝器排出；高压制冷剂液体经过节流阀时，因受阻而使压力下降，导致部分制冷剂液体汽化，吸收汽化潜热，使其本身温度也相应降低，成为低温低压下的湿蒸汽进入蒸发器；在蒸发器中，制冷剂液体在压力不变的情况下吸收被冷却介质（空气、水或盐水等）的热量（即制取冷量）而汽化，形成的低温低压蒸汽又被压缩机吸走，如此循环不已。

因此，在使用最普遍的蒸汽压缩式制冷机（空调器、冰箱等）的一个循环中，制冷剂经历了压缩、冷凝、节流、蒸发4个过程。除压缩过程外，其他过程都存在制冷剂汽液两相流。因此，对制冷剂汽液两相流进行研究，有助于改进制冷机械中换热器和节流结构的性能，实现系统的优化匹配。

毛细管是广泛应用于小型制冷装置中的节流元件。毛细管一般是内径为1 mm左右的铜管，它具有结构简单、工作可靠、制造方便和价格低廉等优点。传统上，毛细管设计的工质为制冷剂R12和R22等。随着人们对臭氧层空洞和温室效应的关注，CFC类和HCFC类制冷剂将被淘汰，而制冷剂R134a和天然制冷剂R600a以及R290与R600a的混合物等将替代原有的CFC类制冷剂。因此，新型制冷剂的毛细管研究是制冷系统优化的关键，工程上也急需制定出新型制冷剂的不同尺寸毛细管的特性图表。毛细管两相流动特性研究对小型制冷装置的生产以及一些具有发展潜力的替代工质的毛细管优化都具有重要意义。

在毛细管两相流中，许多参数，比如制冷剂质量流量、制冷剂干度等都是影响制冷系统性能的关键参数。截至目前，人们对毛细管两相流进行了大量的研究，但由于毛细管内两相流动及其传热现象的复杂性，对毛细管两相流的流动规律，尤其是非绝热毛细管两相流的了解不足，其传热规律仍然需要进一步认识，尤其需要在如下几个方面进行更为深入的研究：

① 全面、系统地研究毛细管两相流动特性，讨论各影响因素以及临界流现象，提高毛细管两相流动特性关联式的适用性，特别是加强非绝热毛细管两相流方面的研究。

② 完善毛细管内亚稳态流动理论，尤其是非绝热毛细管中亚稳态的存在及影响的研究。

③ 新的数学模型的不断修正与充实。

④ 在实验研究的基础上，不断改进毛细管两相摩阻系数的计算方法，特别是在非绝热条件下，以便适合于实验应用。

⑤ 作为今后一个很好的发展方向，研究毛细管内两相流动和传热的动态特性，在实验和数值模拟的基础上进行仿真具有一定的实际意义。

### 1.4.5　在航天工业中的应用

除上述系统和装置外，空分装置内也存在着汽液两相流。

随着空间技术的迅速发展，国内外各种卫星、空间站和空间平台等设备都趋于复杂化和大型化，相应地，其能量消耗也越来越大。热能的输送一般都借助于汽液两相流回路，如在热控系统中，动力循环、推进装置、低温流体的贮藏和输送过程中都存在着汽液两相流。这些设备的设计要求在安全可靠的前提下,成本最低,效率最高。可以认为,微重力条件下的汽液两相流与传热问题是关系到人类探索宇宙时能量输运设备能否安全、可靠、高效运行的关键问题之一。因此,为了满足这一要求,必须掌握失重或微重力条件下汽液两相流的流动特性和传热特性。

近 50 年来,在世界各国科学工作者的协同努力下,常规重力条件下的汽液两相流及传热的研究工作已开展得相当广泛和深入,并且在理论和技术方面都取得了一系列的研究成果,提出了许多物理模型和数学模型,获得了许多具有相当精确度的预测关联式。采用这些关联式设计的工业设备能够安全、可靠、高效、长期地运行。

相比之下,微重力或失重条件下的有关设备的设计方法还不成熟。虽然我们的知识还不足以掌握它们的工作机理,但我们已经知道这些设备的设计机理与传统方法有很大的不同。由于没有试验室进行微重力条件下的有关试验工作,因此解析法具有很大的吸引力。事实上,涉及流体力学、传热学的任何空间设计首先都依赖解析模化。近年来,在计算流体力学和计算传热学领域取得的巨大进展,使得汽液两相流与传热的解析模化成为可能,并且对两相流动的研究日益深入,已取得了可喜的成果。利用这些已有的成果及有限的低重力实验依据来开展微重力条件下的汽液两相流与传热的研究工作的时机已经成熟,能够提出微重力条件下汽液两相流的物理模型,提出预测微重力条件下流型转变判别参数、压力降、含气率等的预测关联式。

尽管国内外学者已经从理论上和试验上(利用现有的地面微重力试验设备)对汽液两相流及传热进行了一定的研究工作,且取得了许多重要的成果,但由于地上的微重力设备能提供的微重力条件的时间和空间的限制,影响了研究工作的进一步深入。微重力条件下的汽液两相流的流动和传热机理仍不清楚。国外正在做理论上和技术上的准备工作,计划进一步在航天飞机、空间试验室或空间轨道站上深入试验研究,这一切将是耗资巨大的。近期,我国在这方面的技术同样发展迅速。随着我国宇宙飞船载人飞行的实现以及空间站的建立,这方面的研究工作将进一步深入。

研究微重力或失重条件下的汽液两相流与传热问题,绝不是简单地在有关的关联式中令 $g \to 0$。因为已有的常规重力条件下的有关关联式中并非都含有重力加速度 $g$,这些关联式并非纯理论公式,而往往都是半经验的,甚至是纯经验的。它们的获得取决于试验范围内的大量试验数据,一般来说不能外推。显然,适用于微重力或失重条件下的经验或半经验关联式也需要大量的试验数据。由于试验条件的限制,这在目前阶段是难以实现的。已有的研究工作表明,微重力或失重条件下的汽液两相流和传热过程与常规重力条件下具有不同的机理。例如,在微重力或失重条件下,表面张力及相间的相互作用的影响大为增强。而这些机理的独特性正处于积极探索的阶段,尚有许多未知待研究。因此,现实的做法是对微重力或失重条件下的汽液两相流与传热问题进行理论研究,提出适合于微重力条件下的汽液两相流与传热的物理解析模型,从而实现正确预测其流动过程和传热过程。微重力条件下的汽液两相流及传热是气液两相流及传质与空间科学交叉的一个新兴的研究领域,具有重要的理论意义和应用背景。随着人类探索宇宙空间活动的不断发展,为了能够更有效地开发和利用外层空间,空间科学这门新兴学科将以更快的速度发展,微重力条件下的汽液两相流及传热也将成为空间科学中的一个越来越重要的组成部分。

### 1.4.6　在新能源转化中的应用

通过热化学、光化学及光生物的方法将太阳能直接转化为氢能或其他能源产品,给人类提供了高效低成本解决增加能源供应、保障能源安全、保护生态环境、促进经济和社会可持续发展问题的理想途径。近年来,有关学者以高效低成本的直接太阳能光、热化学及生物转化与利用为目标,针对能源高效和可再生转化过程中的微多相流光化学与热化学反应理论持续展开研究,对高效光解水制氢催化剂及光催化体系做了持续深入的研究和探索。

在太阳能光催化分解水制氢研究方面,我国学者开发了一系列高活性光催化剂及光催化体系,自主研制成功光催化剂快速合成与筛选系统,建成了国际上第一套直接太阳能光解水制氢装置。光催化剂的产氢量子效率、能量转化效率与稳定性等指标均达到国际先进乃至领先水平,在光催化反应机理表征等方面也取得了重要进展,受到了国内外同行的广泛关注。2011 年,Liu 等开发的孪晶硫锌镉固溶体光催化剂在没有贵金属助催化剂的情况下,在420 nm 处的表观量子效率可达 40% 以上(这是同期国际上公开发表的文献所报道的最高水平),且在太阳光直接照射下光能转换效率达 6% 以上,率先在国际上实现了连续反应流直接太阳能光照条件下的光催化分解水连续制氢,为太阳能光解水制氢的规模化利用打下了坚实的基础。

在太阳能热化学分解水和生物质制氢研究方面,有关学者在国际上首次提出利用聚焦太阳能驱动热化学分解水和生物质制氢的新思路,研制成功两类聚焦太阳能与生物质超临界水气化耦合的制氢系统;解决了高浓度生物质的高压多相连续输送等一系列难题,实现了生物质模型化合物与多种原生生物质的完全气化,获得了最佳反应工艺条件及其操作参数对气化结果的影响规律,初步揭示了气化制氢机理。

由太阳能热化学分解水和生物质产生的富氢气体可以直接作为氢内燃机、微型燃气轮机或高温燃料电池的燃料使用,也可通过进一步加工生产高纯氢气或合成液体燃料。国内已在天然气掺氢发动机的燃烧规律等方面开展了卓有成效的研究工作,为天然气掺氢发动机优化设计提供了理论依据和实施方案。太阳能光催化与光生物分解水制取的氢气纯度较高,可直接供质子交换膜燃料电池(PEMFC)等中低温燃料电池使用。我国学者所构建的光生物制氢反应器与碱性石棉膜燃料电池耦联的示范系统,成功展示了利用海洋绿藻光解水制氢直接供燃料电池发电的可行性。

经过近 20 年的努力,我国在利用太阳能制氢领域的研究工作取得了长足的进步以及众多实质性的成果,并成功迈入国际舞台,走到该领域国际学术的前沿,为进一步开展更高水平的研究工作打下了良好的基础。

# 多相流基本参数及流型

多相流中含有多种不相溶混的相,它们各自具有一组流动参数。即便是最简单的两相流,也可划分为气液两相流、气固两相流、液液两相流和液固两相流。因此,描述多相流的参数要比描述单相流的多。多相流中各相的体积分数以及分散相的颗粒大小可以在很宽的范围内变化,这些都会引起流动性质及流动结构的巨大变化,多相流的流动结构通常也称为流型。各相的性质、含量及流动参数决定了流型,而不同的流型需要用不同的方法来处理。

## 2.1 多相流基本参数及其计算方法

描述流体流动的基本参数有速度、压力、温度、质量流量和体积流量等。在多相流中,上述参数对各相而言可以是各不相同的,因此所需参数要远多于单相流。多相流中,流型通常是沿管道长度方向连续变化的,因而测定流动参数的瞬时值意义不大,一般需要测定某一时间间隔内的平均值。本章只对直管中多相流的基本参数和流型进行探讨。

### 2.1.1 气液两相流基本参数

1. 流量
① 质量流量(kg/s):单位时间内流过管路横截面的流体质量。计算公式为
$$G = G_g + G_l \tag{2.1}$$
式中,$G_g$、$G_l$、$G$ 分别为管路内气相、液相和总的质量流量。
② 体积流量(m³/s):单位时间内流过管路横截面的流体体积。计算公式为
$$Q = Q_g + Q_l \tag{2.2}$$
式中,$Q_g$、$Q_l$、$Q$ 分别为管路内气相、液相和总的体积流量。

2. 流速
① 相速度(m/s):单位相面积所通过的该相体积流量。
气相速度:
$$v_g = \frac{Q_g}{A_g} \tag{2.3}$$
液相速度:
$$v_l = \frac{Q_l}{A_l} \tag{2.4}$$
式中,$A_g$ 和 $A_l$ 分别为管路内气相和液相的截面积,m²。

② 折算速度(m/s):假定管道完全被一相占据时的流动速度。

气相折算速度:

$$v_{sg} = \frac{Q_g}{A} \tag{2.5}$$

液相折算速度:

$$v_{sl} = \frac{Q_l}{A} \tag{2.6}$$

式中,$A$ 为总的管路截面积,$m^2$。

③ 气液两相混合物的速度(m/s):

$$v_m = \frac{Q_g + Q_l}{A} = v_{sg} + v_{sl} \tag{2.7}$$

④ 气液两相混合物的质量流速(kg/m² · s):

$$v_G = \frac{G}{A} \tag{2.8}$$

⑤ 漂移速度(m/s):某相介质的速度与混合物速度之差。

气相漂移速度:

$$v_{eg} = v_g - v_m \tag{2.9}$$

液相漂移速度:

$$v_{el} = v_l - v_m \tag{2.10}$$

**3. 滑差和滑动比**

① 滑差(滑脱速度)(m/s):气液两相速度之差。计算公式为

$$\Delta v = v_g - v_l \tag{2.11}$$

② 滑动(滑移)比:气相速度与液相速度之比。计算公式为

$$s = \frac{v_g}{v_l} \tag{2.12}$$

**4. 含气率和含液率**

(1) 质量含气率和含液率

质量含气率:单位时间内流经过流断面的混合物总质量 $G$ 中气相质量所占的比例。计算公式为

$$x = \frac{G_g}{G} = \frac{G_g}{G_g + G_l} \tag{2.13}$$

质量含液率:单位时间内流经过流断面的混合物总质量 $G$ 中液相质量所占的比例。计算公式为

$$1 - x = \frac{G_l}{G} = \frac{G_l}{G_g + G_l} \tag{2.14}$$

(2) 体积含气率和含液率

体积含气率:单位时间内流经过流断面的两相流体总体积 $Q$ 中气相所占的比例。计算公式为

$$\beta = \frac{Q_g}{Q} = \frac{Q_g}{Q_g + Q_l} \tag{2.15}$$

体积含液率:单位时间内流经过流断面的两相流体总体积 $Q$ 中液相所占的比例。计算公式为

$$R_1 = 1 - \beta = \frac{Q_1}{Q} = \frac{Q_1}{Q_g + Q_1} \tag{2.16}$$

（3）截面含气率和含液率

截面含气率:任一流动截面内气相面积占总面积的比例。计算公式为

$$\varphi = \frac{A_g}{A} = \frac{A_g}{A_g + A_1} \tag{2.17}$$

截面含液率（持液率）:任一流动截面内液相面积占总面积的比例。计算公式为

$$H_L = 1 - \varphi = \frac{A_1}{A} = \frac{A_1}{A_g + A_1} \tag{2.18}$$

（4）三种含气率的关系

体积与质量含气率的关系:

$$x = \frac{\dfrac{\rho_g}{\rho_1}}{\dfrac{1}{\beta} + \left(\dfrac{\rho_g}{\rho_1} - 1\right)} \text{ 或 } \beta = \frac{\dfrac{\rho_1}{\rho_g}}{\dfrac{1}{x} + \left(\dfrac{\rho_1}{\rho_g} - 1\right)} \tag{2.19}$$

式中,$\rho_g$、$\rho_1$ 分别为气相密度和液相密度。

体积与截面含气率的关系:

$$\varphi = \frac{1}{\left(1 + \dfrac{A_1}{A_g}\right) \dfrac{v_1}{v_g} \cdot \dfrac{v_g}{v_1}} = \frac{1}{1 + s\left(\dfrac{1}{\beta} - 1\right)} \tag{2.20}$$

5. 两相混合物密度

气液两相混合物的密度有以下两种表示方法。

（1）流动密度（kg/m³）

$$\rho_f = \frac{G}{Q} \tag{2.21}$$

（2）真实密度（kg/m³）

$$\rho = \frac{\varphi A \Delta l \rho_g + (1 - \varphi) A \Delta l \rho_1}{A \Delta l} = \varphi \rho_g + (1 - \varphi) \rho_1 \tag{2.22}$$

式中,$\Delta l$ 为液体对水的相对密度。

6. 两相混合物动力黏度 $\mu_m$

（1）杜克勒（Dukler）计算公式

$$\mu_m = \beta \mu_g + (1 - \beta) \mu_1 \tag{2.23}$$

式中,$\mu_g$ 和 $\mu_1$ 分别为气相和液相的动力黏度;$\mu_m$ 为两相混合物的动力黏度。

（2）麦克达姆（Meadam）计算公式

$$\frac{1}{\mu_m} = \frac{x}{\mu_g} + \frac{1 - x}{\mu_1} \tag{2.24}$$

（3）西克奇蒂（Cieccheitti）计算公式

$$\mu_m = x \mu_g + (1 - x) \mu_1 \tag{2.25}$$

（4）阿黑尼厄斯（Arrhenius）计算公式

$$\mu_m = \mu_l^{H_L} \mu_g^{1-H_L} \tag{2.26}$$

### 2.1.2 含颗粒的两相流动基本参数

（1）两相浓度

设颗粒容积为 $V_p$、质量为 $M_p$，流体容积为 $V_f$、质量为 $M_f$，则以总容积表示的两相容积浓度为

$$C_V = \frac{V_p}{V_f + V_p} \tag{2.27}$$

若以流体容积来表示容积浓度，则

$$\bar{C}_V = \frac{V_p}{V_f} \tag{2.28}$$

与此类似，质量浓度也可以由下面两式分别表达，即

$$C_M = \frac{M_p}{M_f + M_p} \tag{2.29}$$

$$\bar{C}_M = \frac{M_p}{M_f} \tag{2.30}$$

（2）两相密度

设两相混合物的总容积为 $V_m$、总质量为 $M_m$，颗粒在混合物中所占的容积为 $V_p$、质量为 $M_p$，流体在混合物中所占的容积为 $V_f$、质量为 $M_f$，则

$$\bar{\rho}_p = \frac{M_p}{V_p}, \bar{\rho}_f = \frac{M_f}{V_f} \tag{2.31}$$

分别是颗粒和流体的物质密度，也叫真密度。而

$$\rho_p = \frac{M_p}{V_m}, \rho_f = \frac{M_f}{V_m} \tag{2.32}$$

分别是颗粒和流体的表观密度，又叫分密度。

两相混合物的密度 $\rho_m$ 被定义为

$$\rho_m = \frac{M_m}{V_m} = \frac{M_p + M_f}{V_m} = \rho_p + \rho_f \tag{2.33}$$

已知颗粒的物质密度 $\bar{\rho}_p$、流体的物质密度 $\bar{\rho}_f$ 以及两相质量浓度 $C_M$，则两相流体的密度 $\rho_m$ 为

$$\rho_m = \frac{1}{\frac{C_M}{\bar{\rho}_p} + \frac{1-C_M}{\bar{\rho}_f}} = \frac{\bar{\rho}_f}{1 - \left(\frac{\bar{\rho}_p - \bar{\rho}_f}{\bar{\rho}_p}\right)C_M} \tag{2.34}$$

通常，$\rho_m < \bar{\rho}_p$，所以 $C_V < C_M$。对于气固两相混合物，其容积浓度远小于质量浓度，这是因为气固密度比很小，约 $10^{-3}$ 数量级，即使颗粒的质量浓度为 0.99，其容积浓度也只有约 0.09。在许多流动中，颗粒的质量浓度也较小，如电厂煤粉输送中，质量浓度约为 0.5，则煤粒的容积浓度只有 $10^{-3}$ 的数量级；若质量浓度为 0.1，则容积浓度降为 $10^{-4}$ 数量级。因此，有时为了简化颗粒和流体的运动方程，可以忽略颗粒所占容积。但在质量浓度很大，或质量

浓度不大但气固密度比很高时,则不能忽略容积浓度,且一定要考虑颗粒所占的容积。

两相混合物中,如颗粒与颗粒间相互贴紧,则其容积浓度将达到最大值。对于大小均匀的球形颗粒,当紧密排列成四面体时,能够达到的最大容积浓度为 0.74,紧密排列成立方体时为 0.52;对于随机排列的均匀球体,其容积浓度约为 0.62。当颗粒为分散相时,由于紧密排列的大颗粒间能填充部分小颗粒,故最大容积浓度可能更大。

容积浓度与颗粒数 $N$ 及其平均直径 $\bar{d}_p$ 的关系式为

$$C_V = \frac{\sum\limits_{i=1}^{N} \frac{\pi}{6} d_{pi}^3}{V_f + V_p} = \frac{\frac{\pi}{6} N \bar{d}_p^3}{V_f + V_p} = n \frac{\pi}{6} \bar{d}_p^3 \tag{2.35}$$

式中,$n$ 为单位体积中的颗粒数。

在颗粒浓度很高的两相流(如流化床内)中常用到空隙率 $\varepsilon$ 的概念,可用流体所占体积与整个两相流体的总体积之比来表示:

$$\varepsilon = \frac{V_f}{V_m} = \frac{V_m - V_p}{V_m} = 1 - C_V \tag{2.36}$$

还可用颗粒的质量浓度来表示:

$$\varepsilon = \frac{\dfrac{1-C_M}{\bar{\rho}_f}}{\dfrac{C_M}{\bar{\rho}_p} + \dfrac{1-C_M}{\bar{\rho}_f}} = \frac{1-C_M}{1 - \left(\dfrac{\bar{\rho}_p - \bar{\rho}_f}{\bar{\rho}_p}\right) C_M} \tag{2.37}$$

（3）两相流体黏度

当颗粒浓度不大时,两相流体的黏度 $\mu_{tp}$ 与流体黏度 $\mu_f$ 基本相同。但当颗粒浓度增大时,两相流体的黏度将增大。描述两相流体黏度 $\mu_{tp}$ 随颗粒浓度变化规律的著名公式为

$$\frac{\mu_{tp}}{\mu_f} = \frac{1 + 0.5 C_M}{(1 - C_V)^2} \tag{2.38}$$

展开后得

$$\frac{\mu_{tp}}{\mu_f} = (1 + 0.5 C_V)(1 + a C_V + b C_V^2 + \cdots) \tag{2.39}$$

当颗粒容积浓度不高时,如 $C_V = 12\%$,上式可简化成

$$\frac{\mu_{tp}}{\mu_f} = 1 + 2.5 C_V \tag{2.40}$$

当颗粒容积浓度为 $10\% \sim 20\%$ 时,关联式为

$$\frac{\mu_{tp}}{\mu_f} = 1 + 2.5 C_V + 14.1 C_V^2 \tag{2.41}$$

当颗粒容积浓度更高时,对球形颗粒更合适的关联式为

$$\frac{\mu_{tp}}{\mu_f} = 1 + 2.5 C_V + 10.05 C_V^2 + 0.00273 e^{16.6 C_V} \tag{2.42}$$

当两相流体的颗粒浓度较高时,其逐渐变为非牛顿型流体。对于 $C_M = 10\% \sim 70\%$,$t = 30 \sim 120\ ℃$ 的油煤混合燃料,其黏度的变化规律可关联为如下形式。

对于不同的煤粉浓度,关联式为

$$\frac{\mu_{tp}}{\mu_{c0}} = \exp\left(\frac{bC_M}{1-aC_M}\right) \tag{2.43}$$

对于不同的温度情况,关联式为

$$\frac{\mu_{tp}}{\mu_{t0}} = \exp\left[\frac{b_1\left(\dfrac{900-t}{90}\right)}{1+a_1\left(\dfrac{90-t}{90}\right)}\right] \tag{2.44}$$

式中,$\mu_{c0}$、$\mu_{t0}$ 分别为 $C_M=0$ 及 $t_0=90\ ℃$ 时的表观黏度;$a$、$b$、$a_1$、$b_1$ 为实验数。

对于气固两相流体的黏度,也可用下面的关联式计算:

$$\frac{\mu_{tp}}{\mu_f} = \exp\frac{1.67\varepsilon}{1-\varepsilon} = \exp\frac{1.67(1-C_V)}{C_V} \tag{2.45}$$

综上所述,含固体颗粒的两相流体的黏度相比单相流体的黏度有不同程度的增大,因此在计算雷诺数时应采用 $\mu_{tp}$ 值。

(4) 两相流体的比热和导热系数

两相流体的定压比热和定容比热一般可按颗粒相和流体相的质量百分比平均,表达式分别为

$$C_{Pm} = C_{Pp}C_M + C_{Pf}(1-C_M) \tag{2.46}$$

$$C_{Vm} = C_{Vp}C_M + C_{Vf}(1-C_M) \tag{2.47}$$

式中,$C_{Pp}$ 及 $C_{Pf}$ 分别为颗粒和流体的定压比热;$C_{Vp}$ 及 $C_{Vf}$ 分别为颗粒和流体的定容比热。

两相混合物的比热比为

$$\gamma = \frac{C_{Pm}}{C_{Vm}} = \frac{C_{Pp}C_M + C_{Pf}(1-C_M)}{C_{Vp}C_M + C_{Vf}(1-C_M)} = K \cdot \frac{1+\dfrac{C_M}{1-C_M}\delta}{1+K\cdot\dfrac{C_M}{1-C_M}\delta} \tag{2.48}$$

式中,$K=C_{Pf}/C_{Vf}$ 和 $\delta = C/C_{Pf}$ 是相对比热,对颗粒相来说,$C_{Pp}=C_{Vp}=C$(即为比热)。因此,上式中 $K$ 和 $\delta$ 为常数,但 $C_M$ 不是常数。除平衡流动或具有恒定的速度比 $u_p/u_f$ 的定常流动等特殊情况外,$\gamma$ 不是流动的一个恒定参数。可以看出,$\gamma$ 总小于 $K$,且与颗粒浓度无关。对于许多气体颗粒组合,$\delta$ 接近 1.0。表 2.1 给出了 $K=1.4$ 及 $\delta=1.0$ 时的气体颗粒混合物的比热比。

表 2.1　气体颗粒混合物的比热比

| $C_M$ | $\dfrac{C_M}{1-C_M}$ | $\gamma$ |
|---|---|---|
| 0 | 0 | 0 |
| 0.20 | 0.25 | 1.300 |
| 0.40 | 0.67 | 1.210 |
| 0.60 | 1.50 | 1.130 |
| 0.80 | 4.00 | 1.060 |
| 0.90 | 9.00 | 1.030 |
| 0.95 | 19.00 | 1.014 |

显然，当 $C_M$ 大于 0.8 时，$\gamma$ 迅速接近于 1。而 $\gamma=1$ 的流动是等温流动，因此可把质量浓度大的气固两相流作为等温流动。这是因为颗粒的热容量很大，以致由混合物膨胀或压缩形成的气体温度变化能够从颗粒的热交换来补偿，而不致影响颗粒和混合物的温度。这种处理方式可以大大简化高质量浓度混合物的流动分析。

两相流体的导热系数 $\lambda_m$ 可用下式计算：

$$\lambda_m=\lambda_f\left[\frac{2\lambda_f+\lambda_p-\dfrac{2C_V}{100}(\lambda_f-\lambda_p)}{2\lambda_f+\lambda_p+\dfrac{C_V}{100}(\lambda_f-\lambda_p)}\right] \tag{2.49}$$

式中，$\lambda_p$ 和 $\lambda_f$ 分别为颗粒和流体的导热系数。

### 2.1.3　颗粒的描述

实际的气固或液固两相流中的颗粒都不可能是均一的球体，而是粒径各不相同的分散相，这使得两相流动的研究更为复杂。一般采用以下两种方法进行处理：一是找出颗粒大小的分布规律；二是对分散相颗粒采用合适的方法进行平均，以某一平均直径来代表整个分散相颗粒群的运动规律。无论采用哪种方法进行研究，都需要知道颗粒粒径的分布规律。

1. 颗粒形状的描述

由于产生的方式不同，颗粒具有不同的形状。对于形状不规则的颗粒，可以根据其长、宽、高的比例分成三类。

① 各向同长的颗粒：颗粒在三个方向上的长度大致相同。

② 平板状颗粒：两个方向上的长度远大于第三个方向上的长度。

③ 针状颗粒：一个方向上的长度远大于另外两个方向上的长度。

在实际中，以第一类颗粒居多。对于不规则颗粒，为了评价其对球形的偏离程度，通常采用"球形系数"的概念。所谓球形系数 $\psi$，就是指同样体积的球形颗粒的表面积与颗粒实际表面积之比。对于球形颗粒，$\psi=1$，而对于其他形状的颗粒，$\psi<1$。颗粒愈接近球形，$\psi$ 愈接近于 1。例如，正八面体 $\psi=0.846$、立方体 $\psi=0.806$、四面体 $\psi=0.670$。对于圆柱体 $\psi=2.62(l/d)^{2/3}/(1+2l/d)$，当 $l/d=10$ 时，$\psi=0.579$。常见物料的球形系数的试验数据见表 2.2。

表 2.2　常见物料的球形系数 $\psi$

| 物料 | $\psi$ |
| --- | --- |
| 砂 | 0.600～0.681 |
| 铁催化剂 | 0.578 |
| 烟煤 | 0.625 |
| 次乙酰塑料圆柱体 | 0.861 |
| 碎石 | 0.630 |
| 砂石 | 0.534～0.628 |
| 硅石 | 0.554～0.628 |
| 粉煤 | 0.696 |

2. 单一颗粒粒径的定义

球形颗粒可用直径来表征其大小。对于非球形颗粒，一般用"粒径"来表征其大小。粒径的表达形式有三种：投影径、几何当量径和物理当量径。

（1）投影径

投影径是指在显微镜下所观察到的颗粒粒径。图2.1为颗粒的投影，这时有四种粒径的表示方法。

① 面积等分径（Martin径）：指将颗粒的投影面积二等分的直线长度，Martin径与所取的方向有关，通常采用与底边平行的等分线。

② 定向径（Feret径）：指颗粒投影面上两平行切线之间的距离，Feret径可取任意方向，通常取其与底边平行。

③ 长径：不考虑方向的最长径。

④ 短径：不考虑方向的最短径。

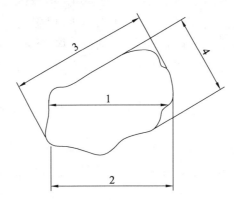

1—面积等分径；2—定向径；3—长径；4—短径。

**图2.1　颗粒的投影径**

（2）几何当量径

取与颗粒的某一几何量（面积、体积等）相同时的球形颗粒的直径称为几何当量径。

① 等投影面积径 $d_A$：与颗粒的投影面积相同的某一圆面积的直径。计算公式为

$$d_A = \sqrt{\frac{4A_p}{\pi}} = 1.128\sqrt{A_p} \tag{2.50}$$

式中，$A_p$ 为颗粒的投影面积。

② 等体积径 $d_V$：与颗粒体积相同的某一圆球体直径。计算公式为

$$d_V = \sqrt[3]{\frac{6V_p}{\pi}} = 1.24\sqrt[3]{V_p} \tag{2.51}$$

式中，$V_p$ 为颗粒的体积。

③ 等表面积径 $d_S$：与颗粒的外表面积相同的某一球形颗粒的直径。计算公式为

$$d_S = \sqrt{\frac{S_p}{\pi}} \tag{2.52}$$

式中，$S_p$ 为颗粒的外表面积。

④ 体面积径 $d_{SV}$：与颗粒的外表面积与体积之比相同的圆球的直径。计算公式为

$$d_{sv} = \frac{d_V^3}{d_S^2} \tag{2.53}$$

⑤ 周长径 $d_L$：与颗粒投影面上的周长相等的圆的直径。

（3）物理当量径

取与颗粒的某一物理量相同时的球形颗粒的直径称为物理当量径。

① 阻力径 $d_D$：在相同黏性的气体中，当速度 $u$ 相同时，颗粒所受到的阻力 $F_D$ 与球形颗粒受到的阻力相同时的圆球直径。

阻力 $F_D$ 的计算公式为

$$F_D = C_D A_p \rho_g \frac{u^2}{2}$$

式中，$C_D$ 为阻力系数；$\rho_g$ 为气体密度，$kg/m^3$；$A_p$ 为垂直于气流方向的颗粒断面积，$m^2$。而 $C_D A_p$ 为颗粒直径的函数，由此可得出颗粒的阻力径 $d_d$ 为

$$d_d = \sqrt{\frac{4 C_D A_p}{\pi}} \tag{2.54}$$

② 自由沉降径 $d_f$：特定气体中，密度相同的颗粒在重力作用下因自由沉降所达到的末速度与圆球所达到的末速度相同时的球体直径。

③ 空气动力径 $d_a$：在静止的空气中，颗粒的沉降速度与密度为 $1000\ kg/m^3$ 的圆球的沉降速度相同时的圆球直径。

④ 斯托克斯（Stokes）径 $d_{st}$：层流区内（颗粒的雷诺数 $Re_p < 0.2$）的空气动力径。计算公式为

$$d_{st} = \sqrt{\frac{18\mu u}{(\rho_p - \rho_g)g}} \tag{2.55}$$

式中，$\mu$ 为空气动力黏性系数，$Pa \cdot s$；$\rho_p$ 为颗粒的密度，$kg/m^3$；$u$ 为沉降速度，$m/s$；$g$ 为重力加速度，$m/s^2$。

Stokes 径、阻力径和等体积径的关系为

$$d_{st} = \frac{d_V^3}{d_D} \tag{2.56}$$

以此类推，还可以根据颗粒的其他物理量（如质量、透气率、扩散率等）来定义颗粒的粒径。同一颗粒按不同定义所得的粒径在数值上是不同的，因此在使用颗粒的粒径时，必须明确所采用的粒径含义。

3. 颗粒平均直径

由于"平均"的方法不同，所以颗粒平均直径也有不同的定义。

① 算术平均径 $\bar{d}_{10}$：指颗粒直径的总和除以颗粒数。计算公式为

$$\bar{d}_{10} = \frac{1}{N} \sum d_i n_i \tag{2.57}$$

式中，$N$ 为所有颗粒的总数；$d_i$ 为第 $i$ 种颗粒的直径；$n_i$ 为粒径为 $d_i$ 的颗粒数。

② 表面积平均径 $\bar{d}_{20}$：指颗粒表面积的总和除以颗粒数。计算公式为

$$\bar{d}_{20} = \left( \frac{1}{N} \sum d_i^2 n_i \right)^{1/2} \tag{2.58}$$

表面积平均径特别适用于研究颗粒的表面特性。

③ 体积(或质量)平均径$\bar{d}_{30}$:指各颗粒的体积(质量)的总和除以颗粒数。计算公式为

$$\bar{d}_{30} = \left( \frac{1}{N} \sum d_i^2 n_i \right)^{1/3} \qquad (2.59)$$

通常,$\bar{d}_{10} < \bar{d}_{20} < \bar{d}_{30}$。

具体应用中,要根据实际需求选择正确的平均直径表达式。例如,表示颗粒在重力场和惯性力场下的沉降速度应取表面积平均径$\bar{d}_{20}$。

**4. 颗粒的比表面积**

比表面积是指颗粒单位质量的表面积,是衡量颗粒大小的另一个重要指标。对于单一颗粒,比表面积的计算公式为

$$S_{ss} = \frac{A}{m} \qquad (2.60)$$

式中,$S_{ss}$为比表面积,$m^2/kg$;$A$为颗粒的表面积,$m^2$;$m$为颗粒的质量,$kg$。

对于球形颗粒,有

$$A = \pi d_p^2 \qquad (2.61)$$

$$m = \frac{1}{6} \pi \rho_p d_p^3 \qquad (2.62)$$

这时比表面积为

$$S_{ss} = \frac{6}{\rho_p d_p} \qquad (2.63)$$

对于颗粒群,有

$$m = \int_0^\infty m(d_p) n(d_p) \mathrm{d}(d_p) \qquad (2.64)$$

$$A = \int_0^\infty A(d_p) n(d_p) \mathrm{d}(d_p) \qquad (2.65)$$

这时比表面积为

$$S_{ss} = \frac{\int_0^\infty A(d_p) n(d_p) \mathrm{d}(d_p)}{\int_0^\infty m(d_p) n(d_p) \mathrm{d}(d_p)} \qquad (2.66)$$

对于球形颗粒群,比表面积为

$$S_{ss} = \frac{6}{\rho_p} \frac{\int_0^\infty n(d_p) d_p^2 \mathrm{d}(d_p)}{\int_0^\infty n(d_p) d_p^3 \mathrm{d}(d_p)} \qquad (2.67)$$

$$n(d_p) = \frac{\mathrm{d}N(d_p)}{\mathrm{d}(d_p)} \qquad (2.68)$$

式中,$N(d_p)$表示粒径为$d_p$的颗粒数;$n(d_p)$表示单位体积内粒径为$d_p$的颗粒数。

颗粒的比表面积在化学反应和吸收过程中均有重要作用。其通常的范围为$5 \sim 10^5 \ m^2/kg$,部分颗粒的比表面积列于表2.3中。

表 2.3 部分颗粒的比表面积

| 粉尘 | 质量中位径/μm | 比表面积/(m²·kg⁻¹) |
|---|---|---|
| 刚生产的烟草烟尘 | 0.6 | 10000.0 |
| 细飞灰 | 5 | 600.0 |
| 粗飞灰 | 25 | 170.0 |
| 水泥窑粉尘 | 13 | 240.0 |
| 微细碳黑 | 0.03 | 110000.0 |
| 细砂 | 500 | 6.0 |

描述多相流的参数还有很多,上述仅为基本参数,其他参数会在后续章节中具体讲解。

# 2.2 多相流流型的基本知识及识别方法

## 2.2.1 流型的基本知识

1. 流型的定义

多相流中,不同的流量、压力、管路布置状况和管道几何形状都会造成相界面的形状(分布)的不同,即形成不同的流动结构模式,称为流型(也称流态、流谱)。

2. 流型的研究目的和意义

不同流型具有不同的压力、流量特征,也具有不同的传热特性,不考虑流型变化的阻力和传热特性计算是不可靠的。因此,流型是多相流研究的基础。

3. 流型的研究方法

过去的流型研究方法:① 进行大量的试验;② 画出流型图;③ 根据流动条件在流型图上确定流型。

现在的流型研究方法:① 根据试验和理论分析,探讨流型产生、发展的过程,建立流型转变机理的数学物理模型;② 根据流型转变的机理来判断流型;③ 根据具体流型的特征来建立相应的数学物理模型,进行流动特性和传热特性的计算。

## 2.2.2 流型的分类方法

多相流流型的划分方法大致有两种:第一种是按照流体的外形划分,第二种是根据相的分布特点划分,如图 2.2 所示。

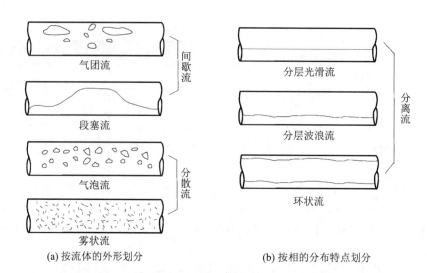

图 2.2    水平管内气液两相流流型两种划分方法的对比示意图

通常情况下,基于现象描述划分时多采用第一种方法,而基于流动机理划分时则倾向于采用第二种方法。

流型的分类经历了一个由粗到细,又由细到粗的过程。流型的划分并不是越细越好,应以满足工程实际应用和多相流计算的需要为目的,摒弃那些似是而非、没有显著特征的流型分类,而将其并入其他流型。

### 2.2.3    流型的识别方法

流型的识别方法有很多,如观察法(高速摄影技术)、射线衰减法、电容法、压降脉动分析法、电导法等。每种方法各有特点,目前尚无一种完美的方法。这主要是由相界面形态的多样性及流动本身的复杂性造成的。目前常用两种或几种方法进行组合,以便取长补短。但目前对流型的识别仍不成熟,例如在转变区域存在一些具有其相邻流型特征的中间流型,导致确定一个界限值不容易。因此,在目前的各种方法中,人为因素的影响很大。

流型是多相流研究的基础。研究流型首先要完成流型的识别,没有准确的流型识别方法就谈不上依据流型计算的准确性。

最初,人们对流型的识别仅仅是通过目测观察法进行的,后来又借助高速摄影技术来判别,但由于多相流的复杂性,这种带有主观性的观察无疑会带来较大的误差,于是又相继出现了流型识别的其他手段。

1. 目测观察法和高速摄影技术

目测观察法最简单和直接,但直接目测观察要求管壁可透视或设有观察孔,且流动速度不能太快,否则将无法准确判断。

高速摄影技术的应用弥补了目测观察法的不足,它能够捕捉流体高速流动过程中某一瞬间的流动图像。但由于相界面的复杂性,光线在相界面上的多重反射和折射会妨碍人们对流型的观察,很难透视管中的真正流动。例如,液膜中带有气泡的环状流,用高速摄影技术会误判为泡状流,这时可采用轴向观察法。

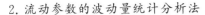

2. 流动参数的波动量统计分析法

这是一种通过对某一流动参数的波动量进行统计分析来确定流型的方法。通常采用的有对压力(压降)、电导率、截面含气率或液膜厚度等参数的脉动量分析法。

用管路局部压力(压降)波动法测定流型,就是利用管线上某一测点的压力(或某一测量段的压差)随时间变化的规律来确定流型的。这种方法可连续测量管路某点的压力,分析压力信号的功率或频谱密度,也可区别管路内流型,有研究者已用这种方法区别出分离流、分散流和间歇流三种流型。

这种方法使用方便且效果较好,曾被广泛应用。但该方法也存在诸多不足,主要表现为:对压力波动信号的分析不如图像输出清晰,比如在较高质量流速和低含气率时,与流型相对应的信号并不是很清晰,辨别起来比较困难;存在试验段出口的压力反射波的虚假信号影响。

用电导率(用电导探针测量)、截面含气率以及液膜厚度等的脉动特性来识别流型,其基本原理是一样的,即根据两相流体流过管道时,在不同流动状态下的截面含气率、液膜厚度、电导率的变化特性来确定流型。

3. 应用辐射吸收特性的空间分布规律来识别流型的方法

目前常用的两种流型识别方法为 X 射线照相法及多束测光密度法。

① X 射线照相法是借助 X 射线仪向测试管段发出很短的射线脉冲,由于两相分布的不同,因而穿过管道后 X 射线荧光检测仪接收到的 X 射线也不同,以此来识别流型。

用 X 射线的吸收特征确定含气率时,流体对 X 射线的吸收率随流体瞬时密度的增加而增大,随含气率的增加而减小。用 X 射线吸收特征测定含气率时,监测器输出信号代表管内流体的含气率,在一段时间内连续测量含气率可得含气率的概率分布,依此判断流型。

这种方法可避免可见光与气液界面一系列复杂的反射和折射,并可透过金属管壁观察流体流动情况。不足之处在于该方法存在放射性,且需减少管壁对 X 射线的吸收率来提高照相的分辨率。

② 多束测光密度法是利用多束射线穿过两相流管路时,接收到的光线密度的变化来确定流型。可用 X 射线和 γ 射线。射线源的强度越高,时间响应越好。

用射线吸收规律识别流型时,应注意辐射对人体的伤害。另外,由于存在管壁因素等影响,该方法不适用于高压下的厚壁管道(因为管道吸收太多的光子能量)。

上述方法测得的含气率仅是射线透过管截面某一弦长上的含气率。为取得截面平均含气率,可采用多束射线或与管道直径一样宽的宽辐线和准直仪。

这种测量方法的不足之处在于:存在与辐射操作有关的安全问题;光子的产生带有随机性质,故辐射测量存在基本的统计误差,需要较长的测量时间使标准偏差减小;气泡的方向性对测量精度有一定影响。

## 2.2.4 流型识别方法的选择

流型识别方法的选择如图 2.3 所示。

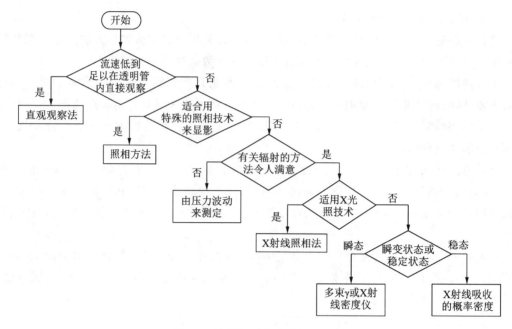

图 2.3    流型识别方法选择流程图

在有透明测试段的地方,可采用目测法、高速闪光和电影摄像机来判别流型。但当管内存在复杂气液界面时,由于界面产生的光的反射和折射会妨碍对流型的观察,看到的可能是贴近管壁的那部分流体结构而不是管中心部分,这时可采用下述方法:

① 不适合采用射线照相和射线密度计的场合,可采用压力波动测定的分析法。

② 管壁对 X 射线吸收量不多的场合,可采用 X 射线照相法。但该方法只适用于定点照相,不适合跟踪照相。

③ 对稳定两相流,可采用 X 射线吸收法测定含气率波动的统计数据。

④ 对瞬态或过渡流型,可采用多束 X 射线或 γ 射线密度计进行测量。

# 2.3    流型和流型图例

影响多相流流型的因素众多,如各相流体的流量、流体的物理性质、管道结构与倾角以及是否受热。

本节将主要讨论直管内气液两相流的流型,对直管内液液、液固、气固两相流以及气液液三相流中的主要流型也会做简要介绍。

### 2.3.1    气液两相流流型

1. 垂直上升管内气液两相流的流型划分

(1) 垂直上升不加热气液两相流流型

在垂直不加热管道中,如果流道的截面积不变、含气率不变,则流型沿管长不发生变化。流型大致可分为下列几种(图 2.4)。

1）泡状流

该流型的主要特征是气相不连续,即气相以气泡形式不连续地分布在连续液相中。泡状流的气泡大多数是圆球形的,管道中部气泡的密度较大。在泡状流刚形成时,气泡很小,而在泡状流的末端气泡可能较大,这种流型主要出现在低含气率区。

2）弹状流

该流型的主要特征是大气泡和大液体块相间出现,气泡与壁面被液膜隔开,气泡的长度变化相当大,且大气泡尾部常常出现许多小气泡。因为液体块和气泡的交替出现导致流道内很大的密度差和流体的可压缩性,所以容易出现流动不稳定性,即流量随时间发生变化。

弹状流的形成是小气泡聚并长大的结果,大气弹的直径接近管径。这种流型主要出现在中等截面含气率和流速相对低的情况下,或出现在泡状流和环状流的过渡区。随着系统压力的升高,液体表面张力减小,无法形成大气泡。因此,弹状流存在的范围较小,当压力大于 10 MPa 后一般观察不到弹状流。

3）块状流

当管道中气相含量高于上述情况时,便形成块状流。块状流是由大气泡破裂形成的,破裂后的气泡形状很不规则,有许多小气泡掺杂其中。这种流型是振荡式的,气液两相在通道中交替运动。一般来说,这也是一种过渡流型,有时可能观察不到这种流型。

4）环状流

当气相含量继续增大时,搅混现象逐渐消失,块状流被击碎,形成气相轴心,从而产生了环状流。环状流的特征是液相沿管壁周围连续流动,中心则是连续的气体流。在液膜和气相核心流之间,存在一个波动的气液界面。由于波的作用可能造成液膜破裂,使液滴进入气相核心流中,气相核心流中的液滴在一定条件下也能返回到壁面的液膜中。这种流型在两相流中所占的范围最大,是一种最典型的流型。

5）带纤维的环状流

这种流型与环状流类似,只是在气芯中液体弥散相的浓度足以使小液滴连成串向上流动,呈纤维状。

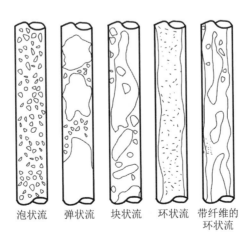

泡状流　　弹状流　　块状流　　环状流　　带纤维的
　　　　　　　　　　　　　　　　　　　　　　环状流

**图 2.4　垂直上升管内不加热气液两相流流型**

(2) 垂直上升加热气液两相流流型

两相流体在垂直上升加热管中的流型与混合物的产生方式有关。加热与不加热管道沿管道截面径向流体的温度分布不同,这两种情况下两相流体之间的热力平衡和流体动力平衡各不相同,因此流型也有差异。

当欠热水在均匀加热的垂直管中向上流动时,流型如图 2.5 所示。从图中可以看出,进入管道的欠热水在向上流动的过程中不断被加热,当接近饱和温度时,虽然水的主流部分尚未达到饱和温度,但由于存在着径向温度分布,当管壁温度超过饱和温度时,壁面上会产生气泡,这种现象称为欠热沸腾。欠热沸腾的程度与表面热流密度有很大关系。当水继续向上流动,主流达到相应压力下的饱和温度时,就会产生容积沸腾或饱和沸腾。起初的含汽量较少($\beta<20\%$),只会形成小气泡,此时属于泡状流。这种汽水混合物在向上流动的过程中继续被加热,含汽量不断增加,小气泡合并成大气弹,占据管道中心部分,即呈弹状流动。当两相继续向上流动时,含汽量进一步增加,大气弹连在一起形成一个气柱。这时仅在管壁四周有一层环状水膜流动,这种情况即环状流。当中心的气流速度较高时,会从四周的水膜表面携带出许多细小的水滴随气体一起流动,这种流动称为有携带的环状流。在环状流动的大部分范围内,管壁热量通过水膜传递到汽水交界面上,在该界面上水不断蒸发,这时壁面不再生成气泡,这种现象称为核化受到抑制,与之相应的换热方式称为两相强制对流换热。由于水膜不断蒸发以及携带,使得沿着流动方向水膜越来越薄,最后壁面上的水膜完全消失,出现干涸现象。此时,水全部变为小水滴弥散在蒸汽中,这种情况称为雾状流。在这种情况下壁面与蒸汽直接接触,换热大大恶化,壁面温度急剧上升,放热系数大幅下降。在此区中未蒸发完的水滴受到加热继续蒸发,而此时蒸汽开始过热,这一区称为欠液区。最后蒸汽中的水滴全部蒸发,流动进入了气体单相流区。

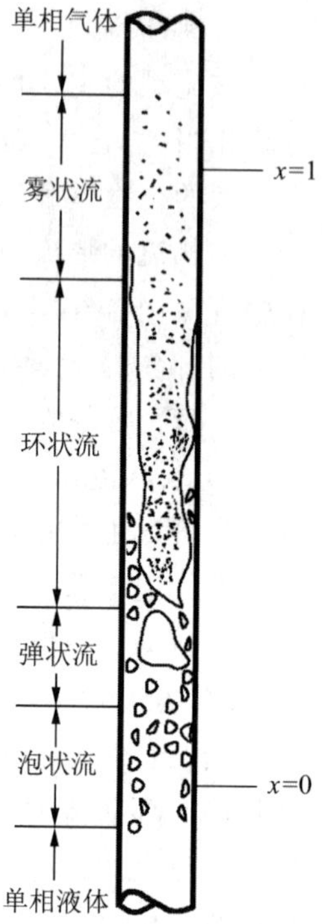


图 2.5 垂直上升加热管中的流型

在判断垂直上升管的流型中,图 2.6 所示的流型图得到了比较广泛的应用,适用于空气-水和汽-水两相流。该图由空气和水混合物的试验得出,试验管道内径为 31.2 mm,试验压力为 0.14~0.54 MPa。该流型图经试验验证可用于汽-水混合物在管内流动的情况。

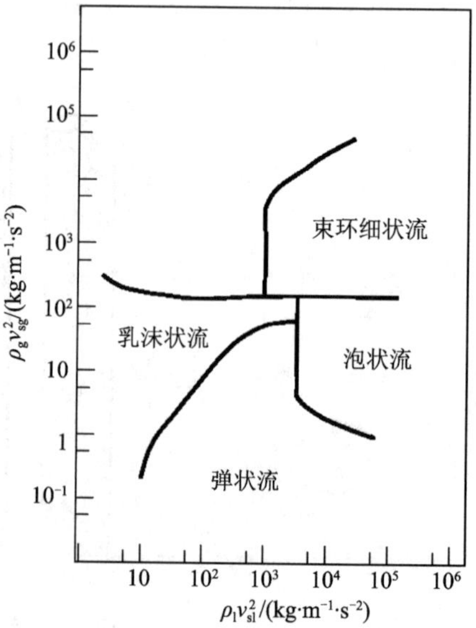


图 2.6 垂直上升管流型图

图 2.6 中,横、纵坐标可分别按下列两式计算:

$$\rho_l v_{sl}^2=\frac{G^2(1-x)^2}{\rho_l} \tag{2.69}$$

$$\rho_g \upsilon_{sg}^2 = \frac{G^2 x^2}{\rho_g} \tag{2.70}$$

**2. 垂直下降管内气液两相流的流型划分**

垂直下降管内气液两相流流型见图 2.7(由空气-水混合物的试验得出)。由图 2.7 可知，下降流动时的泡状流型和上升流动时的泡状流型不同。前者的气泡集中在管道核心部分，而后者则散布在整个管道截面上。

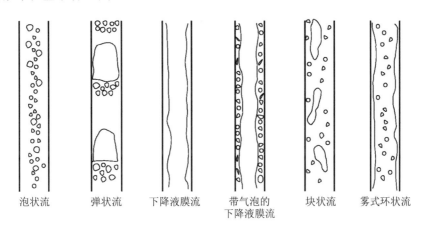

泡状流 　弹状流 　下降液膜流 　带气泡的下降液膜流 　块状流 　雾式环状流

**图 2.7　垂直下降管内气液两相流流型**

如果液相流量不变而使气相流量增大，则气泡将聚集成气弹，且比上升流动时弹状流稳定。

下降流动时的环状流有以下几种流型：在气相及液相流量小时，有一层液膜沿管壁向下流，核心部分为气相，称为下降液膜流型；当液相流量增大，气相将进入液膜，称为带气泡的下降液膜流型；当气液两相流量都增大时，会出现块状流型；在气相流量较高时，发展为核心部分雾状流动、壁面有液膜的雾式环状流型。

图 2.8 为下降流动的气液两相流流型图。该图由空气和多种液体混合物试验得出，试验管道内径为 25.4 mm，试验压力为 0.17 MPa。

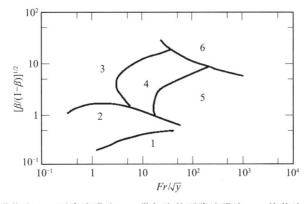

1—泡状流；2—弹状流；3—下降液膜流；4—带气泡的下降液膜流；5—块状流；6—雾式环状流。

**图 2.8　垂直下降管内流型图**

图 2.8 中，选用 $Fr/\sqrt{y}$ 为横坐标，$\sqrt{\beta/(1-\beta)}$ 为纵坐标。$Fr$ 可用下式计算：

$$Fr = \frac{(v_{sl} + v_{sg})^2}{gD} \tag{2.71}$$

式中，$g$ 为重力加速度，$m/s^2$；$D$ 为管道内径，$m$；$Fr$ 为弗劳德数，表示流体的惯性力和重力的比值，为无量纲参数。

$y$ 为液相物性系数，按下式计算：

$$y = \left(\frac{\mu'}{\mu_w}\right)\left[\left(\frac{\rho'}{\rho_w}\right)\left(\frac{\sigma}{\sigma_w}\right)^3\right]^{-\frac{1}{4}} \tag{2.72}$$

式中，$\mu'$ 为液相动力黏度，$Pa \cdot s$；$\mu_w$ 为 20 ℃、0.1 MPa 时水的动力黏度，$Pa \cdot s$；$\sigma$ 为液相表面张力，$N/m$；$\sigma_w$ 为 20 ℃、0.1 MPa 时水的表面张力，$N/m$；$\rho_w$ 为 20 ℃、0.1 MPa 时水的密度，$kg/m^3$。

3. 水平或微小倾角（＜5°）管内气液两相流的流型划分

（1）水平不加热气液两相流流型

水平流动与垂直流动的流型不同。重力作用使液体趋向管道底部流动，而气体则由于浮力的作用趋向于在管道顶部流动，进而造成流动的不对称性，使流动型式更加复杂，常见流型如图 2.9 所示。

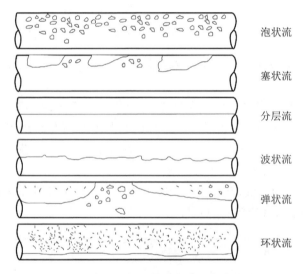

图 2.9    水平不加热管内气液两相流流型

1）泡状流

这种流型与垂直流动的泡状流相似，只是气泡趋向于在管道上部流动，而通道的下部液多气少。气泡的分布与流体流速有很大关系，流速越低，气泡分布越不均匀。

2）塞状流

当泡状流中气泡进一步增加，气泡聚结长大而形成大气塞。这种塞状气泡一般都比较长，类似于垂直流动中的弹状流，并且在大气塞后面还会伴随一些小气泡。

3）分层流

这种流型出现在液相和气相的流速都比较低的情况下，是重力分离效应的极端情况。这时气相在通道的上部流动，液相在通道的下部流动，两者之间有一个比较光滑的界面。

　　4）波状流

　　当分层流动中气体流速足够高时,在气-液界面上产生了一个扰动波。这个扰动波像波浪一样沿着流动方向传播,称为波状流。

　　5）弹状流

　　如果气相速度比波状流的速度更高,那么这些波最终会碰到流道的顶部而形成气弹,称为弹状流。此时,许多大的气弹在通道上部高速运动,而底部则是波状液流的底层。

　　6）环状流

　　该流型与垂直流动的环状流很相似,气相在通道中心流动,而液相贴在通道壁上流动。但在重力的影响下,壁周液膜厚度不均匀,管道底部的液膜比顶部厚。这种流型主要出现在气相流速较高的区域,当壁面较粗糙时,液膜还可能不连续。

　　（2）水平受热蒸发管气液两相流流型

　　与垂直加热管一样,在加热的水平管中,也受到热动态平衡和流体动态平衡变化的影响,只是在水平管中由于不对称性和分层使流动型式的变化更复杂了。

　　图 2.10 所示为低热流密度下、均匀加热、入口为欠热水的水平蒸发管的流型。图中的各流动型式对应入口速度较低（<1 m/s）的情况,当入口水速较高时,两相分布接近对称,流型接近于垂直管的流动型式。

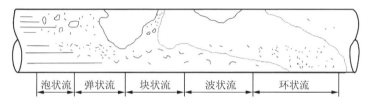

泡状流　　弹状流　　块状流　　波状流　　环状流

**图 2.10　水平受热蒸发管内气液两相流的流型演变过程**

　　在水平加热管中,波状流动区域里可能在通道上部壁面出现相间的干涸现象,这种干涸是不稳定的。当达到环状流动区域时,壁面上就会出现真正的干涸,此时不仅管道上部出现干涸,管道四周的整面也会出现干涸。

　　需要注意的是,图 2.10 所示的是典型的流动工况,而实际流动工况受流速、热通量、含汽量等条件的影响,可能造成过程的不完全,即仅出现几种工况。当通道入口流速比较高时,重力对相分布的影响就会减小。水平管中的气液两相流流型也可按相应的流型图确定。贝克（Baker）流型图是水平流动两相流流型判别的经典流型图,综合了空气-水两相流在常压下水平管内流动的实验数据。后来作了修改,修改后的贝克流型图广泛地用于石油工业和冷凝工程设计中。修改后的贝克流型图如图 2.11 所示,该图的横坐标是 $G_1\psi$,纵坐标是 $G_g/\lambda$。其中,$\lambda$ 和 $\psi$ 为修正系数,可分别按下列两式计算：

$$\lambda = \left[\left(\frac{\rho_g}{\rho_a}\right)\left(\frac{\rho_l}{\rho_w}\right)\right]^{1/2} \tag{2.73}$$

$$\psi = \left(\frac{\sigma_w}{\sigma}\right)\left[\left(\frac{\mu_l}{\mu_w}\right)\left(\frac{\rho_w}{\rho_l}\right)^2\right]^{1/3} \tag{2.74}$$

式中,$\sigma_w$ 为大气压下 20 ℃水的表面张力,N/m;$\mu_w$ 为大气压下 20 ℃水的动力黏度,Pa·s;

$\rho_w$ 为大气压下 20 ℃水的密度,kg/m³;$\rho_a$ 为大气压下 20 ℃空气的密度,kg/m³。

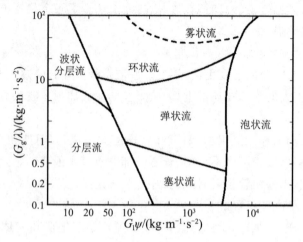

图 2.11  修改后的贝克流型图

以上的修正系数 $\lambda$ 和 $\psi$ 在一个大气压、20 ℃空气-水的情况下均为 1。汽-水两相流的 $\lambda$ 和 $\psi$ 可根据饱和压力由图 2.12 中查得。

后来,曼德汉(Mandhane)根据近 6000 个试验数据归纳出另一幅适用于判别水平管中气液两相流的流型图(图 2.13),即曼德汉流型图,此图以管内压力及温度计算得到的气相折算速度 $v_{sg}$ 和液相折算速度 $v_{sl}$ 为坐标。曼德汉流型图的适用范围见表 2.4。

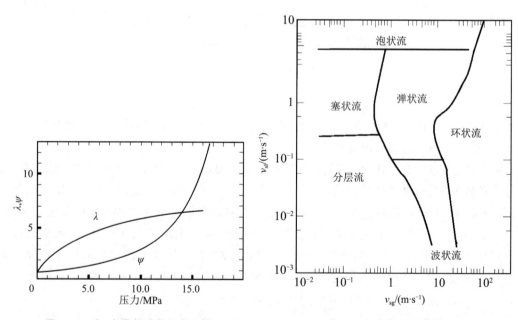

图 2.12  汽-水两相流的 $\lambda$ 和 $\psi$ 值

图 2.13  曼德汉流型图

表 2.4　曼德汉流型图的适用范围

| 名称 | 数据 | 单位 |
|---|---|---|
| 管道内径 | 12.7～165.1 | mm |
| 液相密度 | 705～1009 | kg/m² |
| 气相密度 | 0.8～50.5 | kg/m² |
| 气相动力黏度 | $1.0\times10^{-5}$～$2.2\times10^{-5}$ | Pa·s |
| 液相动力黏度 | $3\times10^{-4}$～$9\times10^{-2}$ | Pa·s |
| 表面张力 | $24\times10^{-3}$～$103\times10^{-3}$ | N/m |
| 气相折算速度 | 0.04～171 | m/s |
| 液相折算速度 | 0.09～731 | cm/s |

4. 倾斜管内气液两相流的流型划分

向下倾斜时,以层状流为主;向上倾斜时,以间歇流为主。通常,当管路倾斜角超过 30°时,流型变化接近垂直管路的流型。

### 2.3.2　液液两相流流型

1. 垂直上升管内液液两相流流型

油和水等两种互不相溶的液体共同流动并形成乳状液后,其流变特性将变得很复杂。当油水乳状液中含水率达到一定程度时,将会发生油水乳状液的相转变,即从油包水(W/O)型变成水包油(O/W)型乳状液,反之亦然。Flores 等将垂直管中油水两相的流型分为油包水流型和水包油流型两大类,并进一步将水包油流型细分为细分散水包油流型、分散水包油流型和水包油沫状流型,将油包水流型细分为细分散油包水流型、分散油包水流型和油包水沫状流型。基于分散相的几何尺寸和形状,上述流型又可划分为泡状流、弹状流、块状流和雾状流等,如图 2.14 所示。

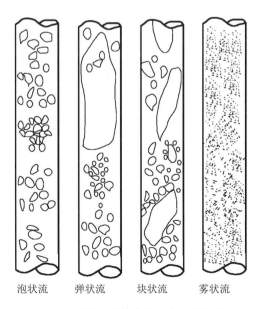

泡状流　　弹状流　　块状流　　雾状流

图 2.14　垂直上升管内的油水两相流流型

2. 水平管液液两相流流型

在较高的含水率条件下,水平管液液两相流流型为油滴分散于连续水相中的水包油细泡流;在较低的含水率条件下,流型转变为水滴分散于连续油相中的油包水细泡流。除此之外,随着油水比例和流速的改变,还有分层流、波状流、弹状流和混合流等流型,如图 2.15 所示。

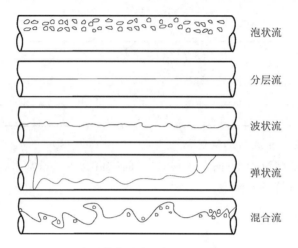

图 2.15    水平管内油水两相流流型的粗略划分

在图 2.15 的基础上,西安交通大学的刘文红等通过实验研究,提出了水平管内油水两相流流型更细致的划分,如图 2.16 所示。

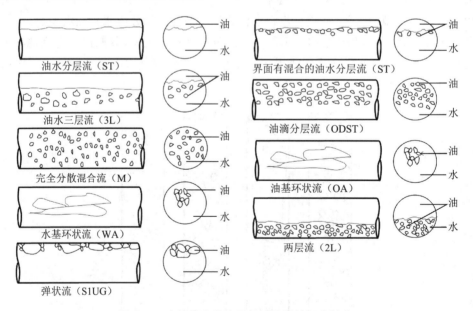

图 2.16    水平管内油水两相流流型的细致划分

### 2.3.3    液固两相流流型

1. 垂直上升管内液固两相流流型

当流速较低时,垂直上升管内固体颗粒没有开始运动,床面保持固定,为固定床流;当流速很高时,全部固体颗粒做悬移运动,为散布流。在这两种流型之间,随着流速的增加,呈现出临界流、聚式流、对称弹状流、不对称弹状流和平端部弹状流等流型,如图 2.17 所示。

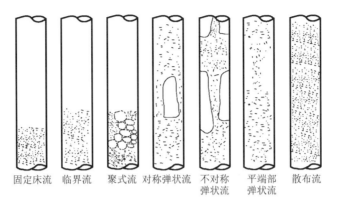

固定床流　临界流　聚式流　对称弹状流　不对称<br>弹状流　平端部<br>弹状流　散布流

**图 2.17　垂直上升管内液固两相流流型**

2. 水平管内液固两相流流型

① 当固体颗粒较粗且流速较低时,固体颗粒没有开始运动,床面保持固定,为固定床流。

② 当流速增加,一定大小的床面颗粒进入运动状态,颗粒以推移运动为主,也有少量悬移运动,为移动床流。

③ 当流速进一步增大,大部分颗粒进入悬移运动,但仍有一部分或小部分颗粒为推移运动,为不均匀散布流。

④ 当流速很高时,全部固体颗粒做悬移运动,为散布流。相关流型如图 2.18 所示。

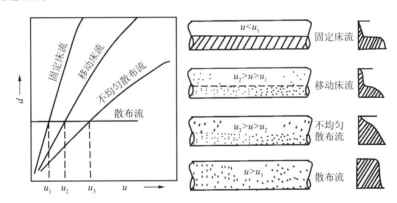

**图 2.18　水平管内液固两相流流型**

### 2.3.4　气固两相流流型

气固两相流的流型与液固两相流的流型类似,将液固两相流的液相换为气相,就可以得到气固两相流的流型图。

### 2.3.5　气液液三相流流型

与气液两相流相比,油气水一类的气液液多相流中的液液两相之间的动量传递较强,升力影响较弱,表面自由能较小,使得界面波较短。由于存在着互不相容的油水两相,其相互作用和分散程度对流动结构的影响很大,所以油气水三相流的流型比气液两相流复杂得多。Acikgoz 等通过水平管道中的油气水流动实验系统,观察到了 10 种三相流流型(表 2.5)。需要指出的是,当油相的折算速度增加时,区域 3 和 4 的流型有可能消失。

表 2.5  油气水三相流流型分类

| 区域 | 流型 |
|---|---|
| 1 | 以油为基相的分散气团流 |
| 2 | 以油为基相的分散段塞流 |
| 3 | 以油为基相的分散分层/波浪流 |
| 4 | 以油为基相的分离分层/波浪流 |
| 5 | 以油为基相的分离波状/分层-环状流 |
| 6 | 以油为基相的分离/分散分层环状流 |
| 7 | 以水为基相的分散段塞流 |
| 8 | 以水为基相的分散分层/波浪流 |
| 9 | 以水为基相的分离/分散分层-环状流 |
| 10 | 以水为基相的分散分层-环状流 |

在此基础上,Lee 等将所观测到的流型分为 3 大类,共 7 种流型。第 1 类为分层流,包括分层光滑流、分层波浪流、波浪流;第 2 类为间歇流,包括气团流、段塞流、拟段塞流;第 3 类为环状流。这 7 种流型如图 2.19 所示。在分层流中,油水两相基本上是分离的,水在管道底部而油在水层上方流动,即便在气团流时水仍然在管道底部,因为此时液体的搅动还不足以将油水两相混合起来。在后三种流型中,油水两相是完全分散的。

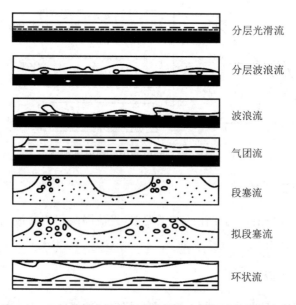

分层光滑流

分层波浪流

波浪流

气团流

段塞流

拟段塞流

环状流

图 2.19  Lee 等划分的水平管内油气水三相流流型示意图

多相流的流型众多,上述仅为基本流型,更多流型会在后续章节中结合具体实例进行介绍。

 习　题

1. 通过公式推导求证下列关系:

$$v_g = v_l, S = 1, \varphi = \beta$$
$$v_g > v_l, S > 1, \varphi < \beta$$
$$v_g < v_l, S < 1, \varphi > \beta$$

2. 气液混合物在内径为 25 mm 的管道内流动,气体和液体的体积流量分别为 0.85 m³/min 和 0.15 m³/min,由高速摄影技术测得气泡的速度为 50 m/s,试求体积含气率、截面含气率、液相的速度以及气相和液相的折算速度、漂移速度。

3. 证明:

$$S = \frac{\beta}{1-\beta} \cdot \frac{1-\varphi}{\varphi}$$

4. 推导下列关系式:

$$\frac{1}{\rho} = \frac{k}{\rho_g} + \frac{1-k}{\rho_l}$$

5. 关于圆管内的气液两相流动,写出截面含气率和体积含气率的表达式,简述在什么情况下截面含气率与体积含气率相等。

6. 简述垂直上升管内不加热气液两相流主要流型及各自的特征。

# 第 3 章

## 多相流基本方程

　　尽管流体力学的基本方程理论上可以用于多相流,但不同研究者给出的多相流方程差别很大。主要原因在于,在多相流中除应对各相列出各自的守恒方程外,还要考虑两相间的相互作用,而对于相间作用的处理,由于各研究者的观点和方法不同,得出的方程的形式也不同。截至目前,从连续介质模型出发得到的两相流动基本方程组获得了最为广泛的应用,即认为每一相都由连续的质点组成,它反映了大量微观粒子的统计平均特性,相与相的分界面被看作间断面,每相仍服从质量守恒、动量守恒及能量守恒等基本物理定律,并可用微分方程组来描述。

## 3.1　质量守恒连续性方程

　　假设存在一个体积合适的流体微元,现在考虑建立离散多相流(如双流体模型)的有效运动微分方程。为了方便,取边长分别为 $x_1$、$x_2$、$x_3$ 的微元六面体(图 3.1)。组分 $N$ 通过与 $i(i=1,2,3)$ 方向垂直的一个面的质量流量为 $\rho_N j_{N_i}$,则组分 $N$ 从微元六面体中流出的净质量流量为 $\rho_N j_{N_i}$ 的散度,即 $\dfrac{\partial(\rho_N j_{N_i})}{\partial x_i}$。

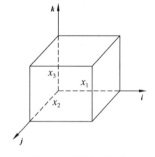

图 3.1　微元六面体

　　在微元六面体内,组分 $N$ 的质量增速为 $\partial(\rho_N \alpha_N)/\partial t$,则组分 $N$ 的质量守恒需要满足:

$$\frac{\partial}{\partial t}(\rho_N \alpha_N) + \frac{\partial}{\partial x_i}(\rho_N j_{N_i}) = I_N \tag{3.1}$$

式中,$I_N$ 是单位体积内由其他相到 $N$ 相的质量交换速度,质量交换可能由相变或化学反应造成。为了便于参考,$I_N$ 称为质量相互作用项。

　　显然,对于流动中的每一相或每一种组分,都有像式(3.1)一样的连续方程,称为单一相连续性方程(individual phase continuity equation,IPCE)。无论发生何种相变或化学反应,微元六面体内总质量必须是守恒的,即

$$\sum_N I_N = 0 \tag{3.2}$$

因此,由所有单一相连续性方程的总和即可得到不含 $I_N$ 的组合相连续性方程(combined phase continuity equation,CPCE):

$$\frac{\partial}{\partial t}\left(\sum_N \rho_N \alpha_N\right) + \frac{\partial}{\partial x_i}\left(\sum_N \rho_N j_{N_i}\right) = 0 \tag{3.3}$$

组分 $N$ 的体积通量和速度的关系为

$$j_{N_i} = \alpha_N u_{N_i} \tag{3.4}$$

多相混合物密度 $\rho$ 为

$$\rho = \sum_N \alpha_N \rho_N \tag{3.5}$$

将式(3.4)、式(3.5)代入式(3.3),可得

$$\frac{\partial \rho}{\partial t} + \frac{\partial}{\partial x_i} \Big( \sum_N \rho_N \alpha_N u_{N_i} \Big) = 0 \tag{3.6}$$

当满足零相对速度条件,即 $u_{N_i} = u_i$ 时,式(3.6)可简化为混合相连续性方程(mixture continuity equation,MCE),即

$$\frac{\partial \rho}{\partial t} + \frac{\partial}{\partial x_i} (\rho u_i) = 0 \tag{3.7}$$

该方程与密度为 $\rho$ 的等效单相流动方程相同。

对于一元管流,单相连续性方程(3.1)可改写为

$$\frac{\partial}{\partial t} (\rho_N \alpha_N) + \frac{1}{A} \frac{\partial}{\partial x} (A \rho_N \alpha_N u_N) = I_N \tag{3.8}$$

式中,$x$ 沿管路计算;$A(x)$ 为过流断面面积;$u_N$ 和 $\alpha_N$ 是过流断面上的平均值;$AI_N$ 是单位管路长度上 $N$ 相的质量变化速度。对各组分加和即可得到组合相连续性方程:

$$\frac{\partial \rho}{\partial t} + \frac{1}{A} \frac{\partial}{\partial x} \Big( A \sum_N \rho_N \alpha_N u_N \Big) = 0 \tag{3.9}$$

如果所有相的运动速度相同,即 $u_N = u$,则式(3.9)可简化为

$$\frac{\partial \rho}{\partial t} + \frac{1}{A} \frac{\partial}{\partial x} (\rho A u) = 0 \tag{3.10}$$

由于有时遇到的情况是两种气体混合物互容扩散,所以最后介绍两种组分或者两种物料互容时的方程形式。两种组分占据了整个体积空间,孔隙率实际上是 1,因此式(3.1)可写为

$$\frac{\partial \rho_N}{\partial t} + \frac{\partial \rho_N u_{N_i}}{\partial x_i} = I_N \tag{3.11}$$

## 3.2  动量守恒连续性方程

为了避免一些潜在的问题,在推导动量守恒连续性方程之前首先对控制体(CV)作了修正。要使控制体的边界截面不会切到分散相粒子且处处位于连续相内部,就要改变边界界面形状。由于预先假定了控制体的尺寸远大于粒子的尺寸,因此仅需对模型作一些微小的修改。当然,不作修正也能进一步分析,但会出现一些复杂问题。例如,如果边界穿过粒子,就需要计算控制体表面有多大部分受到各相附着摩擦力的作用。另外,粒子内附着摩擦力的计算也是一个难题。不仅如此,在后文中还要计算控制体内各相之间的相互作用力,如果需要处理边界与粒子的相交部分,相互作用力的计算就会非常复杂。

现在对分散相($N=D$)或连续相($N=C$)应用动量定理,组分 $N$ 在 $k$ 方向上的动量通

过与 $i$ 方向垂直的一个面的通量为 $\rho_N j_{N_i} u_{N_k}$，则在 $k$ 方向上流出微元六面体的净动量通量为 $\partial(\rho_N \alpha_N u_{N_i} u_{N_k})/\partial x_i$，微元六面体内组分 $N$ 在 $k$ 方向上的动量增速为 $\rho_N j_{N_i} u_{N_k}/\partial t$。根据动量守恒，在 $k$ 方向上作用在单位体积控制体内组分 $N$ 上的合力 $F_{N_k}^{\mathrm{T}}$ 为

$$F_{N_k}^{\mathrm{T}} = \frac{\partial}{\partial t}(\rho_N \alpha_N u_{N_k}) + \frac{\partial}{\partial x_i}(\rho_N \alpha_N u_{N_i} u_{N_k}) \tag{3.12}$$

$F_{N_k}^{\mathrm{T}}$ 包括三种力，第一种是控制体内的体积力，第二种是控制体外部的压力和黏性应力，第三种是控制体内各组分间的相互作用力。其中，第一种力是由外部力场对控制体内部组分 $N$ 的作用引起的，当考虑重力时，其值为 $\alpha_N \rho_N g_k$，其中 $g_k$ 为重力加速度在 $k$ 方向上的分量(认为 $g$ 的方向竖直向下)。

第二种力是由于表面附着摩擦力对控制体的作用产生的，与相间作用力不同。对于分散相，该值为零。对于连续相，定义应力张量为 $\sigma_{C_{ki}}$，则由于表面附着摩擦力而产生的作用在该相上的力为 $\dfrac{\partial \sigma_{C_{ki}}}{\partial x_i}$。

为了后续使用方便，可以将 $\sigma_{C_{ki}}$ 分解为压力 $p_C = p$ 和偏应力 $\sigma_{C_{ki}}^{D}$，即

$$\sigma_{C_{ki}} = -p\delta_{ki} + \sigma_{C_{ki}}^{D} \tag{3.13}$$

式中，$\delta_{ki}$ 为克罗内克算子，当 $k = i$ 时，$\delta_{ki} = 1$；当 $k \neq i$ 时，$\delta_{ki} = 0$。

第三种力是控制体内其他组分作用在组分 $N$ 上的(单位体积)力，用 $F_{N_k}$ 来表示该力，则单相动量方程(individual phase momentum equation，IPME)为

$$\frac{\partial}{\partial t}(\rho_N \alpha_N u_{N_k}) + \frac{\partial}{\partial x_i}(\rho_N \alpha_N u_{N_i} u_{N_k}) = \rho_N \alpha_N g_k + F_{N_k} - \delta_N\left(\frac{\partial p}{\partial x_k} - \frac{\partial \sigma_{C_{ki}}^{D}}{\partial x_i}\right) \tag{3.14}$$

式中，对于分散相 $\delta_D = 0$，对于连续相 $\delta_C = 1$。

分析相互作用项的第二项，即力相互作用项 $F_{N_k}$，如同质量相互作用 $I_N$ 的情况，必然存在下述关系式：

$$\sum_N F_{N_k} = 0 \tag{3.15}$$

在流动过程中，通常将 $F_{N_k}$ 分解为两个分量，一项与连续相的压力梯度相关，表示为 $-\dfrac{\alpha_D \partial p}{\partial x_k}$；剩下的部分表示为 $F_{D_k}'$，其与各相之间的相对运动有关，即

$$F_{D_k} = -F_{C_k} = -\alpha_D \frac{\partial p}{\partial x_k} + F_{D_k}' \tag{3.16}$$

IPME 方程最常用的形式是将公式的左侧展开，使其能够应用连续性方程(3.1)。在单相流动中，可以在方程左侧得到速度的拉格朗日时间导数。在这里应用连续性方程即可得到含有质量相互作用项 $I_N$ 的形式：

$$\rho_N \alpha_N\left(\frac{\partial u_{N_k}}{\partial t} + u_{N_i}\frac{\partial u_{N_k}}{\partial x_i}\right) = \alpha_N \rho_N g_k + F_{N_k} - I_N u_{N_k} - \delta_N\left(\frac{\partial p}{\partial x_k} - \frac{\partial \sigma_{C_{ki}}^{D}}{\partial x_i}\right) \tag{3.17}$$

以拉格朗日的角度来看，方程左侧是组分 $N$ 的标准动量增长速度，$I_N u_{N_k}$ 项是由于组分 $N$ 的质量增益所形成的动量增长速度。

将式(3.14)所示的每种组分的动量方程相加即可得到组合相动量方程(combined phase

momentum equation，CPME）：

$$\frac{\partial}{\partial t}\left(\sum_N \rho_N \alpha_N u_{N_k}\right) + \frac{\partial}{\partial x_i}\left(\sum_N \rho_N \alpha_N u_{N_i} u_{N_k}\right) = \rho g_k - \frac{\partial p}{\partial x_k} + \frac{\partial \sigma_{C_{ki}}^D}{\partial x_i} \tag{3.18}$$

当不考虑相对运动，即 $u_{C_k} = u_{D_k}$ 时，式(3.18)可以简化为单相流动的动量方程。当流体静止时(偏应力为零)，式(3.18)最终可简化为静力学压力梯度方程 $\frac{\partial p}{\partial x_k} = \rho g_k$，其中 $\rho$ 为混合物密度。

所用到的另一个极限情况是，在重力作用下，分散相(体积分数 $\alpha_D = \alpha = 1 - \alpha_C$)在连续相中均匀而持续地沉积。由式(3.14)可得

$$0 = \alpha \rho_D g_k + F_{D_k} \tag{3.19}$$

$$0 = \frac{\partial \sigma_{C_{ki}}}{\partial x_i}(1-\alpha)\rho_C g_k + F_{C_k} \tag{3.20}$$

式中，$F_{D_k} = -F_{C_k}$，且在均匀流动时连续相应力中的偏应力部分为零，则 $\delta_{C_{ki}} = -p$。由式(3.20)可得

$$F_{D_k} = -F_{C_k} = -\alpha \rho_D g_k, \frac{\partial p}{\partial x_k} = \rho g_k \tag{3.21}$$

即压力梯度与水静力学特性相同。

最后指出的是，一元流动或管流流动的 IPME 方程的形式为

$$\frac{\partial}{\partial t}(\rho_N \alpha_N u_{N_k}) + \frac{1}{A}\frac{\partial}{\partial x}(A\rho_N \alpha_N u_{N_i} u_N^2) = \rho_N \alpha_N g_x + F_{N_x} - \delta_N\left(\frac{\partial p}{\partial x} + \frac{P\tau_w}{A}\right) \tag{3.22}$$

式(3.22)采用了管路流动中的一般符号，$P(x)$ 是过流断面的周长，$\tau_w$ 是壁面剪切应力。方程中的 $AF_{N_x}$ 为单位管路长度上的其他组分在 $x$ 方向上作用在组分 $N$ 上的力。对各组分求和即可得到管路流动的组合相动量方程：

$$\frac{\partial}{\partial t}\left(\sum_N \rho_N \alpha_N u_N\right) + \frac{1}{A}\frac{\partial}{\partial x}\left(A\sum_N \rho_N \alpha_N u_N^2\right) = -\frac{\partial p}{\partial x} - \frac{P\tau_w}{A} + \rho g_x \tag{3.23}$$

当所有相具有相同的运动速度，即 $u_N = u$ 时，方程可简化为

$$\frac{\partial}{\partial t}(\rho u) + \frac{1}{A}\frac{\partial}{\partial x}(A\rho u^2) = -\frac{\partial p}{\partial x} - \frac{P\tau_w}{A} + \rho g_x \tag{3.24}$$

## 3.3　分散相动量方程

本节分析分散相单个粒子的运动方程与 3.2 节所述的分散相动量方程(disperse phase momentum equation，DPME)之间的关系。本节采用牛顿运动方程来描述体积为 $V_D$ 的单个粒子的运动特性：

$$\frac{D_D}{D_D t}(\rho_D V_D u_{D_k}) = F_k + \rho_D V_D g_k \tag{3.25}$$

式中，$D_D/D_D t$ 为粒子的拉格朗日时间随体导数，即

$$\frac{D_D}{D_D t} \equiv \frac{\partial}{\partial t} + u_{D_i}\frac{\partial}{\partial x_i} \tag{3.26}$$

式中，$F_k$ 是周围连续相作用在粒子上 $k$ 方向的力。$F_k$ 不仅包括粒子相对于流体的速度和加速度所产生的力，也包括连续相内压力梯度所形成的浮力。

将式（3.25）展开，并代入式（3.27）所表示的质量相互作用 $I_D$，即可得到式（3.28）所示的分散相动量方程。

$$I_D = n_D \left[ \frac{\partial(\rho_D v_D)}{\partial t} + u_{D_i} \frac{\partial(\rho_D v_D)}{\partial x_i} \right] = n_D \frac{D_D}{D_D t}(\rho_D v_D) \tag{3.27}$$

$$\rho_D v_D \left( \frac{\partial u_{D_k}}{\partial t} + u_{D_i} \frac{\partial u_{D_k}}{\partial x_i} \right) + u_{D_k} \frac{I_D}{n_D} = F_k + \rho_D v_D g_k \tag{3.28}$$

现在与分散相的单项动量方程（3.17）一起来分析式（3.28）的含义。令式（3.17）中的 $\alpha_D = n_D v_D$，将其展开并与式（3.28）比较，就可以发现：

$$F_{D_k} = n_D F_k \tag{3.29}$$

即分散相动量方程中的相互作用力项 $F_{D_k}$ 等于单位体积内单个粒子所受流体作用力的总和 $n_D F_k$。举例而言，将由式（3.21）定义的定常、均匀相互作用力 $F_{D_k}$ 代入式（3.29），即可得到 $F_k = -\rho_D v_D g_k$，这表明作用在单个粒子上的流体作用力与粒子的重量平衡。

## 3.4　能量守恒方程

流体力学基本方程中涉及的第 3 个基本守恒原理是能量守恒原理。在分析中考虑诸如热传导和黏性耗散等能量交换过程时，即使是在单相流动中该原理的一般描述也是很复杂的。然而，这些复杂的问题对最终结果的影响并不大。例如，在气体动力学的初步分析中，人们总是忽略黏性作用和热传导的影响。在多相流领域，描述能量守恒所涉及的复杂问题繁多，基本不可能对其进行概括性说明。因此，这里所介绍的能量守恒方程是忽略了黏性耗散及热传导（但并未忽略相之间的热交换）等问题的简化形式。

在单相流动中，通常假定流动中各点上的流体都处于热力学平衡状态，应用一个合适的热力学约束（如恒定且局部均匀的熵或温度）就可以将压力、密度、温度和熵等参数联系起来。在多相流中，不同相或组分之间往往并不处于热力学平衡状态。因此，单相流动中所采用的热力学平衡理论不再适用。在这些条件下，发生在相或组分之间的热交换和质量交换的计算非常重要。

在单相流动中，能量守恒原理在控制体（controlled varible，CV）上的应用采用了热力学第一定律的表述形式：

流入 CV 的热速度 $Q$＋对 CV 的做功速度＝流出 CV 的总内能净通量＋CV 内部的总内能增长速度

在没有化学反应的流动中，单位质量总内能 $e^*$ 为内能 $e$、动能 $\frac{1}{2}u_i u_i$（$u_i$ 是速度分量）和势能 $gz$（$z$ 是竖直方向的坐标）的总和，即

$$e^* = e + \frac{1}{2}u_i u_i + gz \tag{3.30}$$

因此，单相流的能量方程为

$$\frac{\partial}{\partial t}(\rho e^*) + \frac{\partial}{\partial x_i}(\rho e^* u_i) = Q + W - \frac{\partial}{\partial x_j}(u_i \sigma_{ij}) \tag{3.31}$$

式中，$\delta_{ij}$ 为应力张量。

对于无热量输入（$Q=0$）、外部不对 CV 做功（$W=0$）、无黏性作用（无偏应力）的定常流动，单向流的能量方程可写为

$$\frac{\partial}{\partial x_i}\left[\rho u_i\left(e^* + \frac{p}{\rho}\right)\right] = \frac{\partial}{\partial x_i}\left(\rho u_i h^*\right) = 0 \tag{3.32}$$

式中，$h^* = e^* + \dfrac{p}{\rho}$ 为单位质量上的总焓。因此，如果来流的总焓是均匀的，那么 $h^*$ 处处为常数。

下面介绍建立多相流每一组分或每相的能量方程。首先为每一组分 $N$ 定义总内能密度 $e_N^*$：

$$e_N^* = e_N + \frac{1}{2}u_{N_i}u_{N_i} + gz \tag{3.33}$$

然后，每一相的热力学第一定律——单相能量方程（individual phase energy equation，IPEE）的表述如下：

CV 外部与 $N$ 的传热速度 $Q_N$＋环境流体对 $N$ 的做功速度 $W_{A_N}$＋CV 内部与 $N$ 的热交换速度 $Q_{I_N}$＋CV 内部其他组分对 $N$ 的做功速度 $W_{I_N}$＝组分 $N$ 的总动能增长速度＋组分 $N$ 与 CV 外部的总内能净通量，单相能量方程中的每一项都可以在单位体积上方便地计算。

首先说明的是单相能量方程右侧部分，可以写为

$$\frac{\partial}{\partial t}(\rho_N \alpha_N e_N^*) + \frac{\partial}{\partial x_i}(\rho_N \alpha_N e_N^* u_{N_i}) \tag{3.34}$$

再来看单相能量方程的左侧部分，第一项是由外部环境对控制体的加热和热传导形成的 $Q_N$；第二项包含两种作用，一是控制体表面上作用在组分 $N$ 上的应力减小了做功速度，二是外部轴功对组分 $N$ 的做功速度为 $W_N$。

在计算第一种作用时，与动量方程问题中所讨论的一样，要使控制体有微小变形以保证边界完全位于连续相中，则式（3.13）定义的连续相应力张量 $\sigma_{C_{ki}}$，$W_{A_N}$ 的表达式为

$$W_{A_C} = W_C + \frac{\partial}{\partial x_i}(u_{C_i}\sigma_{C_{ij}}) \tag{3.35}$$

$$W_{A_D} = W_D \tag{3.36}$$

单相能量方程可写成

$$\frac{\partial}{\partial t}(\rho_N \alpha_N e_N^*) + \frac{\partial}{\partial x_i}(\rho_N \alpha_N e_N^* u_{N_i}) = Q_N + W_N + Q_{I_N} + W_{I_N} + \delta_N \frac{\partial}{\partial x_j}(u_{C_i}\sigma_{C_{ij}}) \tag{3.37}$$

其中，有两项之间存在能量交换，这两项合在一起称为能量相互作用项：

$$\varepsilon_N = Q_{I_N} + W_{I_N} \tag{3.38}$$

由此可得

$$\sum_N Q_{I_N} = 0, \quad \sum_N W_{I_N} = 0, \quad \sum_N \varepsilon_N = 0 \tag{3.39}$$

此外,可以建立做功项 $W_{I_N}$ 与相互作用力 $F_{N_k}$ 之间的关系式。在含有一种分散相的两相系统中:

$$Q_{I_C} = -Q_{I_D}, W_{I_C} = -W_{I_D} = -u_{D_i} F_{D_i}, \varepsilon_C = -\varepsilon_D \qquad (3.40)$$

与连续性方程和动量方程一样,可以将单相能量方程相加得到组合相能量方程(combined phase energy equation,CPEE)。然后,用 $Q$ 表示(单位体积)由外部传入的总热量速度,用 $W$ 表示(单位体积)外部轴功的做功总速度,即

$$Q = \sum_N Q_N, W = \sum_N W_N \qquad (3.41)$$

则组合相能量方程变为

$$\frac{\partial}{\partial t}\left(\sum_N \rho_N \alpha_N e_N^*\right) + \frac{\partial}{\partial x_i}\left(-u_{C_j}\sigma_{C_{ij}} + \sum_N \rho_N \alpha_N u_{N_i} e_N^*\right) = Q + W \qquad (3.42)$$

将单相能量方程(3.37)或者组合相能量方程(3.42)的左侧展开并应用连续性方程(3.1)和不考虑偏应力的动量方程(3.14),得到的结果就是能量方程的热力学形式。每一相的内能 $e_N$、定容比热 $c_{V_N}$ 及温度 $T_N$ 之间的关系式为

$$e_N = c_{V_N} T_N + C \qquad (3.43)$$

式中,$C$ 为常数。

应用式(3.43)及式(3.40)可以将单相能量方程的热力学形式写为

$$\rho_N \alpha_N c_{V_N}\left(\frac{\partial T_N}{\partial t} + u_{N_i}\frac{\partial T_N}{\partial x_i}\right) = \delta_N \sigma_{C_{ij}}\frac{\partial u_{C_i}}{\partial x_j} + Q_N + W_N + Q_{I_N} + \qquad (3.44)$$
$$F_{N_i}(u_{D_i} - u_{N_i}) - (e_N^* - u_{N_i}u_{N_i})I_N$$

将各相的单相能量方程相加即可得到组合相能量方程的热力学形式:

$$\sum_N\left[\rho_N \alpha_N c_{V_N}\left(\frac{\partial T_N}{\partial t} + u_{N_i}\frac{\partial T_N}{\partial x_i}\right)\right] = \sigma_{C_{ij}}\frac{\partial u_{C_i}}{\partial x_j} - F_{D_i}(u_{D_i} - u_{C_i}) - \qquad (3.45)$$
$$I_D(e_D^* - e_C^*) + \sum_N u_{N_i}u_{N_i}I_N$$

假设式(3.44)、式(3.45)中的比热 $c_{V_N}$ 均匀且为常数,则 IPEE 方程(3.37)的一元管路流动形式为

$$\frac{\partial}{\partial t}(\rho_N \alpha_N e_N^*) + \frac{1}{A}\frac{\partial}{\partial x}(A\rho_N \alpha_N e_N^* u_N) = Q_N + W_N + \varepsilon_N - \delta_N \frac{\partial}{\partial x}(pu_C) \qquad (3.46)$$

式中,$AQ_N$ 为单位长度管路上外部向组分 $N$ 的传热速度;$AW_N$ 为单位长度管路上外部对组分 $N$ 的做功速度;$A\varepsilon_N$ 为单位长度管路上其他相向组分 $N$ 的能量传递速度;$p$ 是忽略了偏应力的连续相压力。组合相能量方程(3.42)可写为

$$\frac{\partial}{\partial t}(\sum_N \rho_N \alpha_N e_N^*) + \frac{1}{A}\frac{\partial}{\partial x}(\sum_N A\rho_N \alpha_N e_N^* u_N) = Q + W - \frac{\partial}{\partial x}(pu_C) \qquad (3.47)$$

式中,$AQ_N$ 为单位长度管路上外部对流动的总传热速度;$AW$ 为单位长度管路上外部对流动的总做功速度;$A$ 表示垂直于一元管路流动方向的单位截面积。

习 题

1. 简述多相流质量守恒连续性方程的特性及其各项的物理意义。

2. 简述多相流连续性方程的推导过程。

3. 简述多相流动量守恒方程的特性及其各项的物理意义。

4. 简述多相流动量守恒方程的推导过程。

5. 简述分散相动量守恒方程的特性及其各项的物理意义。

6. 简述单相能量方程的热力学第一定律的表述。

7. 简述多相流能量守恒方程的推导过程。

# 第4章

# 离散相动力学

　　自然界中有很多现象都与多相流相关,同时多相流也普遍存在于化工、能源、水利、石油、制造、航空航天、环境保护和生命科学等领域所涉及的问题中。多相流具有现象与过程复杂、涉及面广和交叉性强等特点。多相流问题归根结底是相间作用问题,主要体现在离散相之间以及离散相与连续相之间的作用。例如,受连续相流场特性制约的离散相动力学特性、离散相对连续相特性的影响以及离散相之间的相互作用;连续相作用于小于微米尺度的刚性离散相,连续相作用于常规尺度下的变形离散相,以及小于微米尺度的离散相之间的相互作用等。

## 4.1　颗粒的受力分析

　　运动中的颗粒会受到多种力的协同作用,且不同的力在颗粒运动中所起的作用不同,因而处理方法也不同。

### 4.1.1　惯性力

　　颗粒运动时所受惯性力为

$$F_i = -\frac{1}{6}\pi d_p^2 \rho_p \frac{\mathrm{d}u_p}{\mathrm{d}t} \tag{4.1}$$

式中,$d_p$ 为球形颗粒的直径;$\rho_p$ 为颗粒的密度;$u_p$ 为颗粒的速度。

### 4.1.2　阻力

　　在实际的两相流动中,颗粒的阻力大小受颗粒的雷诺数 $Re_p$、流体的湍流运动、流体的可压缩性、流体与颗粒温度、颗粒的形状、壁面的存在及颗粒群的浓度等诸多因素的影响。因此,颗粒的阻力很难用统一的形式表达。为研究方便,引入阻力系数的概念,定义为

$$C_D = \frac{F_D}{\pi r_p^2 \left[\frac{1}{2}\rho(u-u_p)^2\right]} \tag{4.2}$$

因此,颗粒的阻力可表示为

$$F_D = \frac{\pi r_p^2}{2} C_D \rho |u-u_p|(u-u_p) \tag{4.3}$$

式中,$r_p$ 为球形颗粒的半径;$\rho$ 为流体的密度;$u$ 为流体的速度。

### 4.1.3　重力和浮力

颗粒的重力为

$$F_g = \frac{1}{6}\pi d_p^3 \rho_p g \tag{4.4}$$

流体施加在颗粒上的浮力为

$$F_b = \frac{1}{6}\pi d_p^3 \rho g \tag{4.5}$$

### 4.1.4　压力梯度力

颗粒在有压力梯度的流场中运动时,还受到由压力梯度引起的作用力。压力梯度力的表达式为

$$F_p = -V_p \frac{\partial P}{\partial x} \tag{4.6}$$

式中,$V_p$ 为颗粒的体积;负号表示压力梯度力的方向与流场中压力梯度的方向相反。一般来说,压力梯度力同惯性力相比数量级很小,可忽略不计。

### 4.1.5　虚假质量力

当颗粒相对流体做加速运动时,不仅颗粒的速度越来越大,而且颗粒周围的流体速度也会增大。推动颗粒运动的力不但增加了颗粒本身的动能,也增加了流体的动能。因此,这个力将大于加速颗粒本身所需的 $m_p a_p$,类似于增加了颗粒的质量,所以加速这部分增加质量的力就叫作虚假质量力,或称表观质量效应。

当流体以瞬时速度 $u$ 运动,且颗粒的瞬时速度为 $u_p$ 时,虚假质量力为

$$F_{vm} = \frac{1}{2}\rho V_p \left( \frac{du}{dt} - \frac{du_p}{dt} \right) \tag{4.7}$$

由上式可知,虚假质量力在数值上等于与颗粒同体积的流体质量附在颗粒上做加速运动时的惯性力的一半。当 $\rho \ll \rho_p$ 时,虚假质量力和颗粒惯性力之比非常小,特别是当相对运动加速度不大时,虚假质量力可忽略不计。

### 4.1.6　Basset 力

当颗粒在静止黏性流体中做任意速度的直线运动时,颗粒不但受黏性阻力和虚假质量力的作用,还受到一个瞬时流动阻力,这个力称为 Basset 力,其与流型连续不断地调整有关,取决于运动历程,其表达式为

$$F_B = \frac{3}{2}d_p^2 \sqrt{\pi\rho\mu} \int_{-\infty}^{t} \frac{\frac{du}{d\tau} - \frac{du_p}{d\tau}}{\sqrt{t-\tau}} d\tau \tag{4.8}$$

式中,$\mu$ 为流体的黏度。

Basset 力只发生在黏性流体中,且与流动的不稳定性有关。当 $\rho \ll \rho_p$ 时,Basset 力和颗粒惯性力之比非常小,可忽略不计。

#### 4.1.7　Magnus 升力

颗粒旋转时,其表面附近的流体速度不均匀分布而产生 Magnus 升力,其表达式为 $F_L = \rho u \Gamma$,其中 $\Gamma$ 为沿颗粒表面的速度环量。若颗粒在静止的流体中旋转,则 Magnus 升力为

$$F_L = \frac{1}{3} \pi d_p^3 \rho u \omega \tag{4.9}$$

当颗粒在流体中边运动边转动时,Magnus 升力为

$$F_L = \frac{1}{8} \pi d_p^3 \rho \omega \times (u - u_p) \tag{4.10}$$

式中,$\omega$ 为颗粒的旋转角速度。

一般来说,旋转升力与重力有相同的数量级。

#### 4.1.8　Saffman 升力

当颗粒在有速度梯度的流场中运动时,若颗粒上部的速度比下部的速度高,则上部的压力比下部的压力低,这时颗粒将受到一个升力的作用,这个力称为 Saffman 升力。当 $Re_p < 1$ 时,Saffman 升力的表达式为

$$F_s = 1.61 (\mu\rho)^{1/2} d_p^2 (u - u_p) \left| \frac{\mathrm{d}u}{\mathrm{d}y} \right|^{1/2} \tag{4.11}$$

由上式可知,Saffman 升力与速度梯度 $\dfrac{\mathrm{d}u}{\mathrm{d}y}$ 相关联。由于流体主流区的速度梯度很小,Saffman 升力可忽略不计,因此只有在速度边界层中,Saffman 升力的作用才变得很明显。

需要指出的是,在较高的雷诺数下,Saffman 升力还没有相应的计算公式。

#### 4.1.9　热泳力、光电泳力、声泳力

在有温度梯度的流场中,颗粒因受到来自高温区的热压力而向低温区迁移,这种现象称为热泳,这种使颗粒由高温区向低温区运动的力称为热泳力。

暴露在能级非常高的光能中的颗粒会发生运动,产生这样运动的原因是颗粒吸收光能并加热附近的气体分子,此作用和热泳力相似,这种力称为光电泳力。但是光电泳力可能是完全没有规律的运动,也可能在诸外力作用下向一定方向运动,通常可忽略不计。

声场中的颗粒也将受到作用而产生漂移运动,当颗粒随着气体的振动达到某一程度时,会在气体介质中循环运动,也会因气体的纵向运动而漂移到平直方向,这种力称为声泳力,一般也可忽略不计。

#### 4.1.10　静电力

气体是不良导体,因此颗粒在呈中性的气体介质中可呈如下状态:无电荷;带正电荷;带负电荷。

颗粒通常通过以下三种基本方法中的一种或几种带上静电荷:

① 颗粒在撞击时带电;

② 当带电的气态离子与颗粒接触时,感应电荷留住了离子电荷致使颗粒上产生静负电荷;

③ 与带电表面接触放电。

带电颗粒在运动中受到静电力的作用,静电力的大小由库仑定律决定:

$$F_e = \frac{1}{4\pi\varepsilon_0} \frac{q_1 q_2}{s^2} \tag{4.12}$$

式中,$q_1$ 和 $q_2$ 为颗粒所带电荷量;$s$ 为颗粒之间的距离;$\varepsilon_0$ 为真空介电常数。

带电颗粒在充有非导电气体的电场中运动时,它所受的静电力为

$$F_e = qE = n_p eE \tag{4.13}$$

式中,$q$ 为颗粒所带电荷量;$n_p$ 为电荷数目;$e$ 为一个电子的电荷量;$E$ 为电场强度。

另外,中性颗粒在电场中运动时由于气态离子的扩散作用,在颗粒上会产生感应电荷,称为镜像电荷力,表达式为

$$F_e = -\frac{1}{4\pi\varepsilon_0} \left( \frac{\varepsilon-1}{\varepsilon+2} \right) \frac{Q^2 d_p^3}{4s^5} \tag{4.14}$$

## 4.2　颗粒的阻力特性

### 4.2.1　单颗粒的阻力

颗粒在流体中运动时受到的流体阻力为

$$F_D = \frac{\pi d_p^2}{8} C_D \rho u_r^2 \tag{4.15}$$

式中,$u_r$ 为流体与颗粒间的相对速度。上式也称为牛顿(Newton)阻力定律。其中,阻力系数 $C_D$ 是雷诺数 $Re$ 的函数。

$$Re = \frac{d_p u_r \rho}{\mu} \tag{4.16}$$

当雷诺数较小或在层流状态下,作用于直径为 $d_p$ 的球形颗粒的黏性阻力可表示为

$$F_D = 3\pi\mu d_p u_r \tag{4.17}$$

上式称为斯托克斯(Stokes)阻力定律,相当于以 $C_D = 24/Re$ 代入式(4.15)所得的结果。

图 4.1 所示为球形颗粒的阻力系数 $C_D$ 与雷诺数 $Re$ 的关系。球形颗粒的沉降大致可以划分为层流区、过渡区及湍流区等三个区域,并可按以下公式近似计算。

层流区(Stokes 区):

$$10^{-4} < Re < 0.3, C_D = \frac{24}{Re} \tag{4.18}$$

过渡区(Allen 区):

$$2 < Re < 500, C_D = \frac{10}{\sqrt{Re}} \tag{4.19}$$

湍流区(Newton 区):

$$500 < Re < 10^3, C_D = 0.44 \tag{4.20}$$

52　　多相流理论及工程应用

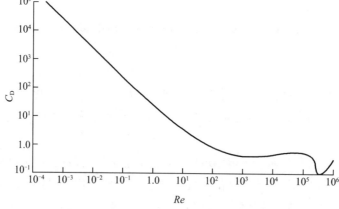

**图 4.1　球形颗粒的阻力系数与雷诺数的关系**

### 4.2.2　颗粒群的阻力

当流场中有多个颗粒同时存在时,颗粒之间会产生相互作用。一种相互作用是颗粒间的直接碰撞。因相同尺寸颗粒的动力学特性相同,故相互之间直接碰撞的机会很少,除非颗粒浓度非常高或者存在很强的湍流脉动(如流化床内)。相比之下,不同尺寸颗粒之间的碰撞机会明显增多。另一种相互作用是通过颗粒的尾流实现的。一个颗粒的尾流范围往往比它本身体积大 2~3 个数量级。因此,即使颗粒浓度很低,也存在显著的相互作用,即通过流体的间接作用对颗粒的阻力造成显著影响。例如,当颗粒一个跟着一个运动时,每个颗粒所受到的阻力都会明显小于单个颗粒运动时所受到的阻力。

通过实验可测定不同条件(不同的粒径、不同颗粒浓度等)下颗粒群的表观阻力系数。很多学者通过实验研究颗粒群的阻力,并归纳出计算阻力的经验公式,但这些公式的差别很大。例如,对于引射到风洞的雾滴,Ingebo 用可视化实验方法得出

$$C_\mathrm{D} = \frac{27}{Re^{0.84}} \tag{4.21}$$

而 Rudinger 在激波管中用纹影照相和光散射方法测量颗粒运动,得到

$$C_\mathrm{D} = \frac{6000}{Re^{1.7}} \tag{4.22}$$

由于颗粒群阻力的测量远比单颗粒阻力的测量困难,上述两个阻力公式的巨大差异有可能来源于实验本身的误差,但趋势应该是可信的。同时,诸如流动的湍流度、颗粒粗糙度以及粒度非均匀性等,颗粒的静电效应、旋转效应、流体的入口条件等的不同也都会影响实验结果。此外,Ingebo 公式和 Rudinger 公式都只适用于颗粒浓度很低($C_\mathrm{V} \leqslant 0.001$)的流动。总之,颗粒群阻力公式目前还很不成熟,公式之间差别很大,使用时要选用条件相近的经验公式。

# 4.3　颗粒的松弛过程

### 4.3.1　松弛现象

自然界和工业生产中有许多随时间衰减而偏离平衡状态的过程,这种两相之间存在的不平衡性随时间的推移而逐渐减小的现象称为松弛。在气体-颗粒流动中,当颗粒具有与气体不同的速度和温度时,随着时间的推移,两相之间发生相互作用,颗粒受到阻力作用并与气体进行热交换,二者的速度和温度有互相接近的趋势。这种接近的瞬时速率取决于瞬时的速度差和温度差。

一种运动模式偏离平衡的程度,取决于宏观过程进行的速度,也取决于该模式从非平衡状态向平衡状态过渡(松弛过程)的快慢。前者可用宏观过程的特征时间 $t_{res}$ 来表征,后者可用松弛时间 $\tau_\alpha$ 来表征。当 $\dfrac{t_{res}}{\tau_\alpha} \gg 1$ 时,表示同宏观过程相比,松弛过程进行得很快,即该模式很接近平衡;反之,当 $\dfrac{t_{res}}{\tau_\alpha}$ 较小时,表示松弛过程较慢,即该模式偏离平衡较远。

如果有两种模式,每一种模式内部能量的分布都很接近平衡,那么每一种模式都可以用一种温度来表示,而两种模式之间的能量可能偏离平衡(用它们的温度差表示)。两种模式之间的能量非平衡的大小取决于 $\dfrac{t_{res}}{\tau_\beta}$,其中 $\tau_\beta$ 是两种模式之间能量交换的松弛时间。当 $\dfrac{t_{res}}{\tau_\beta} \gg 1$ 时,两种模式之间的能量非平衡很小,即温度差很小,可忽略不计。反之,则可能有较大的非平衡。两种气体组分之间的动量非平衡和能量非平衡的大小取决于 $\dfrac{t_{res}}{\tau_\gamma}$ 和 $\dfrac{t_{res}}{\tau_\delta}$,其中 $\tau_\gamma$ 和 $\tau_\delta$ 分别是两种气体组分之间动量交换和能量交换的松弛时间。松弛时间 $\tau_\alpha$、$\tau_\beta$、$\tau_\gamma$ 和 $\tau_\delta$ 是系统(气体微团)的特性,而宏观过程的特征时间 $t_{res}$ 是由外界条件控制的。

在气体-颗粒两相流中,常把颗粒当作一种拟流体,这种流体充满全流场。在 Euler 方法表示中,这种拟流体的性质是空间点的函数。当我们说到空间某点 $A$ 的颗粒相速度和流体速度时,确切地说是点 $A$ 附近某个流体微团(由两相介质构成)中全部颗粒的平均速度和所有流体的平均速度。为了使这一平均值具有统计意义,流体微团必须微观足够大,即包含大量颗粒,在这样的流体微团(其尺度比颗粒大得多)内部,气体性质是不均匀的。在颗粒附近,气体的速度(或温度)接近颗粒相的平均速度(或温度),而大部分气体的速度(或温度)接近气相平均速度(或温度)。这种气体性质的不均匀性,完全是由两相的速度差和温度差引起的。一旦相间速度差和温度差趋于零,这种气体的不均匀性也同时趋近于零,这是因为气相内的松弛过程比相间的松弛过程快得多。因此,在气体-颗粒两相流中,一般不研究气相内的非平衡效应,但承认气相参数在空间分布上存在不均匀性。

颗粒的热运动称为布朗(Brown)运动。原则上也可引入一种温度-颗粒群的平动温度,或者说颗粒的布朗运动温度。除非颗粒很小(粒径<1 μm),否则一般认为这种热运动很弱,均不考虑它同其他能量模式平衡与否。通常所说的颗粒温度是指颗粒实体的温度,它反映

了颗粒内部各原子(或分子)之间的相对运动的强度。因此,同它对应的气体参数是气体的振动温度。尽管每个颗粒有确定的温度,但是在两相流中通常还是研究颗粒群的平均温度。

颗粒的布朗运动速度常比颗粒群的平均速度低得多。因此,在稀薄两相流中远离壁面的地方,各颗粒之间的速度差通常很小。除了研究某些同颗粒布朗运动关系密切的现象(如质量扩散等)以外,都可以认为流体微团内各颗粒有相同的速度。一般说来,各颗粒之间的温度差别也不大。当颗粒大小不均匀时,应将它们按尺寸分成几个组,且每一组中颗粒的尺寸应基本相同。尺寸不同的颗粒群有不同的动力学特性,且在同气体相互作用的过程中有不同的松弛时间。除此之外,在湍流两相流中需考虑颗粒的湍流脉动。一般说来,颗粒的湍流脉动强度比热运动强烈得多。

综上所述,气体-颗粒两相流中的非平衡现象主要是气体速度与颗粒速度之间的非平衡以及气体温度与颗粒群温度之间的非平衡。速度非平衡(或者说动量非平衡)问题的研究远比温度非平衡(或者说能量非平衡)问题复杂。当存在较大的速度非平衡时,就要采用双流体模型研究混合物的运动。

### 4.3.2　单颗粒的松弛

研究单颗粒运动是研究颗粒群运动的基础。如果颗粒的速度 $u_p$ 与气体的速度 $u$ 不同,则气体作用在颗粒上的力取决于相对速度(滑移速度) $u-u_p$,这个力称为黏性阻力,简称阻力。但即使对于球形颗粒,除了滑移速度很低的情况外,目前还不能推导出黏性阻力的解析式,因此必须利用实验方法来确定。一般采用阻力系数 $C_D$ 来表示黏性阻力,而 $C_D$ 是根据相对流动的动压头和颗粒的迎风面积来定义的。

对于直径为 $d_p$、密度为 $\rho_p$ 的球形颗粒,若忽略重力一类的外力,根据牛顿运动定律,则有

$$\frac{1}{6}\pi d_p^3 \rho_p \frac{\mathrm{d}u_p}{\mathrm{d}t} = C_D \frac{1}{2}\rho(u-u_p)|u-u_p|\frac{1}{4}\pi d_p^2 \tag{4.23}$$

式中,$\rho$ 为气体密度;等号左边是颗粒的质量与其加速度的乘积;等号右边把相对速度的平方写成这种特殊形式,以保证阻力总具有正确的符号。阻力系数是颗粒雷诺数的函数,即

$$Re = \frac{\rho d_p |u-u_p|}{\mu} \tag{4.24}$$

式中,$\mu$ 是气体的黏性系数。

对于很低的雷诺数($Re<1$),Stokes 得出的理论阻力为

$$\text{Stokes}_{阻力} = 3\pi D_\mu (u-u_p) \tag{4.25}$$

这样,阻力系数变成下面的简单形式:

$$C_D = \frac{24}{Re} \tag{4.26}$$

通常把 $C_D$ 与 $Re$ 之间的综合关系曲线称为"标准阻力系数"曲线,可在一般的流体力学教科书中查到。阻力系数可写成如下形式:

$$C_D = \frac{24}{Re}f(Re) \tag{4.27}$$

这样,对应于 Stokes 阻力的 $f(Re)=1$。

如果把式(4.24)和式(4.27)代入式(4.23),那么整理后有

$$\frac{\mathrm{d}u_p}{\mathrm{d}t} = \frac{u-u_p}{\tau_v} f(Re) \tag{4.28}$$

式中,$\tau_v = \dfrac{d_p^2 \rho_p}{18\mu}$。

对于恒定的气体速度 $u$ 和 Stokes 阻力$[f(Re)=1]$,将式(4.28)积分则有

$$u - u_p = (u - u_{p,0}) \exp\left(-\frac{t}{\tau_v}\right) \tag{4.29}$$

式中,$u_{p,0}$ 表示 $t=0$ 时的颗粒速度。

这个结果表明,松弛过程的滑移速度滞后,且按幂指数规律衰减。当 $t=\tau_v$ 时,$u-u_p$ 只有初值的 $1/\mathrm{e}$;当 $t=2\tau_v$ 时,$u-u_p$ 只有初值的 $1/\mathrm{e}^2$;当 $t\to\infty$ 时,$u-u_p\to 0$。

由此可见,$\tau_v$ 表征了颗粒与流体之间速度松弛过程的快慢。如果 $\tau_v$ 不是常数,则不存在如式(4.29)那样的简单表达式,但 $\tau_v$ 仍是速度松弛过程快慢的量度。因此,称 $\tau_v$ 为速度松弛过程的特征时间,简称速度松弛时间。

对于在气体-颗粒流动中所研究的颗粒,其松弛时间只有零点几秒。表 4.1 给出了空气中小水滴的几个典型的速度松弛时间 $\tau_v$ 的近似值。

表 4.1　空气中小水滴的速度松弛时间

| $d_p/\mu m$ | $\tau_v/\mathrm{s}$ |
|:---:|:---:|
| 1 | $3\times 10^{-6}$ |
| 10 | $3\times 10^{-4}$ |
| 100 | $3\times 10^{-2}$ |

为了研究颗粒在流体中的速度松弛时间和温度松弛时间,首先要给出颗粒与流体之间的各种作用力(动量交换)和传热率(能量交换)。如果气体速度是变化的,或者不能用 Stokes 阻力,则式(4.28)就变得较难求解,并且其解也不再是相对速度的简单的幂指数衰减关系,但仍然可以使用 $\tau_v$ 来度量颗粒速度与气体速度的平衡趋势。

## 4.4　颗粒的沉降与悬浮

### 4.4.1　沉降现象

**1. 球形颗粒的自由沉降**

当处在无限大容积静止流体中的物体,在重力的作用下自由下落(重力大于浮力)时,随着下落速度的增大,物体受到的流体阻力也增大。当阻力与浮重(重力与浮力之差)相等时,下降速度达到某一最大值,物体会以这一最大速度做匀速沉降。这一最大恒定速度称为该物体的自由沉降速度。

球形颗粒在重力作用下沉降时的运动方程式为

$$\frac{\pi d_{\mathrm{p}}^2}{6} \cdot \frac{\mathrm{d}u}{\mathrm{d}t} = \frac{\pi d_{\mathrm{p}}^2}{6}(\rho_{\mathrm{p}} - \rho)g - 3\pi\mu d_{\mathrm{p}} u \tag{4.30}$$

整理可得

$$\frac{\mathrm{d}u}{\mathrm{d}t} = \left(\frac{\rho_{\mathrm{p}} - \rho}{\rho_{\mathrm{p}}}\right)g - \frac{18\mu}{\rho_{\mathrm{p}} d_{\mathrm{p}}^2} u \tag{4.31}$$

由初速度为零开始沉降,随着速度 $u$ 的逐渐增加,上式右边第二项亦变大,至 $\mathrm{d}u/\mathrm{d}t = 0$ 时,颗粒进入等速运动状态,这一等速运动的速度称为沉降速度。若用 $u_{\mathrm{ms}}$ 表示 Stokes 区域内的速度,则有

$$u_{\mathrm{ms}} = \frac{g(\rho_{\mathrm{p}} - \rho)}{18\mu} d_{\mathrm{p}}^2 \tag{4.32}$$

上式被称为 Stokes 沉降速度公式。

2. 沉降速度的一般解法

质量为 $m$ 的颗粒,重力沉降时的运动方程式为

$$m\frac{\mathrm{d}u}{\mathrm{d}t} = \frac{m}{\rho_{\mathrm{p}}}(\rho_{\mathrm{p}} - \rho)g - C_{\mathrm{D}} A\rho \frac{u^2}{2} \tag{4.33}$$

对于球形颗粒,可得重力场中自由沉降的一般式:

$$\frac{\mathrm{d}u}{\mathrm{d}t} = \left(\frac{\rho_{\mathrm{p}} - \rho}{\rho_{\mathrm{p}}}\right)g - \frac{3}{4}C_{\mathrm{D}} \frac{\rho}{\rho_{\mathrm{p}}} \cdot \frac{1}{d_{\mathrm{p}}} u^2 \tag{4.34}$$

当 $\mathrm{d}u/\mathrm{d}t = 0$ 时,可得沉降速度的一般式为

$$u_{\mathrm{m}} = \sqrt{\frac{4g(\rho_{\mathrm{p}} - \rho)}{3\rho} \cdot \frac{d_{\mathrm{p}}}{C_{\mathrm{D}}}} \tag{4.35}$$

由于式(4.35)中 $C_{\mathrm{D}}$ 本身是 $u_{\mathrm{m}}$ 的函数,故不能直接用该式求解。在 Stokes 区域,取 $C_{\mathrm{D}} = 24/Re$ 即成为式(4.32)。在 Newton 区域,以 $C_{\mathrm{D}} = 0.44$ 代入式(4.35)中,可得 Newton 沉降速度式

$$u_{\mathrm{m}} = \sqrt{\frac{3g(\rho_{\mathrm{p}} - \rho)}{\rho} d_{\mathrm{p}}} \tag{4.36}$$

在过渡区域,将式(4.19)代入式(4.35)中,则得

$$u_{\mathrm{m}} = \left[\frac{4}{225} \cdot \frac{g^2(\rho_{\mathrm{p}} - \rho)^2}{\rho\mu}\right]^{1/3} d_{\mathrm{p}} \tag{4.37}$$

3. 沉降速度的修正

根据气体分子运动论,气体分子总是做不规则的快速运动。例如,0 ℃时氢分子速度为 1845 m/s,氧分子速度为 461 m/s,氮分子速度为 493 m/s。但是在大气压下,分子直线运动的距离却非常小,约以每秒 $10^9$ 次的频率与其他分子相碰撞。两次碰撞间直线运动距离的统计平均值,称为平均自由行程,以 $\lambda$(cm)表示。当大气压力为 $1.0133 \times 10^5$ Pa 时,$\lambda$ 为 0.094 $\mu$m;当大气压力为 0.133 Pa 时,$\lambda$ 为 7.2 cm。当颗粒在气体中沉降的距离接近于平均自由行程时,颗粒的沉降速度 $u_{\mathrm{mc}}$ 比由 Stokes 沉降速度公式(4.32)计算得到的值 $u_{\mathrm{ms}}$ 要大,因此 Cunningham 提出了如下修正表达式:

$$\frac{u_{\mathrm{mc}}}{u_{\mathrm{ms}}} = 1 + \frac{J\lambda}{d_{\mathrm{p}}/2} \tag{4.38}$$

式中，$J = 1.63$。

许多研究者对 $J$ 值作了论述，并提出了一些计算关联式。通常，在温度为 20 ℃的标准大气压环境中，$J = 0.9$，若取 $\lambda = 0.1 \ \mu m$，则当 $d_p = 10, 1, 0.1 \ \mu m$ 时，$\dfrac{u_{mc}}{u_{ms}} = 1.02, 1.18, 2.8$。

颗粒形状对沉降速度有较大影响，在同类等重物料中，球形颗粒的沉降速度最大。这是因为不规则形状颗粒的阻力系数比球形颗粒阻力系数大。即使对同一个不规则形状颗粒，由于它相对于气流的方位不同，其阻力系数也不相同。因此，利用前面已经得到的有关球形颗粒的沉降速度公式，必须把不规则形状颗粒换算成当量球体，以当量球的直径作为不规则形状物料的粒径，从而进行修正计算。

4. 干扰沉降

如果颗粒间距比颗粒直径大得多，则颗粒之间的干扰可忽略不计，这种沉降模式称为自由沉降。随着颗粒浓度的增大，颗粒之间的相互影响不能忽略，这种沉降称为干扰沉降。当大颗粒和小颗粒同时沉降时，小颗粒将随同大颗粒一起沉降，这种沉降也属于干扰沉降。对干扰沉降的 Stokes 公式可作如下修正：

$$u_{mc} = \frac{k'' g (\rho_p - \rho_c)}{\mu_c} d_p^2 \tag{4.39}$$

式中，$k''$ 为常数；$\rho_c$ 为悬浊液的密度；$\mu_c$ 为悬浊液的黏性系数。

如果设悬浊液的空隙率（液体对于悬浊液的体积比）为 $\varepsilon$，则

$$\rho_c = \rho_p (1 - \varepsilon) + \rho \varepsilon \tag{4.40}$$

$$\rho_p - \rho_c = \rho_p - [\rho_p (1 - \varepsilon) + \rho \varepsilon] = \varepsilon (\rho_p - \rho) \tag{4.41}$$

$\mu_c$ 可实测得到，也可近似地用下面的公式计算：

$$\mu_c = \mu (1 + k' \cdot C_s) \tag{4.42}$$

式中，$k'$ 为取决于颗粒形状的常数，对于球体，$k' = 5/2$；$C_s$ 为悬浊液的颗粒体积浓度。

上式适用于 $C_s < 0.02$ 的情况。当 $C_s > 0.02$ 时，$\mu_c$ 可用下式计算：

$$\mu_c = \mu \cdot \exp \left( \frac{k'' C_s}{1 - q C_s} \right) \tag{4.43}$$

式中，$k''$ 为常数，对于球体，$k'' = 39/64$。

对于 $Re < 0.2$ 时的球形颗粒：

$$\frac{u_{mc}}{u_{ms}} = \varepsilon^{4.65} \tag{4.44}$$

当颗粒浓度较高时，以悬浊液表观密度 $\rho = (1 - \varepsilon) \rho_p + \varepsilon \rho$ 代替 Stokes 沉降速度公式中的流体密度 $\rho$。当颗粒沉降时，只是被颗粒置换的那部分液体由下往上升。设颗粒对流体的相对沉降速度为 $u'_m$，颗粒对容器的绝对沉降速度为 $u_{mc}$，则单位断面内沉降颗粒的总体积 $(1 - \varepsilon) u_{mc}$ 等于被颗粒置换的液体体积 $\varepsilon (u'_m - u_{mc})$，即

$$(1 - \varepsilon) u_{mc} = \varepsilon (u'_m - u_{mc}) \tag{4.45}$$

因此

$$u_{mc} = \varepsilon u'_m \tag{4.46}$$

式中，$u'_m$ 为 $\varepsilon$ 的函数，可表示为

$$u'_m = \frac{g(\rho_p - \rho_s)d_p^2}{18\mu}f(\varepsilon) = \frac{g(\rho_p - \rho)d_p^2}{18\mu}f(\varepsilon) \tag{4.47}$$

式中，$\rho_s$ 表示颗粒所处流体的密度。该密度与颗粒之间的差异直接影响颗粒的沉降行为，因而

$$\frac{u_{mc}}{u_{ms}} = \varepsilon^2 f(\varepsilon) \tag{4.48}$$

### 4.4.2　悬浮现象

当流体以小于固体自由沉降的速度向上流动时，固体将会下降；当流体以大于固体自由沉降的速度向上运动时，固体将上升；如果流体以等于固体自由沉降的速度向上运动，则固体会在一个水平位置上呈摆动状态，既不上升也不下降。处于这种状态下的流体速度，称为该固体的自由悬浮速度。显然，悬浮速度与沉降速度数值相等，方向相反。当物体呈悬浮状态时，由于是向上运动的流体使固体发生悬浮，因此流体对固体的作用力通常称为流体动力；如果是被空气流所悬浮，则这一作用力称为空气动力。涉及颗粒悬浮现象较多的有流化床中的颗粒运动状态和输料管中的颗粒运动状态，在此不做详细讲解。

 习　题

1. 简述颗粒在运动中的受力情况（受力分析）。

2. 什么是斯托克斯（Stokes）阻力定律？

3. 简述球形颗粒的阻力系数 $C_D$ 与雷诺数 $Re$ 的关系。球形颗粒的阻力系数在层流区、过渡区和湍流区应分别如何近似计算？

4. 什么是松弛现象？气体-颗粒流中的非平衡现象的主要影响因素有哪些？

5. 计算直径为 95 μm、密度为 3000 kg/m³ 的固体颗粒在 20 ℃水中的自由沉降速度。

6. 已知一密度为 3000 kg/m³ 的球形颗粒在 20 ℃的水中的终端沉降速度为 $9.8 \times 10^{-3}$ m/s，试确定其粒径。

7. 简述如何对颗粒的沉降速度进行修正。

# 第 5 章

## >>> 雾化及液滴力学特性

射流与雾化是传热传质分析的重要基础,从动力机械与工程领域的汽油机、柴油机、燃气轮机、气体燃料发动机、飞机和火箭发动机,到锅炉、制药、消防、农业灌溉以及日常生活,其应用领域非常广泛。在大多数工程应用中,雾化的目的是增强质量和热量的传递。雾化使连续的液体破碎成细小的液滴,液滴的稳定性取决于液体的表面张力等力学特性。

## 5.1　雾化成形

### 5.1.1　空泡雾化成形

当气体空泡上升穿过液体水池并接近自由表面时,气泡破碎导致液体持续产生小液滴,发生雾化过程。即使是在静止液体中,空泡破碎过程也极其复杂,如图 5.1 所示。其中两个重要的过程如图 5.2 所示:在空泡穿过液体表面之前,空泡上部形成一个液体薄膜,该薄膜的破碎会产生一串雾滴;在空泡穿过液体表面之后,伴随着表面波向里(以及向外)传播,在薄膜破碎中心形成一向上的射流,该射流的破碎也会形成雾滴。最大的射流雾滴要远远大于最大的薄膜雾滴,后者约为初始空泡直径的十分之一。

图 5.1　空泡突破自由表面的过程

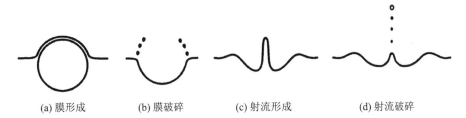

(a) 膜形成　　　(b) 膜破碎　　　(c) 射流形成　　　(d) 射流破碎

图 5.2　空泡突破自由表面的不同阶段

### 5.1.2 风剪切雾化成形

在竖直管路内的环状流动中,气体内核中以雾滴形式携带的液体质量通常较大。因此,相关学者开展了大量的工作研究聚焦管路壁面上液体层中实现雾滴夹带的情况。气体内核中的雾滴浓度随着高度的增加而增加,图 5.3 所示为竖直管路环状流动(直径为 3.2 cm)内气体内核中的雾滴浓度分布,该图给出了从初始位置开始,雾滴浓度随高度增加的变化情况(最下面一条线的高度为 15 cm)。

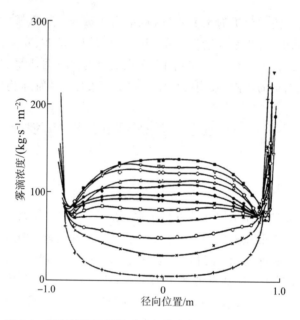

图 5.3　竖直管路环状流动内气体内核中的雾滴浓度分布

在定常流动中,被夹带进入气体内核中的雾滴质量通量 $G_L^E$ 与凝结在壁面液体层中的雾滴质量通量 $G_L^D$ 相等。当风剪切形成一个如图 5.4 所示的表面波后,随即就有雾滴从液体表面脱离。雾滴的喷射速度与摩擦速度 $u^* = \sqrt{\tau_i/\rho_L}$ 有关,其中 $\tau_i$ 为表面切应力。因此,夹带速度与 $\sqrt{\tau_i/\rho_L}$ 有关。另外,质量凝积速度与内核中的雾滴质量浓度 $\rho_L \alpha_L$ 成正比。如图 5.5 所示,浓度的试验测量结果被证实与 $\sqrt{\tau_i/\rho_L}$ 相关(图中的实线表明其为典型的平方根关系,$\delta$ 为平均液体层厚度,$S$ 为表面张力)。

(a) 波浪形成　　　　(b) 波浪发展　　　　(c) 波浪破碎

图 5.4　竖直管路内环状流动中风剪切形成的雾滴射流示意图

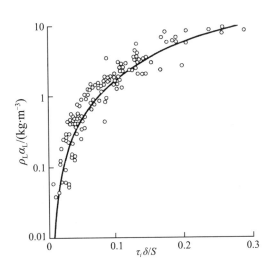

**图 5.5　环状流动气体内核中液体雾滴的质量浓度 $\rho_L \alpha_L$ 与 $\tau_i \delta / S$ 的关系**

### 5.1.3　初始层流射流雾化成形

在很多工业过程中,雾化是由射流破碎形成的。发电厂、飞机以及汽车引擎中的燃油喷射就是这类雾化形式,其雾化特性在性能和污染控制领域都要求严格。因此,为了得到具有理想特性的雾化,学者们对喷嘴的设计(以及射流)进行了大量的研究工作。雾化喷嘴是指能够实现精细雾化的喷嘴,喷墨打印就是这类技术的典型例子,其对雾化特性的关注点是一样的。

这里重点关注由喷嘴喷射形成湍流射流的情况。图 5.6 为初始层流射流照片,图 5.8 为同一射流下游远处照片。图 5.6a 表明,当液体边界层离开喷嘴所形成的界面层变得不稳定时,就会发生向湍流的转变。具有显著二元特性的 Tollmein-Schlicting 波有边界清晰的波长,当这些波在气体中断裂形成雾滴时就会有非线性的振幅。有学者对圆形射流、平面射流以及环形射流等液体射流稳定性的线性和非线性分析做了相应研究,发现空穴流动领域界面不稳定波的发展射流有所不同。这表明合适的长度尺度为喷嘴壁面上自由表面脱落点处的内部边界层厚度 $\delta$、动量边界层 $\delta_2$ 是表征边界层厚度的最佳方法,采用该方法可以精确得到 Tollmein-Schlicting 波的最不稳定波长与界面边界层雷诺数间的函数关系。当雷诺数较大时,波长与 $\delta_2$ 比值的渐近值为 25,其与雷诺数无关。

由不稳定波的非线性断裂所形成的雾滴粒径大小,应当用这些波的波长来换算测量,图 5.6b 所示的图片就说明了这种情况。由此,当雷诺数较大时,雾滴大小可以用边界层厚度 $\delta_2$ 换算获得,这适用于初始层流射流内雾滴成形过程。当下游湍流扩散到射流的整个内核中时,随后的射流破碎、雾滴成形与初始湍流射流的情况一致。

(a) 不稳定波的形成和生长

(b) 下游4倍直径位置雾化液滴的成形

图 5.6　初始层流射流照片

### 5.1.4　湍流射流雾化成形

由于很多技术领域要求喷嘴初始产生的射流就是完全湍流,因此这种喷嘴的设计一直是研究的重点。图 5.7 为多种喷嘴雾化的液滴尺寸分布,纵坐标对应 $(D/D_m)^{1/2}$,其中 $D$ 为液滴直径,$D_m$ 为质量(或体积)平均直径,与所有数据都相交的直线表明 $(D/D_m)^{1/2}$ 符合正态分布。从很多不同喷嘴得到的液滴尺寸分布都具有相同的形式,这表明所有喷嘴的雾化都可以用一个单一的直径 $D_m$ 来特征化;另外一个描述量是索特平均直径 $D_s$。在上述相同条件下,$D_s/D_m$ 的值通常为 1.2。

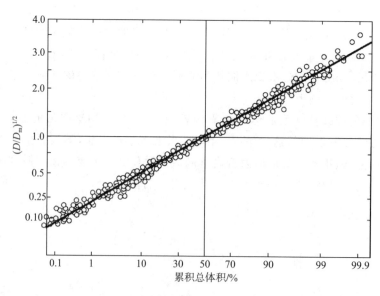

图 5.7　多种喷嘴雾化的液滴尺寸分布

早期对液体射流所做的研究表明,液体射流中的湍流是雾化的根源。在雾化早期阶段,射流中的湍流结构产生喷入气相中的流层带,流层带随后破碎形成如图 5.8 所示的雾滴。一些学者认为湍流中的微小结构不具有克服表面张力的能量。不过与大湍流结构相比,小湍流结构能够更快地扭曲自由表面,因此最早出现的破碎和雾滴是由能够克服表面张力的小尺度流场结构引起的。这一过程会产生微小雾滴,但雾滴逐渐远离喷嘴,这些微小结构衰减也更快。因此,越往下游,越可能形成更大的流层带和雾滴。射流雾化的最终阶段是会产生与射流直径和宽度大致相当的大湍流结构。图 5.8a 为距离喷嘴 72 倍直径下游的照片,图 5.8b 为距离喷嘴 312 倍直径下游的照片,后者为射流雾化的最终阶段。

(a) 距离喷嘴72倍直径下游结构

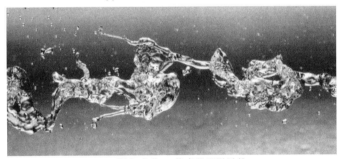

(b) 距离喷嘴312倍直径下游结构

**图 5.8　图 5.6 所示射流下游结构**

为了将射流雾化理论推广到具有其他过流断面的湍流射流中,用 $4\Lambda$ 表征湍流的径向积分长度尺度。其中,对于射流直径为 $d_j$ 的圆形射流,$\Lambda = d_j/8$。处于临界大小的湍流涡的动能与形成该临界粒径雾滴所需要的表面能量相等是雾滴开始形成的临界条件,据此可得初始雾滴索特平均直径 $D_{si}$ 的表达式为

$$\frac{D_{si}}{\Lambda} \propto We^{-\frac{3}{5}} \tag{5.1}$$

式中,韦伯数 $We = \rho_L \Lambda U^2 / S$,$U$ 为射流的特征速度或者平均速度。

图 5.9 为不同液体和圆形射流直径 $d_j$ 的试验测量数据,该图表明 $D_{si}/\Lambda$ 仅是韦伯数 $We$ 的函数,该关系接近方程(5.1)所给出的形式。进一步研究发现,最初雾滴成形发生的位置到喷嘴之间的距离 $x_i$ 可以用大小为 $U$ 的涡对流速度和直径为 $D_{si}$ 的流层带 Rayleigh 破碎所需的时间来计算。由此得到

$$\frac{x_i}{\Lambda} \propto We^{-\frac{2}{5}} \tag{5.2}$$

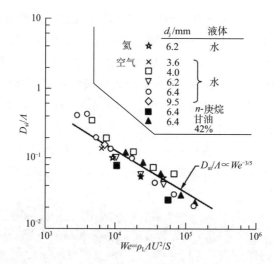

**图 5.9　圆形湍流射流中初始雾滴成形的索特平均直径 $D_{si}$ 与韦伯数 $We$ 的关系**

在初始雾滴成形发生点的下游,持续不断的大湍流涡形成巨大的雾滴,距离喷嘴下游 $x$ 处形成的液滴的索特平均直径表达式为

$$\frac{D_s}{\Lambda} \propto \left(\frac{x}{\Lambda We^{\frac{1}{2}}}\right)^{\frac{2}{3}} \tag{5.3}$$

图 5.10 所示为不同韦伯数($We = \rho_L \Lambda U^2 / S$)条件下,距离湍流射流喷嘴下游 $x$ 处雾滴的索特平均直径 $D_s$(除以 $\Lambda$)。雾滴尺寸分布随其与喷嘴间距离的演化关系如下:假定符合 Simmons 尺寸分布,雾滴尺寸分布可以用索特平均直径 $D_s$ 来描述,初始破碎得到的雾滴由方程(5.1)中的初始 $D_{si}$ 来描述,那么随着射流向下游运动,更大雾滴不断地形成,直到射流最终结束。另外,对图 5.10 做以下几点说明:第一,所述演化首先假定气相的作用在动力学上可以忽略。虽然只有满足 $\rho_L / \rho_G > 500$ 时才是这种情况,但是该情况在工程应用中频繁出现。第二,上述结论可以扩展到其他自由射流结构中。利用水力直径可以简单地将这些方程式用于计算平面射流。然而,壁面射流遵从不同的关系式,其原因可能是壁面射流中涡量的形成使湍流演化不同于自由射流内的情况。

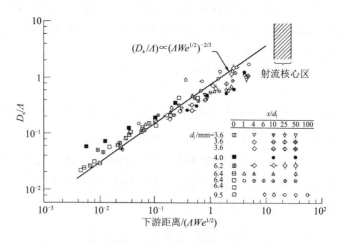

**图 5.10　射流喷嘴下游 $x$ 处雾滴的索特平均直径 $D_s$**

## 5.2　单个雾滴的力学特性

### 5.2.1　雾滴汽化

液体燃料以雾滴形式燃烧，或者固体燃料以粒子形式燃烧，是工业中非常重要的内容。喷雾汽化的重要性在于，其是诸如工业炉、柴油机、液体火箭发动机以及燃气轮机等装置内雾化液体燃料燃烧的第一个阶段。因此，本小节对雾滴汽化机理以及相应的燃烧过程中的一些基本多相流现象进行简单的介绍。

首先介绍单个雾滴的汽化，无论是燃烧区环绕着气体/雾滴群还是单个雾滴，自燃烧区向里的热扩散将会对雾滴加热并使其汽化。对于大多数情况而言，将单个雾滴汽化看作定常过程（假设雾滴半径变化很慢）来建模就足够了。由于液体密度远大于蒸汽密度，雾滴半径 $R$ 可以在短时间内看作常数，这样就可以在环境气体中进行定常流动分析。假设流出的蒸汽质量速度为 $\dot{m}_V$，同时没有其他气体的净通量，则质量守恒和蒸汽守恒可表示为

$$\frac{\dot{m}_V}{4\pi}=\rho u r^2=\rho(u)_{r=R}R^2 \tag{5.4}$$

$$\frac{\dot{m}_V}{4\pi}=\rho u r^2 x_V-\rho r^2 D\frac{\mathrm{d}x_V}{\mathrm{d}r} \tag{5.5}$$

式中，$D$ 为质量扩散率。以上方程可用于计算蒸汽质量含量 $x_V$，消去 $u$ 并积分可得到

$$\frac{\dot{m}_V}{4\pi}=\rho RD\ln\left[1+\frac{(x_V)_{r=\infty}-(x_V)_{r=R}}{(x_V)_{r=R}-1}\right] \tag{5.6}$$

下面计算该过程中的热交换。径向热对流和热扩散的控制方程为

$$\rho u c_p\frac{\mathrm{d}T}{\mathrm{d}r}=\frac{1}{r^2}\frac{\mathrm{d}}{\mathrm{d}r}\left(r^2 k\frac{\mathrm{d}T}{\mathrm{d}r}\right) \tag{5.7}$$

式中，$c_p$ 和 $k$ 分别为常压下比热以及气体热导率的特征平均值。应用式(5.4)替换上式中的 $u$ 并对其积分可得

$$\dot{m}_V c_p(T+C)=4\pi r^2 k\frac{\mathrm{d}T}{\mathrm{d}r} \tag{5.8}$$

式中，$C$ 为积分常数，由雾滴表面的边界条件计算得出。显然，初始温度为 $T_i$ 的单位质量燃料汽化所需的热量就等于将其加热到饱和温度 $T_e$ 所需的热量加上潜热 $L$，也就是 $c_s(T_e-T_i)+L$。潜热的作用占主导，雾滴表面上的热通量为

$$4\pi R^2 k\left(\frac{\mathrm{d}T}{\mathrm{d}r}\right)_{r=R}=\dot{m}_V L \tag{5.9}$$

由边界条件可以计算 $C$，对方程(5.8)进一步积分得到

$$\frac{\dot{m}_V}{4\pi}=\frac{Rk}{c_p}\ln\left[1+\frac{c_p(T_{r=\infty}-T_{r=R})}{L}\right] \tag{5.10}$$

为了求解 $T_{r=R}$ 和 $(x_V)_{r=R}$，消去方程(5.6)、方程(5.10)中的 $\dot{m}_V$ 可得

$$\frac{\rho D c_p}{k}\ln\left[1+\frac{(x_V)_{r=\infty}-(x_V)_{r=R}}{(x_V)_{r=R}-1}\right]=\ln\left[1+\frac{c_p(T_{r=\infty}-T_{r=R})}{L}\right] \tag{5.11}$$

给定输运特性以及热动力学特性 $k$、$c_p$、$L$ 和 $D$(忽略这些量随温度的变化)以及 $T_{r=R}$ 和 $\rho$,该方程就是雾滴表面质量含量 $(x_V)_{r=R}$ 与温度 $T_{r=R}$ 的关系式。当然,还可以应用热动力学理论建立这两个量的联系:

$$(x_V)_{r=R} = \frac{(\rho_V)_{r=R}}{\rho} = \frac{(p_V)_{r=R}}{p}\frac{M_V}{M} \tag{5.12}$$

式中,$M_V$ 和 $M$ 为蒸汽和混合物的分子量。给定关系式(5.12)以及饱和汽化压力 $p_V$ 与温度的函数关系后就可以求解方程(5.11)。方程(5.11)中并没有雾滴大小这一项,因此表面温度与雾滴大小无关。

如果表面温度和质量含量已知,那么通过替换 $\dot{m}_V = 4\pi\rho_L R^2 \mathrm{d}R/\mathrm{d}t$ 并积分就可以根据方程(5.7)计算汽化速度:

$$R^2 - (R_{t=0})^2 = \left\{ \frac{2k}{c_p}\ln\left[1 + \frac{c_p(T_{r=\infty} - T_{r=R})}{L}\right] \right\}t \tag{5.13}$$

则完全汽化所需的时间 $t_{ev}$ 为

$$t_{ev} = c_p R_{t=0}^2 \left\{ 2k\ln\left[1 + \frac{c_p(T_{r=\infty} - T_{r=R})}{L}\right] \right\}^{-1} \tag{5.14}$$

在燃烧系统中,$t_{ev}$ 这一变量非常重要,如果它接近在雾滴燃烧器中的停留时间,就有可能导致不完全燃烧。通常采用雾化喷嘴时,初始雾滴尺寸 $R_{t=0}$ 应尽可能小,从而避免这种不完全燃烧现象。

### 5.2.2　雾滴燃烧

对于很小的易挥发燃料雾滴,在加热过程中雾滴汽化很早就完成了,因此随后的燃烧过程并不因燃料初期的雾滴形式而改变。但对于较大的雾滴或者不易挥发的燃料,雾滴汽化却是燃烧中的一个决定性过程。因此,对单个雾滴燃烧的分析是从上一小节中对单个雾滴汽化的讨论开始的。单个雾滴的燃烧包括燃料蒸汽从雾滴表面向外的扩散和氧气(或者其他氧化剂)自远处向里的扩散,二者在距离雾滴为某个半径的火焰锋面内发生化学反应。通常,假定燃烧在如图5.11所示的特定半径为 $r_{flame}$ 的薄火焰锋面内持续发生。假定燃烧过程是定常的,其中燃料和氧化剂消耗的质量速度分别用 $\dot{m}_{VC}$ 和 $\dot{m}_{OC}$ 表示。根据燃烧的化学计量学有

$$\dot{m}_{VC} = v\,\dot{m}_{OC} \tag{5.15}$$

式中,$v$ 为基于质量的完全燃烧化学计量系数。此外,由于燃烧形成的热释放速度为 $Q\dot{m}_{VC}$,其中 $Q$ 为单位质量燃料的燃烧热释放量。假定燃料和氧化剂的质量扩散率以及热扩散率 $(k/\rho c_p)$ 都相同,并用 $D$ 表示,则该过程的热量守恒方程和质量守恒方程可以写为

$$\dot{m}_V \frac{\mathrm{d}T}{\mathrm{d}r} = \frac{\mathrm{d}}{\mathrm{d}r}\left(4\pi r^2 \rho D \frac{\mathrm{d}T}{\mathrm{d}r}\right) + 4\pi r^2 \frac{Q\dot{m}_{VC}}{c_p} \tag{5.16}$$

$$\dot{m}_V \frac{\mathrm{d}x_V}{\mathrm{d}r} = \frac{\mathrm{d}}{\mathrm{d}r}\left(4\pi r^2 \rho D \frac{\mathrm{d}x_V}{\mathrm{d}r}\right) + 4\pi r^2 \dot{m}_{VC} \tag{5.17}$$

$$\dot{m}_V \frac{\mathrm{d}x_O}{\mathrm{d}r} = \frac{\mathrm{d}}{\mathrm{d}r}\left(4\pi r^2 \rho D \frac{\mathrm{d}x_O}{\mathrm{d}r}\right) - 4\pi r^2 \dot{m}_{OC} \tag{5.18}$$

式中，$x_O$ 为氧化剂的质量含量。

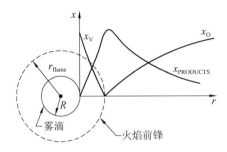

图 5.11　单个雾滴燃烧示意图以及燃料/蒸汽质量含量 $x_V$、
氧化剂质量含量 $x_O$ 和燃烧产物质量含量 $x_{\text{PROPUCTS}}$ 的径向分布

应用方程(5.15)消除反应速度项即可得到

$$\dot{m}_V \frac{\mathrm{d}}{\mathrm{d}r}(c_p T + Q x_V) = \frac{\mathrm{d}}{\mathrm{d}r}\left[4\pi r^2 \rho D \frac{\mathrm{d}}{\mathrm{d}r}(c_p T + Q x_V)\right] \tag{5.19}$$

$$\dot{m}_V \frac{\mathrm{d}}{\mathrm{d}r}(c_p T + vQ x_O) = \frac{\mathrm{d}}{\mathrm{d}r}\left[4\pi r^2 \rho D \frac{\mathrm{d}}{\mathrm{d}r}(c_p T + vQ x_O)\right] \tag{5.20}$$

$$\dot{m}_V \frac{\mathrm{d}}{\mathrm{d}r}(x_V - v x_O) = \frac{\mathrm{d}}{\mathrm{d}r}\left[4\pi r^2 \rho D \frac{\mathrm{d}}{\mathrm{d}r}(x_V - v x_O)\right] \tag{5.21}$$

这些关系式的边界条件为：① 雾滴表面的热通量条件式(5.9)；② 非燃料气体在雾滴边界的通量为 0 时，根据式(5.4)和式(5.5)计算；③ 氧化剂在雾滴表面的通量为 0；④ 氧化剂在雾滴表面的质量含量为 0；⑤ 雾滴表面的温度 $T_{r=R}$；⑥ 远离火焰的温度 $T_{r=\infty}$；⑦ 远离火焰的燃料/蒸汽含量为 0，$(x_V)_{r=\infty}=0$；⑧ 远离火焰处氧化剂质量含量 $(x_O)_\infty$ 已知。

应用这些条件对式(5.19)、式(5.20)和式(5.21)进行二次积分，可以得到

$$\frac{\dot{m}_V}{4\pi\rho D r} = \ln\left[\frac{c_p(T_{r=\infty} - T_{r=R}) + L - Q}{c_p(T - T_{r=R}) + L - Q(1 - x_V)}\right] \tag{5.22}$$

$$\frac{\dot{m}_V}{4\pi\rho D r} = \ln\left[\frac{c_p(T_{r=\infty} - T_{r=R}) + L + vQ(x_O)_{r=\infty}}{c_p(T - T_{r=R}) + L + vQ x_O}\right] \tag{5.23}$$

$$\frac{\dot{m}_V}{4\pi\rho D r} = \ln\left[\frac{1 + v(x_O)_{r=\infty}}{1 - x_V + v x_O}\right] \tag{5.24}$$

然后在雾滴表面上计算这些表达式，可以得到

$$\frac{\dot{m}_V}{4\pi\rho D R} = \ln\left\{\frac{c_p(T_{r=\infty} - T_{r=R}) + L - Q}{L - Q[1 - (x_V)_{r=R}]}\right\} \tag{5.25}$$

$$\frac{\dot{m}_V}{4\pi\rho D R} = \ln\left[\frac{c_p(T_{r=\infty} - T_{r=R}) + L + vQ(x_O)_{r=\infty}}{L}\right] \tag{5.26}$$

$$\frac{\dot{m}_V}{4\pi\rho D R} = \ln\left[\frac{1 + v(x_O)_{r=\infty}}{1 - (x_V)_{r=R}}\right] \tag{5.27}$$

随后，根据下述关系式：

$$\frac{1 + v(x_O)_{r=\infty}}{1 - (x_V)_{r=R}} = \frac{c_p(T_{r=\infty} - T_{r=R}) + L + vQ(x_O)_{r=\infty}}{L} = \frac{c_p(T_{r=\infty} - T_{r=R}) + L - Q}{L - Q[1 - (x_V)_{r=R}]} \tag{5.28}$$

可以得到未知的表面条件 $T_{r=R}$ 和 $(x_V)_{r=R}$。得到这些表面条件后，就可以根据式(5.25)至

式(5.27)中的任何一个来计算汽化速度$\dot{m}_V$。然而,与$Q(x_V)_{r=R}$相比,$c_p(T_{r=\infty}-T_{r=R})$项通常较小,因此可以根据式(5.26)得到一个比较简单的$\dot{m}_V$近似表达式,即

$$\dot{m}_V \approx 4\pi R\rho D \ln\left[1+\frac{vQ(x_O)_{r=\infty}}{L}\right] \tag{5.29}$$

令$x_V=x_O=0$,就可以根据式(5.27)计算得到火焰锋面的位置$r=r_{flame}$:

$$r_{flame}=\frac{\dot{m}_V}{4\pi\rho D\ln[1+v(x_O)_{r=\infty}]}\approx R\frac{\ln[1+vQ(x_O)_{r=\infty}/L]}{\ln[1+v(x_O)_{r=\infty}]} \tag{5.30}$$

当氧气的浓度很小时,由于氧气消耗很快,火焰锋面的半径快速增大。不过,式(5.30)证明$r_{flame}/R$是$Q/L$的函数;实际上,当$(x_O)_{r=\infty}$很小时,就存在近似关系$r_{flame}/R\approx Q/L$。

图5.12所示为辛烷雾滴半径$R$及火焰半径与雾滴半径之比$r_{flame}/R$的变化情况,其中,环境气体为12.5%氧气、87.5%氮气,压力为0.15个大气压。在经过很短的初始过渡后,如式(5.13)所表示的那样,$R^2$随时间线性降低,在燃烧分析中这一过程也确实如此。其斜率$-dR^2/dt$为燃烧速度,图5.13所示为不同煤油雾滴在温度为$T_{r=\infty}=2530$ K环境中,燃烧速度$-dR^2/dt$(单位$\mathrm{cm^2/s}$)的理论值与试验值在不同氧气质量分数下的对比。图5.13中所标识的数据为环境中氧气的质量含量$(x_O)_{r=\infty}$。图5.12还描述了火焰锋面的位置,虽然雾滴缩小了4/5,但是$r_{flame}/R$却是常数。

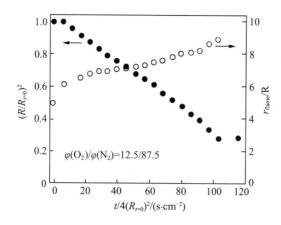

图5.12　辛烷雾滴燃烧中的雾滴半径$R$及火焰半径与雾滴半径之比$r_{flame}/R$随时间的变化情况

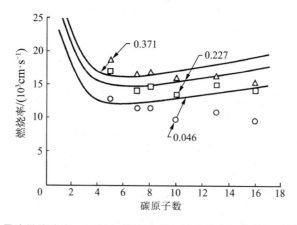

图5.13　煤油雾滴燃烧速度$-dR^2/dt$的理论值与试验值在不同氧气质量分数下的比较

习　题

1. 名词解释：

（1）空泡雾化成形

（2）风剪切雾化成形

（3）初始层流射流雾化成形

（4）湍流射流雾化成形

2. 何为雾化成形现象？雾化成形包含哪些成形模式？

3. 简述雾化成形现象在工程中的应用。

4. 简述单个雾滴的力学特性。

5. 简述雾滴汽化特性，并通过数学形式描述雾滴汽化过程。

6. 简述雾滴燃烧特性，并通过数学形式描述雾滴燃烧过程。

# 第6章
## >>> 气液两相流与传热传质

以液相为连续相、气相为离散相的多相流系统广泛地存在于化工、能源、冶金、制药和生化等领域,关系到国计民生和国家战略性产业的发展。气泡动力学包括气泡的生长、气泡的形成及其运动。由于气液两相系统固有的复杂性,气泡变形、破碎、聚并和气泡的随机运动及其相互作用,相界面传输过程的瞬时与空间特征所引起时间、空间尺度的多层次变化,致使现有的大多数处理办法仍具有半经验性。本章只介绍这些问题的概况、基本特征及其过程与现象的理论描述,使读者对这些现象有基本的了解,并尽可能对这些问题中涉及的流体动力学方法作一些简要的介绍。

## 6.1 汽泡动力学

液体中的气(汽)泡有两种类型,即蒸汽泡和气体泡。蒸汽泡内的气体是周围液体介质的蒸汽,而气体泡内的气体对于周围液体介质而言是另一种介质。下面先讨论与蒸汽泡相关的情形,即汽泡动力学。

汽泡动力学是近几十年来逐步发展起来的一个学科分支,它主要研究汽泡在液体中长大和运动的规律。如果存在加热表面,则需要研究汽泡在加热面上成长、脱离的规律和条件。研究汽泡动力学,对弄清液体核态沸腾换热的有关机理具有重要意义。

20世纪50年代以来,单汽泡的动力学研究已取得重要进展,在理论上建立了多种不同的模型,在实验方面积累了大量实验数据,大大地促进了人们对液体核态沸腾换热的研究和理解。但在考虑多汽泡系统时,特别是在汽泡之间相互作用的方面,尚未取得令人满意的结果。这主要是由汽泡参数具有的随机性特征造成的。本节主要介绍比较成熟的单汽泡动力学的一些基本理论。

根据前人的分析,在活化凹坑上形成的汽泡核心的长大是由其受到的各种力和热的作用来控制的。长大初期,汽泡内蒸气压力满足 $p_v > p_l + \dfrac{2\sigma}{r}$ 的条件。由于汽泡表面张力平衡不了其内、外的压力差,汽泡开始长大。此时汽泡内的温度基本与周围液体的温度相同,汽泡在接近等温的条件下成长。在这一阶段,汽泡的长大主要受惯性力和表面张力的支配。这是汽泡的初期成长阶段,在这个阶段内,汽泡的长大速率很高,但持续时间很短。

随着汽泡体积的增大,表面张力的相对作用减弱,汽泡内、外压力近乎相等,汽泡在接近等压的条件下成长,此时汽泡内的温度接近系统压力下的饱和温度。在这一阶段,汽泡的成长主要由过热液体向汽泡的传热来控制。这是汽泡的后期成长阶段。在这个阶段内,汽泡长大速率减慢,但持续时间较长。

为了研究单个汽泡长大和运动的规律,下面讨论在两种不同性质的周围环境中汽泡的生长情况,即汽泡在温度均匀的过热液体中和汽泡在加热壁面附近具有不均匀温度场的液体边界层中的成长情况。前者比较简单,易于进行理论分析;后者较为复杂,但更接近实际应用的状况。

### 6.1.1　汽泡在温度均匀的过热液体中的成长

1. 汽泡的初期成长阶段——等温的汽泡动力学

汽泡核心形成后的很短一段时间内,在内、外压力差的作用下,汽泡迅速长大。由于此时汽泡内蒸气温度接近液体温度,所以称这一初期成长阶段为等温成长阶段,亦称为动力学控制阶段。图 6.1 是该阶段内汽泡和液体中的压力和温度分布示意图。汽泡的成长过程可用流体动力学方程来描述。

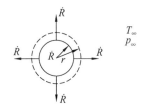

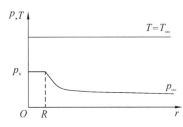

图 6.1　汽泡在惯性力和表面张力作用下的成长

设一球形汽泡处于无黏性的不可压缩流体中,汽泡周围液体径向运动的 Navie-Stokes 方程有如下简化形式:

$$\frac{\partial u_r}{\partial \tau} + u_r \frac{\partial u_r}{\partial r} = -\frac{1}{\rho_1}\frac{\partial p}{\partial r} \tag{6.1}$$

式中,$u_r$ 为液体在半径 $r$ 处的径向运动速度,$u_r = \frac{dr}{d\tau}$。由质量平衡可得

$$u_r 4\pi r^2 = \left(\frac{dr}{d\tau}\right)_{r=R} 4\pi R^2 \tag{6.2}$$

式中,$R$ 是汽泡半径。由式(6.2)可得

$$u_r = \dot{R}\left(\frac{R}{r}\right)^2 \tag{6.3}$$

式中,$\dot{R} = R\left(\frac{dr}{d\tau}\right)_{r=R} = \frac{dR}{d\tau}$。

将式(6.3)代入式(6.1),并从 $r=R$ 到 $r=\infty$ 积分,整理后可得

$$R\dot{R} + \frac{3}{2}\dot{R}^2 = \frac{p_1(R) - p_1(\infty)}{\rho_1} = \frac{1}{\rho_1}\left[p_v - p_1(\infty) - \frac{2\sigma}{r}\right] \tag{6.4}$$

式中,$R\ddot{R} = \frac{d^2 R}{d\tau^2}$。

这就是等温条件下汽泡长大的瑞利(Rayleigh)方程。如果不计表面张力,式(6.4)可简化为

$$\frac{d}{d\tau}(R^3 \dot{R}^2) = \frac{2\Delta p}{\rho_1} R^2 \dot{R} \tag{6.5}$$

设汽泡初始半径为 $R_0$,将式(6.5)由 $R_0$ 到 $R$ 积分,可得

$$\dot{R}^2 = \frac{2}{3}\frac{\Delta p}{\rho_1}\left(1 - \frac{R_0^3}{R^3}\right) \tag{6.6}$$

因为 $R_0$ 一般很小，$R_0^3/R^3 \ll 1$，可以忽略，因此有

$$\dot{R} = \sqrt{\frac{2}{3}\frac{\Delta p}{\rho_1}\tau} \tag{6.7}$$

将式（6.7）再次积分可得到成长中的汽泡半径与时间的关系：

$$R(\tau) = R_0 + \sqrt{\frac{2}{3}\frac{\Delta p}{\rho_1}\tau} \tag{6.8}$$

这就是汽泡在初期等温成长阶段的长大规律，其特征是成长半径与时间 $\tau$ 呈线性关系。

为了避开确定初始值 $R_0$ 的困难，引入了最大汽泡尺寸 $R_m$。将式（6.5）由 $R$ 到 $R_m$ 积分，可得

$$R^3\dot{R}^2 = \frac{2}{3}\frac{\Delta p}{\rho_1}(R_m^3 - R^3)$$

令 $R^+ = R/R_m$ 为无量纲汽泡半径，则

$$\mathrm{d}R^+ = \sqrt{\frac{2\Delta p}{3\rho_1}\frac{1-R^{+3}}{R^{+3}}}\frac{\mathrm{d}\tau}{R_m}$$

积分后得到最后的表达式为

$$\psi = \int_0^{R^+}\frac{R^{+3/2}\mathrm{d}R^+}{\sqrt{1-R^{+3}}} = \frac{\tau}{R_m}\sqrt{\frac{2\Delta p}{3\rho_1}} \tag{6.9}$$

**2. 汽泡的后期成长阶段——等压的汽泡动力学**

在汽泡成长的后期，大约从汽泡生成后的千分之几秒开始，周围液体的惯性力和表面张力的作用减弱到可以忽略，汽泡内、外压力接近相等，而汽泡内蒸汽温度下降到接近系统压力下的饱和温度。此时，汽泡继续长大的速率取决于过热液体通过汽液分界面向汽泡内气体所传递热量的大小和速率。这一阶段被称为传热控制阶段。在该阶段，汽泡和液体中的温度、压力分布如图 6.2 所示。

玻斯雅柯维克（Bosnjakovic）首先分析了汽泡在均匀过热液体中长大的问题。在分析过程中，他没有考虑汽液分界面的运动，并假定汽液分界面上的汽化过程是由过热液体向汽液分界面传递的热量来维持的。这是汽泡成长的一种最简单的物理模型，如图 6.3 所示。假定汽泡内蒸汽温度为热力学平衡温度（饱和温度）$T_s$，且为常数，液体中温度下降仅发生在包围汽泡的薄液层内，则针对汽泡写出的热平衡方程如下：

$$\alpha(T_0 - T_s) = h_{fg}\rho_v\frac{\mathrm{d}R}{\mathrm{d}\tau} \tag{6.10}$$

式中，$\alpha$ 是液体与汽泡之间的当量换热系数。

通过上述球形液体薄层的导热问题与通过平面的一维瞬态导热问题是相类似的，因此可以近似地用一维半无限大平板的

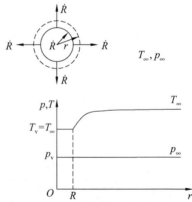

图 6.2　汽泡在传热控制下的成长

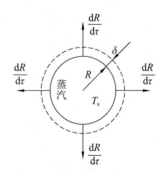

图 6.3　汽泡在过热液体中成长的简化模型

导热方程来描述。以汽液分界面作为距离 $x$ 的起点,则有

$$
\left.
\begin{aligned}
& \alpha_1 \frac{\partial^2 T}{\partial x^2} = \frac{\partial T}{\partial \tau} \\
& \tau = 0 \text{ 时}, T(x,0) = T_0 \\
& \tau > 0 \text{ 时}, T(0,\tau) = T_s \quad T(\infty,\tau) = T_0
\end{aligned}
\right\}
\tag{6.11}
$$

式中,$\alpha_1$ 为液体换热系数。

解上述方程可以得到汽泡周围液层中的温度分布:

$$
\frac{T - T_s}{T_0 - T_s} = \mathrm{erf}\left(\frac{x}{2\sqrt{\alpha_1 \tau}}\right)
\tag{6.12}
$$

向汽泡内部传递的热流量为

$$
q = \alpha(T_0 - T_s) = -\lambda_1 \left(\frac{\partial T}{\partial x}\right)_{x=0} = \lambda_l \frac{T_0 - T_s}{\sqrt{\pi \alpha_1 \tau}}
$$

将上式代入式(6.10),可以得到汽泡的长大速率为

$$
\frac{\mathrm{d}R}{\mathrm{d}\tau} = \frac{\lambda_1}{h_{fg}\rho_v} \frac{T_0 - T_s}{\sqrt{\pi \alpha_1 \tau}}
\tag{6.13}
$$

对上式积分,可以得到成长中的汽泡半径与时间的关系:

$$
R(\tau) = \frac{2}{\sqrt{\pi}} \sqrt{\alpha_1 \tau} \, Ja
\tag{6.14}
$$

式中,$Ja$ 为雅各布数,$Ja = c_1 \rho_1 (T_0 - T_s)/(\rho_v h_{fg})$。$Ja$ 的物理意义是:液体过热所吸收的热量与同体积的液体汽化所吸收的热量之比。

上述传热模型忽略了汽泡边界层的运动,也没有考虑汽泡成长过程中的惯性力和界面上表面张力的作用。如果将上述因素考虑进去,则一个球形汽泡在无限大均匀过热液体中的对称长大的过程可以用下列微分方程组描述:

$$
\left.
\begin{aligned}
\text{运动方程} \quad & R\ddot{R} + \frac{3}{2}\dot{R}^2 = \frac{1}{\rho_1}\left(p_v - p_1 - \frac{2\sigma}{R}\right) \\
\text{能量方程} \quad & \frac{\partial T}{\partial \tau} + u_r \frac{\partial T}{\partial r} = \alpha_1 \frac{1}{r^2}\frac{\partial}{\partial r}\left(r^2 \frac{\partial T}{\partial r}\right) \\
\text{连续性方程} \quad & u_r = \dot{R}\left(\frac{R}{r}\right)^2
\end{aligned}
\right\}
\tag{6.15}
$$

边界条件和初始条件为

$$
\left.
\begin{aligned}
& -\lambda_1 \left(\frac{\partial T}{\partial r}\right)_R = \rho_v h_{fg} \dot{R} \\
& T(\tau,\infty) = T_0 \\
& T(0,r) = T_0 \\
& T(\tau,R) = T_s
\end{aligned}
\right\}
\tag{6.16}
$$

Plesset 和 Zwick 以及 Forster 和 Zuber 利用不同的数学方法对上述方程进行了近似求解。在求解过程中,他们都采用了温度下降只发生在包围汽泡的薄液层中的假定。此外,他们都假定惯性力只在汽泡成长的初期(几毫秒之内)起作用,因此运动方程只需要在该初期阶段内考虑,而在汽泡成长的大部分时间内,主要受液体中的热扩散的控制。他们得到的汽

泡在受热扩散控制的后期阶段的成长规律为

$$R(\tau) = 2c\sqrt{\alpha_1\tau}\,Ja \tag{6.17}$$

式中，$c$ 为常数，并分别为

$$c = \sqrt{\frac{3}{\pi}} = 0.987, \qquad \text{Plesset 和 Zwick 的结果}$$

$$c = \frac{\sqrt{\pi}}{2} = 0.887, \qquad \text{Forster 和 Zuber 的结果}$$

用式(6.17)计算得到的成长汽泡半径与文献中得到的汽泡在过热水中成长时的实测值基本相符。

此后，斯克里文(Scriven)和伯克霍夫(Birkhoff)未采用 Bosnjakovic 关于汽泡周围存在热边界层的近似假设，推出了能量方程的精确解。他们得到的汽泡周围液体中的温度分布表达为

$$\frac{T-T_0}{T_0} = -A\int_s^{\infty} x^{-2}\exp(-x^2 - 2\varepsilon C_s^3 x^{-3})\,\mathrm{d}x \tag{6.18}$$

式中，$s = \dfrac{r}{2\sqrt{\alpha_1\tau}}$；$\varepsilon = \dfrac{\rho_1 - \rho_s}{\rho_1}$；$x$ 是无量纲半径，其变化范围从 $s$ 到 $\infty$；$C_s$ 是关系式 $R = 2C_s\sqrt{\alpha_1\tau}$ 中的系数。式(6.18)的计算结果表明，液体中的温度降确实发生在一个很窄的范围内（当 $R/2\sqrt{\alpha_1\tau} > 1$ 时，$\dfrac{r}{R} < 2$），这证实了 Bosnjakovic 近似假设的基本正确性。

由能量方程的精确解得到的汽泡长大规律为

$$R = 2C_s\sqrt{\alpha_1\tau} \tag{6.19}$$

式中，汽泡长大系数 $C_s$ 是 $Ja$ 数和 $\varepsilon$ 的函数。在过热度较高或者压力较低的情况（$\varepsilon \approx 1$）下，即对应于较大的 $Ja$ 数，汽泡长大系数 $C_s$ 可按下式计算：

$$C_s = \sqrt{\frac{3}{\pi}}\,Ja \tag{6.20}$$

此式与 Plesset 和 Zwick 的近似解相一致。

当 $Ja$ 数较低时，对应于压力较高（$\varepsilon \approx 0$）的情况，$C_s = \sqrt{\dfrac{Ja}{2}}$，汽泡长大规律为

$$R(\tau) = \sqrt{2\alpha_1\tau\,Ja} \tag{6.21}$$

$C_s$ 可用下式表示：

$$C_s = \sqrt{\frac{3}{\pi}}\left[1 + \frac{1}{2}\left(\frac{\pi}{6Ja}\right)^{2/3} + \frac{\pi}{6Ja}\right]^{1/2}Ja$$

汽泡长大规律遂为

$$R(\tau) = 2\sqrt{\frac{3}{\pi}}\left[1 + \frac{1}{2}\left(\frac{\pi}{6Ja}\right)^{2/3} + \frac{\pi}{6Ja}\right]^{1/2}Ja\sqrt{\alpha_1\tau} \tag{6.22}$$

上式适用于任意的 $Ja$ 数，且计算值与实验值的偏差小于 $2\%$。

3. 汽泡的全期生长模型

上面分别讨论了汽泡在两个不同阶段中的生长规律，依据的是两个完全不同的物理模

型。那么,能否用一个统一的模型来描述汽泡成长的整个过程呢? 在前人工作的基础上,
Mihic 等(1970)将汽泡两个生长阶段耦合起来,建立了一个汽泡在过热液体中长大的综合模
型。该模型全面考虑了汽泡长大的两个不同阶段,所得的汽泡生长规律适用于汽泡长大的
全过程。下面对该模型进行简单分析。

在汽泡受惯性力控制的阶段(忽略表面张力做功),汽泡的能量平衡方程为

$$\int_R^\infty \frac{1}{2} r^2 \rho_1 4\pi r^2 \mathrm{d}r = \int_{R_0}^R \Delta p\, \mathrm{d}r \qquad (6.23)$$
$$\underset{\text{(液体动能增量)}}{} \qquad \underset{\text{(膨胀功)}}{}$$

把连续性方程 $\dot{r} = \dot{R}\left(\dfrac{R}{r}\right)^2$ 代入上式并积分,可得

$$\dot{R} = \left(\frac{\mathrm{d}R}{\mathrm{d}\tau}\right)^2 = \frac{2}{3}\left(1 - \frac{R_0^3}{R^3}\right)\frac{\Delta p}{\rho_1}$$

由于 $R_0^3 \ll R^3$,近似地有

$$\dot{R}^2 = \frac{2}{3}\frac{\Delta p}{\rho_1} = \frac{2}{3}\frac{p_v - p_\infty}{\rho_1}$$

或

$$\frac{\mathrm{d}R}{\mathrm{d}\tau} = \sqrt{\frac{2}{3}\frac{p_v - p_\infty}{\rho_1}} \qquad (6.24)$$

将 Clausius Clapeyron 方程

$$p_v - p_\infty = \frac{(T_v - T_s)\rho_v h_{fg}}{T_s}$$

代入式(6.24),整理后可得

$$\frac{\mathrm{d}R}{\mathrm{d}\tau} = A\sqrt{\frac{T_v - T_s}{\Delta T_s}} \qquad (6.25)$$

式中,$\Delta T_s = T_0 - T_s$,$A = \sqrt{\dfrac{2}{3}\dfrac{\rho_v}{\rho_1}\dfrac{\Delta T_s}{T_s}h_{fg}}$。

根据传热控制阶段的 Plesset Zwick 解,即式(6.17),假定汽泡是在 $T_0 - T_v$ 为常数的条
件下成长的,由式(6.17)可得

$$\frac{\mathrm{d}R}{\mathrm{d}\tau} = \frac{1}{2}\frac{T_0 - T_v}{\Delta T_s}\frac{B}{\sqrt{\tau}}$$

式中,$B = Ja\sqrt{\dfrac{12}{\pi}\alpha_1}$,$Ja = \dfrac{c_1\rho_1}{\rho_v h_{fg}}\Delta T_s$。

将上式重新整理后可得

$$\frac{T_v - T_s}{\Delta T_s} = 1 - \frac{2\sqrt{\tau}}{B}\frac{\mathrm{d}R}{\mathrm{d}\tau} \qquad (6.26)$$

联立求解式(6.25)和式(6.26),可得

$$\frac{\mathrm{d}R}{\mathrm{d}\tau} = A\left[\sqrt{\left(\frac{A}{B}\right)^2\tau + 1} - \sqrt{\left(\frac{A}{B}\right)^2\tau}\right] \qquad (6.27)$$

引入无量纲参数

$$\tau^+ = \left(\frac{A}{B}\right)^2\tau = \frac{A^2\pi}{12\alpha_1}\left(\frac{1}{Ja}\right)^2\tau$$

$$R^{+}=\frac{A}{B^{2}}R$$

式(6.26)可改写成

$$\frac{\mathrm{d}R^{+}}{\mathrm{d}\tau}=(\tau^{+}+1)^{1/2}-\tau^{+1/2}$$

经积分并近似假定 $\tau^{+}\rightarrow0$ 时 $R^{+}\rightarrow0$,可得到汽泡全期成长过程的通用解为

$$R^{+}=\frac{2}{3}\big[(\tau^{+}+1)^{3/2}-\tau^{+3/2}-1\big]\tag{6.28}$$

在受惯性力控制的汽泡初始成长阶段, $\tau^{+}\ll1$,式(6.28)可简化为

$$R^{+}=\tau^{+}\tag{6.29}$$

即

$$R(\tau)=\sqrt{\frac{2}{3}\frac{p_{v}-p_{\infty}}{p_{1}}}\tau\tag{6.30}$$

上式与描述早期成长的式(6.8)一致。

在受传热控制的汽泡后期成长阶段, $\tau^{+}\gg1$,式(6.28)可简化为

$$R^{+}\approx\sqrt{\tau^{+}}\tag{6.31}$$

即

$$R(\tau)=\sqrt{\frac{12}{\pi}\alpha_{1}\tau Ja}\tag{6.32}$$

这也就是 Plesset Zwick 的解。

图 6.4 给出了汽泡在均匀过热液体中的全期成长曲线。图中实线是式(6.28)的计算值,与水的实验值相当符合。Lien 和 Griffith 对过热水中汽泡长大过程进行了十分成功的实验研究,其实验的压力范围为 0.001~0.04 MPa,过热度范围为 8.3~15.6 K, $Ja$ 数的范围为 58~2690。当压力低于 0.003 MPa 时,汽泡的整个长大过程处于动力学控制范围,此时 $R^{+}=\tau^{+}$;当压力高于 0.035 MPa 时,动力学控制阶段只存在很短时间,汽泡整个长大过程事实上受传热控制。对于这两个压力之间的过渡区,汽泡长大的初始阶段受动力学过程控制,较后的阶段受传热过程控制,前者向后者的过渡发生在 $\tau^{+}=1$ 附近,与式(6.28)的计算结果非常一致。

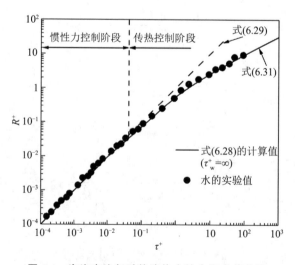

图 6.4　汽泡在均匀过热液体中的全期成长曲线

### 6.1.2　汽泡在加热壁面附近的非均匀温度场中的成长

前面讨论的都是汽泡在均匀过热液体中的成长,但汽泡在加热壁面附近非均匀温度场中的成长更符合工程实际。自汽泡核心在加热壁面上的活化凹坑中长大并露出凹坑口部开始,汽泡即处于加热壁面附近的一层过热液体中。早期的分析假定热量先从加热面传给液体,然后一部分热量再从过热液体传给汽泡,另一部分热量则通过液体对流传给液体本体。

首先分析最简单的情况,即不考虑液体自身之间的传热,假定加热面传出的热量全部进入汽泡。设汽泡成长的前壁面附近的过热液体层具有均匀的温度,且等于壁面温度 $T_w$。当汽泡开始成长后,过热液体层中将发生瞬态导热现象。当忽略汽泡周围液体的运动,近似地将汽泡周围的热边界层当作一维半无限大平板且以汽液分界面为起点时,则热的边界层中的温度分布满足下列导热微分方程:

$$\frac{\partial T}{\partial \tau} = \alpha_1 \frac{\partial^2 T}{\partial x^2} \tag{6.33}$$

初始条件和边界条件为

$$T(x,0) = T_w$$
$$T(0,\tau) = T_s$$
$$T(\infty,\tau) = T_w$$

其解为

$$\frac{T - T_s}{T_\infty - T_s} = \mathrm{erf}\frac{x}{2\sqrt{\alpha_1 \tau}} \tag{6.34}$$

通过汽液分界面的热流密度为

$$g = -\lambda_1 \frac{\partial T}{\partial x}\bigg|_{x=0} = \lambda_1 \frac{T_w - T_s}{\sqrt{\pi \alpha_1 \tau}} \tag{6.35}$$

下面进一步考虑存在向液体本体传热的情况。假设过热液体层传给液体本体的热流密度为 $q_b$,则汽液分界面上的热平衡方程为

$$\rho_v h_{fg} \frac{dR}{d\tau} = c\left(\lambda_1 \frac{T_w - T_s}{\sqrt{\pi \alpha_1 \tau}} - q_b\right) \tag{6.36}$$

式中,$c$ 为形状系数。当热边界层为平板时,$c=1$;当热边界层为球形时,$c=\sqrt{3}$。

积分式(6.36),可以得到汽泡的成长半径为

$$R(\tau) = c\frac{2}{\sqrt{\pi}} Ja\left(1 - \frac{q_b\sqrt{\pi \alpha_1 \tau}}{2\lambda_1 \Delta T}\right)\sqrt{\alpha_1 \tau} \tag{6.37}$$

设汽泡在 $\tau = \tau_m$ 时长大到最大半径 $R_m$,此时 $\frac{dR}{d\tau}=0$,壁面的热量开始全部传给液体本体,此时有

$$q_b = \lambda_1 \frac{T_w - T_s}{\sqrt{\pi \alpha_1 \tau_m}}$$

将上式代入式(6.37),化简后有

$$R(\tau) = c \frac{2}{\sqrt{\pi}} Ja \left(1 - \frac{1}{2}\sqrt{\frac{\tau}{\tau_m}}\right)\sqrt{\alpha_1 \tau} \tag{6.38}$$

则

$$R_m = c \frac{1}{\sqrt{\pi}} Ja \sqrt{\alpha_1 \tau_m} \tag{6.39}$$

两式相除,可得

$$\frac{R(\tau)}{R_m} = \sqrt{\frac{\tau}{\tau_m}}\left(2 - \sqrt{\frac{\tau}{\tau_m}}\right) \tag{6.40}$$

上式的计算结果与 Ellion(1954)的实验结果相符。

进一步研究表明,供给汽泡长大的热量不仅来自过热液体层(壁面间接供热),还来自与汽泡根部直接接触的加热边界层的热壁面(壁面直接供热),由此可得到另一类汽泡在壁面上的成长模型,如图 6.5 所示。

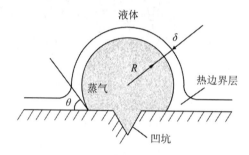

图 6.5　汽泡成长模型

如果加热面温度 $T_w$ 为常数,则气泡成长时的热平衡方程变成

$$\phi_v h_{fg} \rho_v \left(4\pi R^2 \frac{dR}{d\tau}\right) = \phi_c \phi_s (4\pi R^2) \lambda_1 \frac{dT}{dx}\bigg|_{x=0} + \phi_b (4\pi R^2) \alpha_v (T_w - T_s) \tag{6.41}$$

式中,$\phi_c$ 为过热液层的曲率因子,$1 < \phi_c < \sqrt{3}$;$\phi_s$ 为汽泡表面因子,$\phi_s = \dfrac{1+\cos\theta}{2}$,$\theta$ 为接触角;$\phi_b$ 为汽泡根部的面积因子,$\phi_b = \dfrac{\sin^2\theta}{4}$;$\phi_v$ 为汽泡的体积因子;$\alpha_v$ 为汽泡根部加热壁面与蒸气间的换热系数;$\dfrac{dT}{dx}\bigg|_{x=0} = \dfrac{1}{\sqrt{\pi a_1 \tau}}\left[(T_w - T_s) - \dfrac{T_w - T_\infty}{\delta}\sqrt{\pi a_1 \tau}\ \mathrm{erf}\left(\dfrac{\delta}{\sqrt{\pi a_1 \tau}}\right)\right]$,$\delta = \sqrt{\pi a_1 \tau_w}$ 为汽泡在等待阶段结束时的热边界层厚度,其中 $\tau_w$ 为等待时间。

化简式(6.41),可以得到汽泡的成长速率为

$$\frac{dR}{d\tau} = \frac{\phi_c \phi_s}{\phi_v} \frac{\lambda}{\rho_1 h_{fg}} \frac{dT}{dx}\bigg|_{x=0} + \phi_b (4\pi R^2) \alpha_v (T_w - T_s) \tag{6.42}$$

为了计算出式中的 $\phi_c$,可考虑分析如下的几种极端情况。

其一是汽泡在无限均匀的过热液体中的成长,显然这是式(6.42)的一种特殊情况,即当 $\phi_s = 1, \phi_v = 1, \phi_b = 0, \theta = 0, \delta = \infty$ 时,式(6.42)变为

$$\frac{dR}{d\tau} = \phi_c \frac{\lambda_1}{\rho_1 h_{fg}} \frac{\Delta T_s}{(\pi a_1 \tau)^{1/2}} = \frac{\phi_c}{\sqrt{\pi}} \frac{\Delta T_s \rho_1 c_1}{\rho_v h_{fg}} \left(\frac{a_1}{\tau}\right)^{1/2} \tag{6.43}$$

将上式与 Scriven(1959)得到的汽泡在无限均匀的过热液体中的成长速率的解

$$\frac{\mathrm{d}R}{\mathrm{d}\tau}=\sqrt{\frac{3}{\pi}}\frac{\Delta T_s\rho_1 c_1}{\rho_v h_{fg}}\sqrt{\frac{a_1}{\tau}}$$

相比较可知,在 $\theta=0,\delta\gg R$ 的条件下, $\phi_c\gg\sqrt{3}$。

其二是 $\theta=\pi$ 的情况,此时式(6.42)变成一维平板的情况。与式(6.36)相比,可知 $\phi_c=1$。

其三是 $\theta=0,\delta\ll R$ 的情况,即对于具有极薄过热液体边界层的球形汽泡,与 Forster 和 Zuber 的公式相比,可知 $\phi_c=\dfrac{\pi}{2}$。

根据上述 3 种极端情况,可以构造一个 $\phi_c$ 的通用表达式:

$$\phi_c=\left[\sqrt{3}+\frac{\theta}{\pi}(1-\sqrt{3})\right]\left[\left(1-\frac{\theta}{\pi}\right)\frac{\frac{\pi}{2}\sqrt{3}\bar{R}+\delta}{\bar{R}+\delta}+\frac{\theta}{\pi}\right] \tag{6.44}$$

式中, $\bar{R}$ 为汽泡半径的时间平均值,即

$$\bar{R}=\frac{1}{\tau}\int_0^\tau R\,\mathrm{d}\tau \tag{6.45}$$

将式(6.43)积分,并令 $r=\dfrac{R}{\tau}$, $t=\dfrac{4a_l\tau}{\delta^2}$,可得

$$r-r_c=\frac{\phi_s}{\phi_v}\frac{\phi_c\rho_1 c_1\Delta T_w}{\rho_v h_{fg}}\left(\sqrt{\frac{t}{\pi}}-\frac{T_w-T_\infty}{T_w-T_s}\left[t\,\mathrm{erf}\left(\frac{1}{\sqrt{t}}\right)+\frac{2\sqrt{t}}{\sqrt{\pi}}\exp\left(-\frac{1}{t}\right)-2\mathrm{erf}\,c\left(\frac{1}{\sqrt{t}}\right)\right]\right\}+$$

$$\phi_b\frac{\delta\alpha_v(T_w-T_s)}{4\varphi_v\rho_v h_{fg}\alpha_1}t$$

$$\tag{6.46}$$

式(6.46)考虑了接触角、汽泡等待时间、表面热流密度以及液体的过冷度等参数的影响,可以认为这是一个与实际情况比较接近的得出计算加热面上汽泡成长半径的计算公式。

随着测试技术的进步,人们对壁面附近非均匀温度场中汽泡长大的物理机理又有了新的认识,并出现了一系列新的计算汽泡成长半径的物理模型。

根据液体微层汽化的概念所建立的汽泡在加热面上成长的物理模型如图 6.6 所示。假定汽泡的成长主要是由该液体微层的蒸发所控制的,则汽泡的半径服从下列已由实验证实的规律:

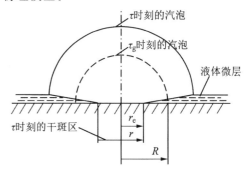

**图 6.6　带有液体微层的半球形汽泡**

$$R=c\tau^n \tag{6.47}$$

式中, $c$ 为常数。液体微层汽化所需的热量完全来自壁面通过微层的导热,则汽泡的热平衡方程可写为

$$\rho_1 h_{fg}\frac{\mathrm{d}\delta}{\mathrm{d}\tau}=-\lambda_1\frac{T_w-T_s}{\delta} \tag{6.48}$$

式中, $\delta$ 是 $\tau$ 时刻在半径 $r$ 处的液体微层厚度。

鉴于通过液体微层的导热量与加热壁面本身的热物性有关,所以在计算壁面热流密度时,需要综合考虑壁面的导热性能。通常,可将壁面的导热性能分为如下 3 种类型。

(1) 导热性能很好的理想导热壁面

汽泡在理想导热壁面上成长时,可近似认为,在液体微层蒸发过程中壁面温度维持常数,即 $T_w = T_{w0}$。对式(6.48)积分可得

$$\delta_0^2 - \delta^2 = 2\frac{\lambda_1(T_{w0} - T_s)}{\rho_1 h_{fg}}(\tau - \tau_g) \tag{6.49}$$

式中,$\delta_0$ 是液体微层的起始厚度。根据微层形成的流体动力学分析,可得

$$\delta_0 = 0.8\sqrt{\gamma_1 \tau_g} \tag{6.50}$$

式中,$\tau_g$ 是汽泡成长到半径为 $r$ 时所对应的时间;$\gamma_1$ 是液体的运动黏度。

由图 6.8 可知,在 $\tau$ 时刻,半径 $r_e$ 之间的液体层已全部汽化(即 $\delta = 0$),所以在 $\tau$ 时刻由微层汽化得到的蒸气容积为

$$V_m = \frac{\rho_1}{\rho_v}\left[\int_0^{r_e}\delta_0 2\pi r\,\mathrm{d}r + \int_{r_e}^R(\delta_0 - \delta)2\pi r\,\mathrm{d}r\right] = \frac{2\pi}{3}R^{[2+1/(2n)]}\frac{B}{c^{1/(2n)}} \tag{6.51}$$

式中,$B$ 是包含 $n$、$T_{w0} - T_s$ 和其他物性量的一个复杂表达式。

假定汽泡的成长速率与液体微层的汽化速率相当,则在 $\tau$ 时刻汽泡的容积为 $\frac{2}{3}\pi R^3$,与式(6.51)相比,可得 $n = 1/2$,$c = B$,即 $R = B\tau^{1/2}$。将 $B$ 的表达式代入式(6.51)后化简,Cooper 推导获得了如下公式:

$$R(\tau) \approx 2.5\frac{J_a}{p\sqrt{r_1}}\sqrt{\alpha_1\tau} \tag{6.52}$$

(2) 导热性能很差的壁面

对于这类壁面,由于维持液体微层蒸发所需的热流密度值相当大,在加热壁面内部必然造成一个较大的温度梯度,因此与液体接触的壁面的温度会有较大的降落,即 $T_w \ll T_{w0}$。此时,进入液体微层的热量受到壁面热阻的控制。假设液体微层汽化时 $T_w$ 急剧降落到接近 $T_s$,根据固体壁面内热贯穿深度的概念,可列出如下的热平衡方程:

$$2\pi R^2\rho_v h_{fg}\frac{\mathrm{d}R}{\mathrm{d}\tau} = \frac{-\lambda_w(T_{w0} - T_s)}{\sqrt{\pi\alpha_w\tau}}\pi R^2 \tag{6.53}$$

积分后可得

$$R(\tau) = 0.564\sqrt{\frac{(\lambda\rho c)_w}{(\lambda\rho c)_1}}Ja\sqrt{\alpha_1\tau} \tag{6.54}$$

(3) 壁面导热性能与液体导热性能相当的情况

在这种情况下,通过壁面进入液体微层的热流密度 $q_w$,可以近似地利用两个半无限大物体接触时的界面热流密度来表示。热平衡方程为

$$2\pi R^2\rho_v h_{fg}\frac{\mathrm{d}R}{\mathrm{d}\tau} = q_w\pi R^2 = \frac{\sqrt{(\lambda\rho c)_w(\lambda\rho c)_1}}{\sqrt{(\lambda\rho c)_w} + \sqrt{(\lambda\rho c)_1}}\frac{T_{w0} - T_s}{\sqrt{\pi\tau}}\pi R^2 \tag{6.55}$$

积分后可得

$$R(\tau) = 0.564 \frac{\sqrt{(\lambda \rho c)_w}}{\sqrt{(\lambda \rho c)_w} + \sqrt{(\lambda \rho c)_l}} Ja \sqrt{\alpha_1 \tau} \tag{6.56}$$

上述建立在液体微层汽化基础上的物理模型,忽略了通过过热液体向汽泡上表面的传热量。实际上,汽泡在加热面上成长时热量来自两个方面:一方面是汽泡底部液体微层的蒸发;另一方面是汽泡周围过热液层向汽泡表面的传热。

由于过热液层的高度随汽泡的成长过程发生变化,文献中有时称这层过热液体层为松弛微层(relaxation microlayer)。现有的大量实验结果已证实,在汽泡成长过程中这两类传热过程都是存在的,所以在汽泡成长过程中同时考虑这两类传热才是合理的。

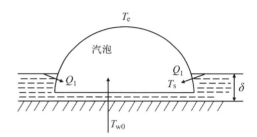

图 6.7 成长汽泡的传热模型

设通过汽泡周围过热液层传给汽泡的热量为 $Q_1$,通过汽泡底部液体微层蒸发传递的热量为 $Q_2$(图 6.7),则汽泡成长过程中的总传热量为

$$Q = Q_1 + Q_2 \tag{6.57}$$

由式(6.36)可知,通过过热液体向球形汽泡传递的热量为 $\sqrt{3} \dfrac{(T_{w0} - T_s) \lambda_1}{\sqrt{\pi \alpha_1 \tau}}$。因此,通过壁面附近过热液层向汽泡传递的热量可表示为

$$Q_1 = \varphi \sqrt{3} \frac{(T_{w0} - T_s) \lambda_1}{\sqrt{\pi \alpha_1 \tau}} 2\pi R^2 \tag{6.58}$$

式中,$\varphi$ 是修正系数。

汽泡底部液体微层蒸发的热量可由式(6.55)给出。因此,式(6.57)可改写成

$$2\pi R^2 \rho_v h_{fg} \frac{dR}{d\tau} = \left[ \varphi 2\sqrt{3} \frac{(T_{w0} - T_s) \lambda_1}{\sqrt{\pi \alpha_1 \tau}} + \frac{\sqrt{(\lambda \rho c)_w (\lambda \rho c)_l}}{\sqrt{(\lambda \rho c)_w} + \sqrt{(\lambda \rho c)_l}} \frac{T_{w0} - T_s}{\sqrt{\pi \tau}} \right] \pi R^2 \tag{6.59}$$

对上式积分,整理后可得到的汽泡成长半径为

$$R(\tau) = \left[ \frac{\sqrt{12}}{\pi} \varphi + \frac{1}{\sqrt{\pi}} \frac{\sqrt{(\lambda \rho c)_w}}{\sqrt{(\lambda \rho c)_w} + \sqrt{(\lambda \rho c)_l}} \right] Ja \sqrt{\lambda_1 \tau} \tag{6.60}$$

式中,系数 $\varphi$ 由实验数据确定。施明恒(1989)给出的 $\varphi$ 值为

$$\varphi = 0.011 \tau^{-0.62} \quad (\tau > 10^{-3}) \tag{6.61}$$

Stralen(1975)进一步考虑了两微层之间的相互影响问题。Can 和 Xin(1984)把实际汽泡视为当量半径为 $R(\tau)$ 的当量球形汽泡,该汽泡在两微层的作用下蒸发长大,据此提出了汽泡成长的当量模型,得到的汽泡成长半径与 Stralen(1975)的实验值吻合得较好。

### 6.1.3 汽泡从加热面上的脱离

汽泡在加热面上成长到一定大小后,在各种力的作用下从加热面上脱离进入液体中。实验表明,汽泡从加热面上脱离时的直径和脱离频率与沸腾换热的强度有密切关系。这也是汽泡动力学研究的另一个主要方面。

汽泡从加热面上脱离时的大小,理论上可根据作用在汽泡上的力的平衡求出。1935 年弗里茨(Fritz)发表了第一篇关于汽泡脱离问题的理论分析的论文。对于给定的接触角 $\theta$,可以根据流体静力学原理确定位于水平表面上的静止汽泡的最大体积。

使汽泡脱离的力是其所受的浮力,即 $\frac{1}{6}\pi D_d^3(\rho_l - \rho_v)g$,而能使汽泡保持在表面上的力为表面张力,即 $\sigma \pi D_d \sin \theta f(\theta)$。由汽泡脱离瞬间上述两个力相等这一条件,可以求出脱离直径为

$$D_d = f(\theta)\sqrt{\frac{\sigma}{(\rho_l - \rho_v)g}} \tag{6.62}$$

根据水中氢气泡和水蒸气泡的实验结果,可以确定函数 $f(\theta)$ 的具体表达。最后得到的脱离直径的计算式为

$$D_d = 0.0208\theta\sqrt{\frac{\sigma}{(\rho_l - \rho_v)g}} \tag{6.63}$$

式中,$\theta$ 的单位为度(°)。上式常称为 Fritz 公式。

在高压真空状态下,Fritz 公式与实验值之间有较大的偏差。事实上,汽泡在成长过程中并非处于静止状态,它既有重心向上的轴向运动,也有体积膨胀的径向运动。因此,作用于汽泡上的力除有浮力和表面张力外,还有黏性阻力和惯性力。由于这些作用力包含了许多难以测定的参数,表达式又十分复杂,因此所得结果很难有实际应用。目前,脱离直径的计算主要还是依赖结合实验得到的半经验公式。多种实验表明,脱离直径与汽泡成长速度成正比,说明惯性力对汽泡脱离有重要作用。此外,系统压力对汽泡脱离直径也有较大影响。实验表明,脱离直径随压力的增加而减小,实验关系式为

$$D_d = 0.00372P^{-0.575}(\text{m}) \tag{6.64}$$

式中,压力 $P$ 的单位为 $10^5$ Pa。

重力加速度对脱离直径的影响可整理成如下关系式:

$$D_d \sim g^{-1/3} \tag{6.65}$$

对于压力低于大气压力的液体沸腾,影响汽泡脱离的主要因素是液体的惯性力:

$$D_d = 0.8g\tau_g^2 \tag{6.66}$$

式中,$\tau_g$ 为从汽泡生成到脱离所需的时间。在真空条件下,式(6.66)与实际值能很好地吻合。

汽泡的脱离频率 $f$ 是汽泡动力学研究的另一个重要问题,汽泡脱离的快慢直接影响壁面的换热强度。汽泡在加热面上从开始生长到脱离所需要的时间为 $\tau_g$,汽泡脱离后加热面需要等待一段时间 $\tau_w$,以使加热面附近的液体达到使下一个汽泡成长所需的过热度。因此,一个汽泡从成核、生长到脱离再到另一个汽泡成核这样一个周期的总时间为 $\tau_g + \tau_w$,如图 6.8 所示。汽泡的脱离频率 $f$ 即为

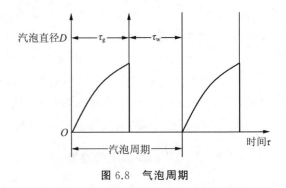

图 6.8    气泡周期

$$f = \frac{1}{\tau_g + \tau_w} \tag{6.67}$$

由于单独确定 $\tau_g$ 和 $\tau_w$ 这两个时间非常困难,所以人们常把它们与其他汽泡动力学参数结合起来一起计算。雅各布(Jackob)最早通过实验发现,汽泡脱离直径与脱离频率的乘积接近于一个常数,即

$$fD_d \approx 280 \text{ m/h} \tag{6.68}$$

此后进一步实验发现,上述结果只在低热负荷条件下才是正确的,且该常数会随液体的种类和系统压力的变化而有所不同。Zuber(1959)基于实验结果推导了如下解析表达式:

$$fD_d = 0.59\left[\frac{\sigma(\rho_l-\rho_v)g}{\rho_l^2}\right]^{1/4} \tag{6.69}$$

用来计算大气压力下不同液体的脱离直径和脱离频率的乘积。后来的研究指出,$f$ 和 $D_d$ 之间的关系应表示为

$$fD_d^n = 常数 \tag{6.70}$$

式中,指数 $n$ 的值在汽泡长大的不同阶段是不同的。在动力学控制阶段,$n=2$;在传热控制阶段,$n=1/2$。

文献中还有一些其他确定 $fD_d$ 的实验关系式或经验式。但总的说来,$f$ 与 $D_d$ 之间的精确关系至今仍未很好地确定,各推荐式之间的差别仍较大,原因是 $f$ 和 $D_d$ 之间相联系的物理机制还未彻底搞清楚。

### 6.1.4　汽泡的聚并和上升运动

上述所有关于汽泡动力学问题的讨论,都是针对加热面上的单个汽泡进行的。随着加热面上热流密度的增大,壁面上汽泡核心数逐渐增多,且汽泡脱离频率也逐渐增高,前一个汽泡与后一个汽泡在上升运动过程中将发生聚并而形成大汽泡或蒸汽块。图 6.9 给出了水平加热面上液体核态沸腾过程中观察到的随着热流密度增大而出现的各类汽泡的聚并过程。由图可见,在发生汽泡的初始聚并时,先是两个汽泡互相接触,第一个汽泡常呈半球形,后一个汽泡竖直拉长,聚并后呈类蘑菇形状,如图 6.9a 所示。随着壁面热流密度的增加,汽泡上升速度增大,两个汽泡聚并后第一个汽泡兼并第二个汽泡的一部分,留下的剩

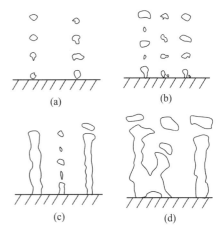

图 6.9　液体核态沸腾时的汽泡聚并过程

余部分跟随在第一个汽泡后面,形成跟随汽泡,此时水平方向相邻汽泡也可能发生聚并,如图 6.9b 所示。随着壁面热流密度的增加,这种两个汽泡的聚并发生在越来越接近于加热面的位置。随着热流密度的继续增大,相邻的聚并汽泡在上升过程中会发生再聚并,并且随着这类再聚并过程的增强,在加热面上将形成一个个汽柱,尤如从加热面上喷出的一股股蒸汽射流,此时相应于高热流密度下的旺盛核态沸腾工况,如图 6.9c 所示。当蒸汽柱内蒸汽流的速度增大到某一临界值时,相邻汽柱之间出现相互作用,加热面上将会形成不同大小的蒸汽膜块使加热面被蒸汽所覆盖,此时纯核态沸腾工况结束,如图 6.9d 所示。

加热面上及加热面附近的液体中发生的这类汽泡的聚并过程,对液体核态沸腾换热强

度及临界现象的出现均有重要作用,是汽泡动力学研究的又一重要方面。它与加热表面状态的影响一样都是核态沸腾换热中尚未很好解决的难题。

一些学者利用气体通过小孔产生气泡对沸腾时的汽泡聚并过程进行定性模拟,观察到了上升气泡的各类不同的聚并过程,分析并得到了上升气泡之间发生聚并过程时所需的壁面热流密度为

$$q = 0.56 \rho_l h_{fg} \theta^{1/2} \left( \frac{g\sigma}{\rho_l - \rho_v} \right)^{1/4} \frac{A_v}{A_t} \qquad (6.71)$$

式中,$A_v$ 为汽泡所覆盖的加热面面积;$A_t$ 为加热壁面总面积。

水平方向上汽泡的聚并过程显然与加热壁面上汽泡核心的分布有关,亦与加热表面的物理状态有关,目前尚无法对实际加热表面水平方向上的汽泡聚并过程进行分析计算。在实际的聚并过程中,由于在壁面上存在着正处于不同成长阶段的各种汽泡,且汽泡的尺寸不尽一致,因此实际聚并汽泡的直径要小于上述估计值。

研究水平方向上汽泡的聚并,对发展各类强化沸腾换热表面具有重要意义。沸腾换热的强化常通过增加加热面上的有效汽泡核心数来实现。各类强化换热表面往往具有很低的起始沸腾热流密度,在小温差下即可实现沸腾换热。但在高热流密度下,大量汽泡核心的存在会促使汽泡发生聚并,从而降低核态沸腾的临界热流密度。因此,进一步研究汽泡间的聚并规律,对于研制既能强化起始沸腾过程,又可保持足够高的临界热流密度的强化表面,具有重要的指导作用。汽泡从加热面上脱离后,如果液体主流温度是饱和或过热的,汽泡就会在液体中以不同速度向上运动,这种向上运动十分复杂,它和液体一起构成了复杂的汽液两相湍流。这种复杂的两相流动至今仍未得到很好的研究。

汽泡在向上运动的过程中,过热液体还在继续向汽泡内传递热量,汽泡体积将继续不断地长大。汽泡在上升过程中与液体间的换热可以达到很高的强度,因此其体积增加很快,有时甚至可达 10 倍左右。

对于一个体积逐步增大的球形汽泡,当以速度 $v_b$ 在不可压缩的液体中运动时,作用在球体上的力可以表示成

$$\frac{d}{d\tau}(m v_b)$$

其中,$m = \frac{1}{2} \rho_v V(\tau)$ 是球体的瞬时质量,$V(\tau)$ 是随时间 $\tau$ 变化的汽泡体积。该球形汽泡的上升运动,可利用静止汽泡的均匀体积膨胀运动和体积不变的汽泡以速度 $v_b$ 在液体中的向上运动的两种速度势之间的简单叠加来描述。

汽泡在液体中上升的速度 $v$ 可按照汽泡直径大小的不同分别计算。文献中指出,直径较大的汽泡的上升速度 $v_b$ 由浮升力和表面张力决定,可用下式计算:

$$v_b = 1.18 \sqrt[4]{\frac{g\sigma(\rho_l - \rho_v)}{\rho_l^2}} \qquad (6.72)$$

而直径较小的汽泡沿上升方向呈球形,其上升速度 $v_b$ 主要受黏性阻力控制,可由下式计算:

$$v_b = cg(\rho_l - \rho_v) D_b^2 / \mu_l \qquad (6.73)$$

式中,系数 $c = \frac{2}{9} \sim \frac{1}{3}$,取决于液体的物理性质。

实验结果表明,汽泡脱离加热面以后,上升汽泡的尾流对核态沸腾换热也有重要影响。尾流中液体的瞬时导热强度直接决定了汽泡等待时间的长短。图 6.10 给出了上升汽泡的尾流的示意图。

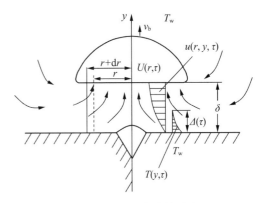

图 6.10　上升汽泡的尾流

假定上升汽泡呈半球形,上升速度为 $v_b$。汽泡尾流中液体以水平方向分速度 $u(r,y,\tau)$ 进入,去填补由于汽泡脱离和上升所造成的容积空隙。尾流区的厚度为 $\delta(\tau)$。由壁面向液体导热以及尾流中的对流换热所造成的加热壁面附近的热边界层的厚度为 $\Delta(\tau)$。

在尾流区内,流动边界条件为

$$u(r,0,\tau)=0 \tag{6.74}$$

$$u(r,0,\tau)=U(r,\tau) \tag{6.75}$$

式中,$U(r,\tau)$ 是上升汽泡底部的液体流速。尾流区的热边界条件为

$$T(0,\tau)=T_w(\tau) \tag{6.76}$$

$$T(\Delta,\tau)=T_\infty \tag{6.77}$$

初始条件为

$$\delta(0)=0 \tag{6.78}$$

$$\Delta(0)=0 \tag{6.79}$$

为计算汽泡尾流区的流场,需先考虑尾流区的质量平衡。在尾流区内取一微元圆柱环,其内径为 $r$,外径为 $r+dr$,高度为 $\delta(\tau)$。单位时间内从流体本体流入微元圆柱环的质量为

$$\dot{m}_{in}=2\pi\rho_l r\int_0^{\delta(\tau)}u(r,y,\tau)dy \tag{6.80}$$

单位时间从微元圆柱环流出的液体质量为

$$\dot{m}_{out}=2\pi\rho_1\left\{r\int_0^{\delta(\tau)}u(r,y,\tau)dy+\frac{\partial}{\partial r}\left[r\int_0^{\delta(\tau)}u(r,y,\tau)dy\right]dr\right\} \tag{6.81}$$

尾流中微元圆柱环液体的质量增量为

$$\dot{m}(\tau)=\dot{m}_{in}-\dot{m}_{out}=2\pi\rho_l r\frac{d[\delta(\tau)]}{d\tau}dr \tag{6.82}$$

将式(6.80)、式(6.81)代入上式,整理后可得

$$\frac{1}{r}\frac{\partial}{\partial r}\left[r\int_0^{\delta(\tau)}u(r,y,\tau)dy\right]=-\frac{d[\delta(\tau)]}{d\tau} \tag{6.83}$$

求解上式还需要知道尾流区内水平速度分量 $u(r,y,\tau)$ 的分布以及尾流区厚度 $\delta(\tau)$。从流动边界条件出发,有如下形式的 $u(r,y,\tau)$ 表达式:

$$\frac{u(r,y,\tau)}{U(r,\tau)}=2\xi-2\xi^3+\xi^4 \tag{6.84}$$

式中,$\xi=\dfrac{y}{\delta(\tau)}$。

将式(6.84)代入式(6.83),可得

$$\frac{1}{r}\frac{\partial}{\partial r}[rU(r,\tau)]=-\frac{10}{7}\frac{1}{\delta(\tau)}\frac{d[\delta(\tau)]}{d\tau} \tag{6.85}$$

根据上升汽泡在半无限大液体中简单的力平衡,可以得到上升速度的表达式为

$$v(\tau)=v_\infty(1-e^{-\tau/\tau_1}) \tag{6.86}$$

式中,$u_\infty$ 和 $\tau_1$ 是由经验确定的常数,其中 $v_\infty$ 是经过很长时间后,上升汽泡在液体中达到的稳定上升速度。

由于上升速度还可表示成

$$v(\tau)=\frac{d\delta(\tau)}{d\tau} \tag{6.87}$$

且应满足 $\tau=0$ 时 $\delta(0)=0$ 的初始条件,因此尾流区的厚度可由式(6.86)、式(6.87)确定,即

$$\delta(\tau)=c\left[\frac{\tau}{\tau_1}-(1-e^{-\tau/\tau_1})\right] \tag{6.88}$$

式中,$c$ 是比例常数,将式(6.88)代入式(6.85)可得

$$\frac{1}{r}\frac{\partial}{\partial r}[rU(r,\tau)]=-\frac{10}{7}\frac{1}{\tau_1}\frac{1-e^{-\tau/\tau_1}}{\frac{\tau}{\tau_1}-(1-e^{-\tau/\tau_1})}=f(\tau,\tau_1) \tag{6.89}$$

由此可得

$$U(r,\tau)=\frac{1}{r}\int rf(\tau,\tau_1)dr=\frac{1}{2}rf(\tau,\tau_1) \tag{6.90}$$

根据上面得到的尾流区流动参数,可以对尾流区换热进行计算。

由于汽泡的聚并和上升运动十分复杂,目前研究仍处于初期阶段。可以预料,对汽泡聚并过程和上升运动进行深入研究,对揭示核态沸腾换热和沸腾临界现象的形成机理将起重大作用。

## 6.2  单气泡的形成

上节主要讨论了沸腾中的汽泡动力学问题,下面讨论因混合分散而引起的气泡的形成。

对于气体往液体中的分散这类两相分散过程的实际应用而言,由于存在着对混合起支配作用的动力效应,通常没有必要去考虑分子扩散对混合过程的影响。这里我们将对几个可能的分散机理进行讨论。

混合过程的一个简单例子是将气体强制通过浸没在液体中的一个(或多个)锐孔,根据气体的流量大小,以气体或单独气泡的形式从锐孔中出来(低流量)或成射流连续射出(高流量),然后射流随即破碎成不同尺寸的气泡,如图 6.11 所示。本节先考察在单一锐孔且低流量情况下气泡的形成现象,并将通过锐孔注入液体中的气体流量当作一个恒值。

对于浸没在液体中的单一锐孔中的气泡形成已有许多研究报道,但在这些研究的结果中,对于涉及两相系统中气泡大小的一般化理论尚无确定的结论。下面我们将对现象进行一些必要

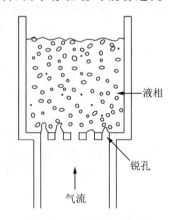

图 6.11  **典型气-液系统**

的理论分析,以期从已有的实验数据中求得一些理性理解或认识。

图 6.12 表示一个气泡附着在孔板口上的情况,气体流入气泡,气流本身的动量要使气泡脱离,浮力也要使气泡脱离,因气泡形成及上升引起周围液体的对流也要使气泡脱离,但是表面张力、气泡长大时液体对气泡的反作用力,以及在黏性流体中液体对气泡的阻力,均使气泡附着在孔口上。在气泡脱离的瞬间,使气泡脱离的力和使气泡附着在孔口上的力相互平衡,由这一条件可以确定脱离时气泡的直径。

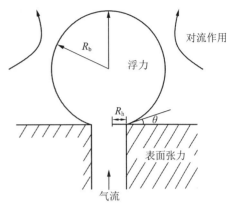

图 6.12　单孔口上气泡的形成

当气体流量较小,由气泡上升引起的液体对流作用不大时,上述各项力中除了浮力和表面张力以外,其他各种力相对较小,可略去不计,则有力平衡方程式:

$$\frac{4}{3}\pi R_b^3(\rho_l-\rho_g)g=2\pi R_h\sigma \tag{6.91}$$

由上式可得气泡脱离孔板时的半径为

$$R_b=\sqrt[3]{\frac{3R_h\sigma}{2g(\rho_l-\rho_g)}} \tag{6.92}$$

或写为

$$\frac{R_b}{R_h}=1.14\sqrt[3]{\frac{\sigma}{2g(\rho_l-\rho_g)R_h^2}} \tag{6.93}$$

上式只适用于孔口半径 $R_h$ 较小以及气泡脱离半径 $R_b$ 大于 $R_h$ 的情况。当 $R_h$ 较大时,按上式计算出的气泡半径 $R_b$ 可能小于 $R_h$,这与实际情况不符。例如,对于水和水蒸气系统,当 $P=0.1$ MPa 时,只有当 $R_h<3$ mm 时才能使用上式来计算气泡脱离半径 $R_b$;当 $P=10$ MPa 时,只有 $R_h\leqslant 1.7$ mm 时才可使用。

多数研究者认为,气泡分两个阶段形成,第一阶段为膨胀阶段,第二阶段为脱离阶段。在第一阶段中,气泡球形膨胀,但它不脱离孔口。在第二阶段中,气泡向上移动,脱离孔口但仍然通过一个"颈"与孔口接触,如图 6.13 所示。

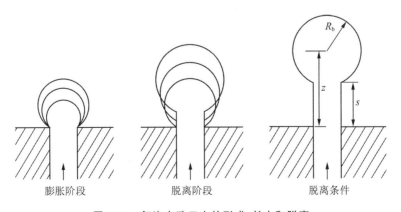

膨胀阶段　　　　　脱离阶段　　　　　脱离条件

图 6.13　气泡在孔口上的形成、长大和脱离

如何确定气泡的脱离条件是影响预测气泡脱离尺寸的重要因素之一。所谓脱离条件，是指气泡脱离时气泡中心到孔口的距离。不同的研究者提出了不同的气泡脱离条件。

Davidson 和 Schuler(1969a,b)假定气泡的脱离条件为

$$z = R_b \tag{6.94}$$

而 Kumar 等(1969a,b)假定气泡的脱离条件为

$$z - R_b = s = \left(\frac{3V_f}{4}\right)^{\frac{1}{3}} \tag{6.95}$$

式中，$z$ 为气泡中心到孔口的距离；$R_b$ 为气泡脱离时的半径；$V_f$ 为第一阶段结束时的气泡体积；$s$ 为气泡脱离时"颈"的长度。

Kumar 等(1969)认为，气泡的脱离条件是气泡中心到孔口的距离等于第一阶段结束时的气泡半径，这样下一个气泡不至于与该气泡合并。

Tsuge(1978)则认为，当气泡脱离时，存在下列关系：

$$z - R_b = d_h \tag{6.96}$$

式中，$d_h$ 为孔径。

基于前人的实验测量，Gaddis 和 Vogelpohl(1986)认为，当气泡脱离时，存在下列关系：

$$s = \frac{3d}{4} \tag{6.97}$$

式中，$d$ 为气泡脱离时的直径。

根据式(6.97)可推导出一个预测气泡脱离直径的关联式。预测值与实验值比较，二者吻合度较高。

图 6.14 所示为 Gaddis 和 Vogelpohl 提出的计算模型示意图。

作用在气泡上的力有浮力 $F_b$ 和压力 $F_p$。其中，浮力 $F_b$ 为

$$F_b = \frac{\pi}{6} d^3 (\rho_l - \rho_g) g \tag{6.98}$$

从上式推知，气体压力 $p_g$ 等于气泡基础平面处的液体压力 $p_l$，由于 $p_g > p_l$，所以压力 $F_p$ 为

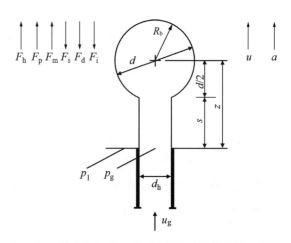

图 6.14　Gaddis 和 Vogelpohl 提出的计算模型示意图

$$F_p = \frac{\pi}{4} d_h^2 (\rho_g - \rho_l) \tag{6.99}$$

计算表明，$F_p$ 数值很小，可略去。

气体动量力 $F_m$ 为

$$F_m = \frac{\pi}{4} d_h^2 \rho_g u_g^2 \tag{6.100}$$

表面张力 $F_s$ 为

$$F_s = \pi d_h \sigma \tag{6.101}$$

曳拉力 $F_d$ 为

$$F_d = \frac{\pi}{4} d^2 C_D \frac{\rho_l u^2}{2} \tag{6.102}$$

在较大的 $Re$ 范围内,存在下列关系:

$$C_D = \frac{24}{Re} + 1 \tag{6.103}$$

其中

$$Re = \frac{ud}{\nu_l}$$

式中,$\nu_l$ 为液相的运动黏度。

假设气泡速度可用气泡形成期间的平均速度表示,则有

$$u = \frac{z}{t_b} \tag{6.104}$$

式中,$z$ 为脱离时刻气泡中心的位移;$t_b$ 为气泡的形成时间。

由图 6.13 可知,

$$z = \frac{d}{2} + s \tag{6.105}$$

式中,$s$ 为气泡脱离时刻的"颈"长。

假设气泡脱离时有下列关系:

$$z = \frac{3}{4} d \tag{6.106}$$

气泡形成时间为

$$t_b = \frac{V}{Q} = \frac{\pi d^3}{6Q} \tag{6.107}$$

则

$$u = \frac{9Q}{\pi d^2} \tag{6.108}$$

式中,$Q$ 为通过孔口的气体流量。

因此

$$F_d = \frac{27 \upsilon_l \rho_l Q}{2d} + \frac{81 \rho_l Q^2}{32 \pi d^2} \tag{6.109}$$

惯性力 $F_i$ 为

$$F_i = (\rho_g V + \rho_l V_l) a \tag{6.110}$$

式中,$V_l$ 为随气泡体积运动的液相容积,计算表达式为

$$V_l = \frac{11}{16} V \tag{6.111}$$

假定气泡脱离的加速度为

$$a = \frac{u}{t_b} \tag{6.112}$$

则最后可得

$$F_i = \left( \frac{99}{32\pi} + \frac{9\rho_g}{2\pi\rho_l} \right) \frac{\rho_l Q^2}{d^2} \tag{6.113}$$

气泡脱离时,存在下列力平衡式:

$$F_b + F_m = F_s + F_d + F_i \tag{6.114}$$

将以上各式代入并整理后,可以得到

$$d^3 = s + \frac{L}{d} + \frac{T}{d^2} \tag{6.115}$$

式中,

$$s = \frac{6 d_h \sigma}{(\rho_l - \rho_g) g} \left( 1 - \frac{We}{4} \right) \tag{6.116}$$

$$We = \frac{d_h \rho_g u_g^2}{\sigma} = \frac{16 \rho_g Q^2}{\pi d_h^3 \sigma} \tag{6.117}$$

$$L = \frac{81 \nu_l \rho_l Q}{\pi (\rho_l - \rho_g) g} \tag{6.118}$$

$$T = \left( \frac{135}{4\pi^2} + \frac{27\rho_g}{\pi^2 \rho_l} \right) \frac{\rho_l Q^2}{(\rho_l - \rho_g) g} \tag{6.119}$$

若气泡在孔口上形成,则孔板下面的气室容积对气泡的形成过程有很大的影响。液体及气体的物理性质(如黏度、密度等)对气泡形成的影响已有广泛的研究。前人的研究工作绝大多数是在静止液体中完成的,且一般是在垂直向上引入流量较小的气体的条件下完成的。因此,气体引入倾角对气泡形成的影响还研究得尚不充分,而对在液体流动条件下的气泡形成则较少有人研究。前人对流动液体对气泡形成的影响的研究多是在液体流动方向与气体引入方向相同或相反的条件下进行的。尽管也有人研究液体水平流动、气体垂直向上引入液体时的气泡形成,但对液体垂直流动、气体水平引入液体时的气泡形成研究较少,对气泡在液体中的上升速度的研究则多是单一气泡在封闭于管内的液体中的上升速度。对连续气泡在封闭的静止液体中的形成及其沿内壁的移动速度的研究则更少。虽然在恒压条件下,许多人研究气泡在孔板口上的形成,但对平均气体流量较小时可能引起的液体经由孔口漏到下面气室中的问题则很少有人注意到。

目前的研究工作多是在气体垂直向上引入液体的条件下完成的,对气体以与垂直方向成一角度的条件下引入液体时的气泡形成则研究得尚不充分。Miyahara 等(1983)研究了高气体流量条件下的气泡形成,发现了一些新的现象,但他们没有对孔板倾斜角度的影响进行研究。Sullian 等(1956)研究了孔板倾斜时的气泡形成。当孔板从水平方向变化到垂直方向时,孔板的开孔直径从 1.59 mm 变化到 3.96 mm,气体(空气)的流量范围为 0.1~100 mL/s,液体的表面张力为(17.8~72.4)×10⁻¹ N/m,黏度范围为 0.0436~71.3 kg/(m·s)。研究表明,孔板倾斜角度对气泡形成有一定的影响。Kumar 等(1969a)研究了气体引入倾斜角度对气泡形成的影响。Takahashi 等(1983)研究了倾斜角度的影响。但这些学者研究的气体流量均较低。为了明确不同的气体引入倾角对气泡形成的影响,车得福等(1990a,1994c)研究了高气体流量下,气体喷入液体的倾角对气泡大小的影响,同时也研究了在不同的倾角下,不同的导管直径及不同的气体流量大小对气泡脱离容积的影响。结果表明,在高气体流量下,气泡在静止液体中的形成、脱离和运动等过程比低气体流量时更为复杂,气泡的聚并经常发生。在引用文献数据或采用文献关联式来计算气泡脱离容积时,必须明确试验条件、试验范围,以及气泡脱离尺寸的定义。当气泡在静止液体中形成时,气泡脱离容积的最主要影响因素是引入的气体流量,流量越高,气泡的脱离容积越大;气体引入倾角对气泡的脱离尺寸有一定的影响,但当这一倾角变化不大时,气泡的脱离尺寸并无显著的变化;导管直径对气泡脱离尺寸的影响也不大。

车得福等(1990a,b,c;1994b)研究了连续气泡在倾斜下表面上的形成及沿滑壁面的移动速度,并首次研究了气泡在倾斜下表面上的形成及脱离后的气泡沿壁面的移动速度。结果表明,除气体流量外,下表面倾斜角度也对气泡的脱离尺寸有显著的影响,下表面与水平面的夹角越大,气泡的脱离尺寸越小;导管直径对气泡脱离尺寸的影响不大。气泡沿倾斜下表面壁面的移动速度依赖气泡的尺寸,尺寸越大,气泡沿壁面的移动速度越大。他还在力平衡概念下(牛顿第二定律),获得了预测气泡在倾斜下表面上形成时,气泡脱离容积及气泡沿壁面移动速度的关联式。计算表明,预测值与试验值的吻合度较高。

对于气体垂直向上引入静止液体中的气泡的形成,已有许多文献可供参考。对于流动液体的流动方向与气体引入方向相同(顺向流动)或相反(逆向流动)时的气泡形成也有人进行了研究(Rabiger 和 Vogelpohl,1982,1983;Klug 和 Vogelpohl,1983;Chuang 等,1970)。对于气体引入方向与液体流动方向垂直(交叉流动)或成某一角度的情况下的气泡形成则研究得尚不充分。Tsuge 等(1981)试验研究了交叉流动情况下,液体水平流动时,流动速度对单一孔板上的气泡脱离容积的影响。试验段为一内径为 70 mm 的有机玻璃管。孔板口的上缘置于低于管中心线 2.5 mm 处,平均液体流速从 0 变化到 13 cm/s,孔板开孔直径从 0.95 mm 变化到 2.52 mm,气体流量范围为 0.1～12 mL/s,氮气和自来水分别作为气体和液体,孔板下面的气室容积从 63 mL 变化到 200 mL。后来,他们进一步报道了横向流动的液体的流速对气泡脱离容积的影响。在试验中,他们使用了与前文相同的试验装置,但采用了较大的气室容积。试验结果表明,在同样的气体流量条件下,气泡脱离容积随液体流速的增加而减小。Sullivan 等(1964)研究了水平横向流过孔板的液体的流速对孔气泡形成的影响。液体流速从 0.34 cm/s 变化到 2.5 cm/s,流动为层流,孔板开孔直径从 1.5875 mm 变化到 3.175 mm,气体流量范围为 0.5～100 mL/s。试验表明,流动液体中的气泡形成在性质上与静止液体中的相同。在低气体流量下,液体流速对气泡的脱离频率影响很小;在高气体流量下,全部的试验表明,对任意气体流量,气泡的脱离频率随液体流速的增加而减小。根据上面的叙述,Tsuqe 等的试验研究中,气体流量的变化范围是较窄的;而 Sullivan 等试验研究中,液体流动仅局限为层流,未对湍流进行研究。

气泡从孔口上脱离后,就会在液体中上升而形成所谓的浮泡流动。当液体的表面呈曲面形状时,作用于液体表面周界上的力就表现为在液体表面上形成的附加压力。因此,凸面球体内部液体的压力大于外部压力,此压力差可以用拉普拉斯(Laplace)公式计算:

$$\Delta p = \sigma \left( \frac{1}{R_1} + \frac{1}{R_2} \right) \tag{6.120}$$

式中,$\sigma$ 为表面张力系数,N/m;$R_1$ 和 $R_2$ 为曲面的两个互相垂直的截面的曲率半径,m。

对于正球体,$R_1 = R_2$,则有

$$\Delta p = \frac{2\sigma}{R} \tag{6.121}$$

由式(6.121)可知,气泡内的压力大于四周液体的压力。若在液体中流动的气泡尺寸越小,则气泡内、外压力差越大,越容易保持球形;相反,随着气泡尺寸的增大,愈不易形成球形而成为扁平形,如图 6.15 所示。

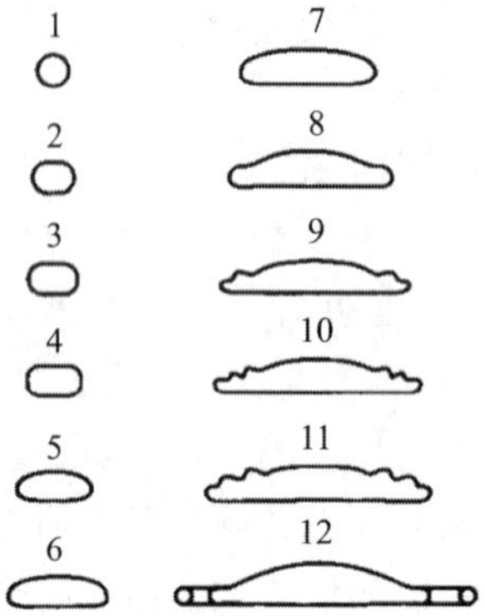

1—$V=0.01$ cm³;2—$V=0.05$ cm³;3—$V=0.15$ cm³;4—$V=0.28$ cm³;
5—$V=0.5$ cm³;6—$V=1.0$ cm³;7—$V=1.43$ cm³;8—$V=2.5$ cm³;
9—$V=4.0$ cm³;10—$V=13.3$ cm³;11—$V=20.0$ cm³;12—$V=20.0$ cm³。

图 6.15　不同尺寸的气泡的形状

一般情况下,直径在 0.1 mm 以下的气泡才呈球形,其上升时如同固体球形粒子一样服从 Stokes 定律。此时,$Re<1$（这里,$Re=\dfrac{ud_b}{\nu_1}$,$u$ 为气泡上升速度,$d_b$ 为气泡直径,$\nu_1$ 为液体的运动黏度）;当 $Re>200\sim300$ 时,其阻力可近似地按下式计算:

$$F_d=C_D\frac{\rho_1u^2\pi d_b^2}{2} \tag{6.122}$$

式中,阻力系数 $C_D\approx0.55\sim0.65$,可取其平均值 0.6 进行计算。

目前只能对球形气泡的流动作精确的理论分析,即只能分析小气泡的浮泡流动。

当单个气泡在水中上浮时,作用在气泡上的力有浮力和周围液体对它的阻力,其平衡方程式为

$$C_DA\frac{\rho_1u^2}{2}=(\rho_1-\rho_g)gV \tag{6.123}$$

式中,$u$ 为气泡的上浮速度;$A$ 为气泡的迎流投影面积;$V$ 为气泡的体积。

整理上式得

$$u=\sqrt{\frac{2(\rho_1-\rho_g)gV}{C_D\rho_1A}} \tag{6.124}$$

当 $Re$ 接近 700 时(通常情况下相当于 $d_b=2\sim3$ mm),气泡呈压扁的椭球形。此时气泡处于上升过程,其速度和阻力都发生波动。这是由于气泡在上升时受到液体的阻力而变形,使各方向的阻力不等,而气泡上升又自发地向阻力最小的方向前进,这又改变了阻力的大小和方向,使上升的轨迹不是垂直向上,而呈图 6.16 所示的样子。

对于水中上浮的扁球形气泡(图 6.17),上升过程中气泡改变形状,

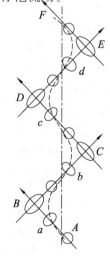

图 6.16　单个气泡
在液体中流动轨迹

假设主要是厚度的改变,此时气泡的形状按扁的柱体处理,则阻力改变气泡形状所做的功等于气泡表面能的变化,即

$$dL = C_D A \frac{\rho_l u^2}{2} d\delta = -\sigma dA$$

式中,$A$ 为气泡的横截面积。

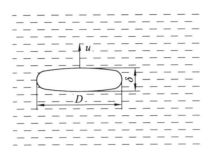

图 6.17　在水中上浮的扁球形气泡

若气泡变形时其体积保持不变,则有

$$A\delta = \text{const}$$
$$A d\delta + \delta dA = 0$$

故有

$$\delta = \frac{2\sigma}{C_D \rho_l u^2} = \frac{u}{A}$$

由阻力和浮力相等的条件,可得

$$u = \sqrt[4]{\frac{4g\sigma(\rho_l - \rho_g)}{C_D^2 \rho_l^2}} \tag{6.125}$$

由此式可知,大的扁球形气泡的上浮速度与其尺寸无关。

式(6.124)和式(6.125)代表两种极限气泡的流动工况。其中,式(6.124)对应于极小的气泡,而式(6.125)对应于极大的气泡。

只有球形气泡才可以直接进行有关的理论计算,实际应用中单一气泡上浮速度的计算式都是一些应用相似理论综合试验数据所得到的经验公式。

## 6.3　密集鼓泡

在足够大的气体和液体流量下,气体与液体的混合将产生气泡的密集运动,气泡的运动反过来促成液体的强烈混合。这种混合体根据气体和液体的流量大小,会呈现不同的流体动力学状态,从而导致结构上的变化。这种结构可用其水力阻力来表征。对于气体强制通过一排锐孔而注入液体中的这种特定情况,水力阻力取决于容器内的液体高度及气液接触表面积,故可用气泡大小、气含率和液柱高度加以定义。

在低流量下,气体以固定的时间间隔从锐孔里产生气泡而通过液体混合物。在此条件下,液体自由界面上形成了一层由扩大了的、紧密堆积的和变了形的气泡群组成的蜂窝状泡

沫。当表观气速增加时,蜂窝泡沫层变厚,最后在某个气液流量比下,整个鼓泡混合物转化成蜂窝状的泡沫。

当气体流量增加时,气体注入液体的模式也发生变化。锐孔产生的不是气泡,而是喷射流,其在液体动力作用下粉碎成气泡。气体流量的增加妨碍了液体的向下循环流动。当达到某临界气速、向下流到锐孔上去的液体量不足以产生新的气泡时,蜂窝泡沫层的高度达到最大。此时泡沫开始破裂,进一步增加表观气速(至 1.0 m/s)时,混合体结构将发生急剧变化——从蜂窝泡沫状态转变为发达的湍流状态。在此流型下,鼓泡过程与液体被粉碎成液滴的过程同时发生。当再次增大表观气速(至 3.0 m/s)时,鼓泡混合物整个被破坏,液体完全变成了为气流所夹带的液滴。

在蜂窝泡沫条件被破坏后出现的流型区间具有重大的实际意义。此区间气体流量的下限值可用 Froude 数大于 1[$Fr=v_s^2/(gh)>1$]来确定,这里 $v_s$ 是气体表观速度,$h$ 是液柱高度,$g$ 是重力加速度);而从一个区间向另一区间的转变,则可由气体和液体的流量以及流动系统的几何特性来确定。

### 6.3.1 密集鼓泡中的湍流描述

一个大的气泡群穿透液体的运动将导致气液两相间完全的混合,也即将形成充分发展的湍流状态。下面我们将以均匀各向同性的湍流理论为基础来研究密集鼓泡问题,并进一步假定通入液体的气体能量将传递到液体,并被液体的湍流流动所耗散。首先对以下几个通常用来定义湍流流动的量加以说明。

众所周知,在高雷诺数流动中总存在湍流旋涡,这些旋涡通常可按其尺度来分类。流动的大部分能量包含在大旋涡里,其尺度在数量级上可与流动系统最大的尺寸(也即管或容器直径)相比拟,而且这些大尺度旋涡的速度也可与系统内流体的平均速度相比拟。因此,大旋涡的雷诺数也与流体平均(或按时间平均的)流动的雷诺数有相同的数量级。

湍流运动的动能不断地从大旋涡传递给尺度较小的旋涡,直到它消失在最小的旋涡中,这种旋涡里液体的运动具有黏性流的性质。根据均匀各向同性湍流假设,那些远比大尺度旋涡小的旋涡在统计意义上是与大旋涡无关的,其性质可单独用局部能量耗散来确定。这种均匀各向同性的湍流仅存在于远比封闭系统容积小的小流动区域内,而大尺度的湍流运动由于受到壁效应的影响而明显地偏离各向同性的状况。液体黏度仅对小尺度旋涡运动有影响,描述大尺度旋涡运动的量则与液体黏度无关。

能量的耗散是用大尺度旋涡的性质来确定的,这种能量耗散与大尺度旋涡的性质间的关系可由下式表示:

$$\varepsilon \simeq U^3/l \tag{6.126}$$

式中,$\varepsilon$ 是单位质量和时间内的能量耗散;$U$ 是大旋涡的特征(或有代表性的)速度;$l$ 是大旋涡的特征尺寸。

湍流流动的特征压差通常用下式表达:

$$\Delta p \approx \rho_f U^2 \tag{6.127}$$

式中,$\rho_f$ 是液体的密度。

湍流液体本身的运动速度 $v_\tau$ 是以在微小的时间 $\tau$ 内液体微元的速度变化来表示的,它

依赖湍流的局部性质和时间间隔,并能写成

$$v_\tau \simeq (\varepsilon\tau)^{1/2} \tag{6.128}$$

要使用式(6.126)、式(6.127)和式(6.128),首先要知道特征(或有代表性的)速度和大旋涡的尺寸。如上所述,大旋涡的尺寸是可以与流动系统的最大尺寸即气-液混合物的高度或液体容器的直径相比拟的。而大旋涡的特征速度可以用在鼓泡过程中气体所做的功来求取。这部分能量的损失是由克服重力所做的功和克服表面力所做的功所构成的。强烈鼓泡时,克服表面力所做的功很小,因而可以忽略。气体喷入液体的总动能 $E$ 转变成液体的位能,而后再转换为下降液流的动能。在此过程中,气体通过液体所做的功可写成

$$E = \rho f Q g_h \left(\frac{\phi}{1-\phi}\right) \tag{6.129}$$

式中,$Q$ 是液体的容积;$\phi$ 是气体空隙率(定义为气体体积对总体积之比)。当用在容器里的气体体积 $Q\left(\dfrac{\phi}{1-\phi}\right)$ 去除这个功时,其结果在数值上等于容器里的压强 $\Delta p$。

结合式(6.127)进行考虑,可给出大尺度旋涡的速度为

$$U = \text{const} \cdot \left(\frac{\Delta p}{\rho_f}\right)^{1/2} = \text{const} \cdot (gh)^{1/2} \tag{6.130}$$

以上我们定义了表征湍流流动的各个量,接下来就可以研究液体湍流对气泡运动的影响了。

### 6.3.2　密集鼓泡中的气泡尺寸

在强烈的密集鼓泡操作下,由于气-液间的动力学相互作用造成了气泡破碎和聚并,在气液混合物里形成了大小相当均匀的气泡。实验表明,气泡大小与表面张力和液体黏度有关,而气体的物理性质对气泡大小没有明显的影响。在低气体流量下,气泡的半径随液体黏度的增大而增大。例如,在气体表观速度为 4 mm/s 时,液体黏度从 $5\times10^{-2}$ g/cm·s 增加到 1 g/cm·s,气泡半径增加了一倍。

在密集鼓泡操作下,气泡直径一般与流动系统的几何特性(即气体分布器的锐孔直径)也无关。例如,将空气-水系统锐孔直径增大 100 倍,气泡直径仅增加 2 倍。但当设备的直径小于 200 mm 时,壁效应对气泡大小会有一些影响。

在密集鼓泡过程中,气泡是一个扁的椭球形,其短轴平行于运动的方向,令浮力等于阻力,则可估算这些气泡上升的速度为

$$v_c \simeq \left(\frac{\sigma^2 g}{3\pi\mu_f \rho_f}\right)^{1/5} \tag{6.131}$$

式中,$v_c$ 是气泡中心的速度。值得注意的是,这里考虑了表面张力 $\sigma$,因为它影响气泡的形状,从而亦对阻力有影响。

我们注意到式(6.131)由于采用系统的性质来定义气泡的运动性质和速度,因此对密集鼓泡情况下获得气泡大小的信息来说十分有用。已知在不变的力的作用下黏性液体的运动存在一明显的位能,这时速度的分布应正好能够使得所耗散的能量最小。因此,我们可以用气液混合物中的气泡的相对运动方程来估算平均气泡直径:

$$g(\rho_f - \rho_g)V - C_D \frac{\rho_f v_c^2}{2} A_b - (\rho_g + k\rho_f)V \frac{dv_c}{dt} = 0 \qquad (6.132)$$

式中,$\rho_f$是液体密度;$\rho_g$为气体密度;$V$为气泡体积;$C_D$为阻力系数;$A_b$为气泡的横截面积;$k$为表观附加质量系数(对于球形气泡,$k=0.5$)。

我们已经获知,当气体通过一个(或多个)锐孔鼓入盛有液体的容器时,在鼓泡混合物的主体里,其气含率(定义为气体容积对总容积之比)和气泡上升速度$v_c$仅是混合物内状态的缓慢变化的函数,故有$\phi \simeq$ 常数及$v_c \simeq$ 常数。在蒸汽-水系统中,若忽略通常比$\rho_f$要小3个数量级的$\rho_g$,并考虑到在定常态下$dv_c/dt=0$,则式(6.132)可重写为

$$g\rho_f V - C_D \frac{\rho_f v_c^2}{2} A_b = 0$$

为把此式转化成能量方程,在方程两端乘以$dz$($z$是垂直坐标),可以得到

$$g\rho_f V dz - C_D \frac{\rho_f v_c^2}{2} A_b dz = 0$$

从任一$z$值到$h$间积分,可得气泡能量耗散的表达式为

$$e_b = g\rho_f V(h-z) + C_D \frac{\rho_f v_c^2}{2} A_b z \qquad (6.133)$$

式中,$h$是气泡的总行程距离(等于液体的深度)。这里已使用总能量耗散$e_b = C_D \dfrac{\rho_f v_c^2}{2} A_b h$的条件,这就是气泡克服阻力$\left(e_b = C_D \dfrac{\rho_f v_c^2}{2} A_b\right)$经过$h$距离所做功的表达式。

注意在式(6.133)里忽略了消耗在气泡表面形成时的能量,因为它与克服液体阻力所消耗的能量$e_b = C_D \dfrac{\rho_f v_c^2}{2} A_b z$相比,或者说与消耗在形成接触表面上的能量相比是很小的,即

$$4\pi r_b^2 \sigma \ll \frac{\rho_f v_c^2}{2} A_b h$$

上式右端是度量气泡通过距离$h$克服阻力所做的功,$r_b$是平均气泡半径。现将式(6.133)对半径求导并令其等于零来求得具有最小能量耗散的平均气泡半径,其最大可能的气泡状态为

$$4\pi \rho_f z r_b^2 g - C_D \pi \rho_f v_c^2 z r_b = 0$$

或

$$r_b \simeq \frac{C_D v_c^2}{4g} \qquad (6.134)$$

注意在式(6.133)中忽略了$g\rho_f V_h$项以消除式(6.134)中$r_b$对$z$的依赖关系。当然,这就相当于认为$z/(h-z) \simeq 1$。从式(6.131)和式(6.134)中可以看出,气泡半径是随表面张力的增加和液体黏度的减小而增加的。

为确定气泡半径,我们还需要知道阻力系数$C_D$,这可以从实验数据中获得。将实验数据与式(6.131)和式(6.134)的计算值比较后表明,式(6.134)能很好地用来估算在密集鼓泡情况下的平均气泡尺寸。

现在我们不用动量方程来确定在密集鼓泡下的平均气泡尺寸,还用最小能量耗散这一概念,只是用意有所不同而已。假如有气泡速度作为气泡尺寸函数的实验数据,就可用下面的方法来计算平均气泡尺寸。

当气泡在浮力和阻力作用下上升并达到终端速度时,浮力和阻力相平衡,单位时间内气泡能量的耗散由下式给出:

$$\frac{\mathrm{d}e_b}{\mathrm{d}t}=F_D v_c \qquad (6.135)$$

式中,$F_D$ 是阻力;$e_b$ 是气泡的能量耗散。由上述可知 $F_D=F_b$,这里 $F_b$ 是浮力。这意味着 $\mathrm{d}e_b/\mathrm{d}t=F_b v_c$,因为 $F_b$ 是一常数,所以 $\dfrac{\mathrm{d}e_b}{\mathrm{d}t}\propto v_c$,根据最小能量耗散的原则,可知在最小 $v_c$ 时 $\mathrm{d}e_b/\mathrm{d}t$ 最小。

因此,知道了作为气泡直径函数的速度 $v_c$,最可能的气泡半径便是在 $v_c$ 为最小时的那个半径。

 习　题

1. 说明在垂直上升管的气液两相泡状流流动型态下,细小气泡为什么具有向管道中心聚集的趋势,并给出单个气泡的受力分析和关系式。

2. 池沸腾条件下,汽泡生长主要分为哪两个阶段? 说明各个阶段的主要影响因素和特征。

3. 简要说明汽泡在不同导热性壁面的成长差异。

4. 试分析气泡从锐孔注入液相中的受力情况。

5. 20 ℃时分别计算纯水中直径为 20 $\mu m$ 和 200 $\mu m$ 的球形气泡的拉普拉斯压力,并总结其规律。推导两个球形气泡共用一个液膜时的拉普拉斯压力差。

# 第 7 章

## ▶▶▶ 空化理论及其在流体机械中的应用

　　空化是指在液体流场的低压区域形成蒸气空泡的过程,其危害分为 3 个方面。第一,空化会导致材料表面的破坏。当空泡输送到高压区时,空泡破裂,靠近空泡破裂位置的材料表面就会受到破坏。大多数水力机械的设计者认为,空化破坏可能是空化中最大的问题。然而,以完全消除空化为目标的研究曾经有很多,但事实证明这几乎不可能。因此,对空化破坏的研究方向已调整为尽量降低空化的负面作用。第二,空化会导致泵等水力机械的水力性能的明显下降。对泵而言,通常当进口压力降低到某种程度时,其性能会急剧下降,这种现象被定义为空化断裂。空化的这种负面作用自然会影响泵的设计,即需要对泵的设计进行改进以使空化对泵性能的负面影响降到最低,或者在空化依然存在的情况下通过其他方法提高泵的性能。第三,空化不仅会对定常态的流体流动产生影响,而且会影响流动的非定常特性或者动态响应特性,动态响应特性的改变会使流动出现不稳定性。这种不稳定性在没有空化的时候不会发生,其特性会导致流量和压力的振荡,从而引起泵以及进出口管路的结构破坏。由空化引起的各种各样的非定常流动的分类目前还没有完全建立起来。

## 7.1　空化参数与空化初生

### 7.1.1　空化参数

　　也许有人会想到当液体中的压力降低到流体工作温度的汽化压力 $p_V$ 时,蒸气空泡就会形成。由于考虑了很多复杂因素,在以后的讨论中空化过程与该假说不一致。

　　通常应用式(7.1)将任意流动中的静压力 $p$ 化为量纲为 1 的压力系数,即 $C_p$ 为

$$C_p = \frac{p - p_1}{\frac{1}{2}\rho U^2} \tag{7.1}$$

式中,$p_1$ 为基准静压,这里采用的是泵进口处的压力;$U$ 是基准速度,这里采用的是叶片进口边前盖板处的速度 $\Omega R_{T1}$。需要注意的是,由于刚性边界内不可压缩流体流动,$C_p$ 仅与边界的形状和雷诺数 $Re$ 相关,此处雷诺数 $Re$ 定义为 $2\Omega R_{T1}^2/\nu$,其中 $\nu$ 为流体的运动黏度。此外,在没有发生空化的时候,流速和压力系数与压力本身的大小无关。例如,当进口压力 $p_1$ 发生变化时,会引起其他点压力的同等变化,但 $C_p$ 自身并没有变动。对于预先给定流速、形状和雷诺数的流动,其中某点的压力最低,该点的最低压力 $p_{min}$ 和进口压力 $p_1$ 的差为

$$C_{p\min}=\frac{p_{\min}-p_1}{\frac{1}{2}\rho\,U^2}\tag{7.2}$$

式中，$C_{p\min}$ 为负值，它仅仅与装置（泵）的形状和雷诺数相关。可以通过试验或者理论的方法得到 $C_{p\min}$ 的值，假设空化开始发生时 $p_{\min}=p_V$，就可以建立进口压力 $p_1$ 的计算公式：

$$p_{1c}=p_V+\frac{1}{2}\rho\,U^2(-C_{p\min})\tag{7.3}$$

式中，$p_{1c}$ 为空化开始发生时的泵进口压力，当给定装置、流体和流体温度后，该值仅与速度 $U$ 相关。

在传统的方法中，有几个特定的无量纲数用于分析空化发生的可能性，其中最基本的可能是空化数 $\sigma$，其定义为

$$\sigma=\frac{p_1-p_V}{\frac{1}{2}\rho\,U^2}\tag{7.4}$$

很显然，不论是否有空化发生，不同的流动有不同的 $\sigma$ 值。然而，随着进口压力 $p_1$ 的降低，当空化开始发生的时候，此特定条件下的进口压力 $p_1$ 对应一个特定的 $\sigma$ 的值，该值称为初生空化数，用 $\sigma_i$ 表示为

$$\sigma_i=\frac{p_{1c}-p_V}{\frac{1}{2}\rho\,U^2}\tag{7.5}$$

如果认为空化在 $p_{\min}=p_V$ 时初生，那么结合式（7.3）和式（7.5）可以很明显地看出该准则对应空化初生数 $\sigma_i=-C_{p\min}$。然而在实际流动中，空化发生时 $p_{\min}$ 与 $p_V$ 不相等，因此 $\sigma_i$ 与 $-C_{p\min}$ 的值不同。

空化数的定义在不同文献中可能有不同的形式，通常将叶片进口边前盖板处的速度 $\Omega R_{T1}$ 作为基准速度 $U$，有时也采用进口边前盖板处的相对速度作为基准速度。通常这两个速度的值差别不大，因此两个空化数的差别也较小。

在泵和水轮机专业中，除了一些专用术语外，还频繁采用一些其他形式的空化参数来替代。例如，净正吸入压力 NPSP 表示的是压力差 $p_1^T=p_{1c}-p_V$，其中 $p_1^T$ 是进口总压，计算公式如下：

$$p_1^T=p_1+\frac{1}{2}\rho\,v_1^2\tag{7.6}$$

泵的进、出口流量系数 $\phi_1$ 和 $\phi_2$ 分别为

$$\phi_1=\frac{Q}{A_1R_{T1}\Omega}$$
$$\phi_2=\frac{Q}{A_2R_{T2}\Omega}\tag{7.7}$$

式中，$Q$ 为体积流量；$A_1$ 和 $A_2$ 分别为进口和出口的过流面积。

由式（7.4）、式（7.6）和式（7.7）可得

$$p_1^T-p_V=\frac{1}{2}\rho\,\Omega^2R_{T1}^2(\sigma+\phi_1^2)\tag{7.8}$$

此外,净正吸能 NPSE 定义为 $(p_1^T - p_v)/\rho$,净正吸头 NPSH 定义为 $(p_1^T - p_v)/\rho g$。同比转速一样,将上述公式量纲归一化后可得

$$S = \frac{\Omega \sqrt{Q}}{(\mathrm{NPSE})^{\frac{3}{4}}} \tag{7.9}$$

式中,$S$ 称为吸入比转速。同比转速 $N$ 一样,吸入比转速也是一个量纲为 1 的数,其计算也应采用同系列的一套单位值。例如,转速 $\Omega$ 的单位为 rad/s、流量 $Q$ 的单位为 $\mathrm{ft^3/s}$、NPSE 的单位为 $\mathrm{ft^2/s^2}$。美国的传统计算方法是转速 $\Omega$ 采用 r/min、流量 $Q$ 采用 g/m 作为单位,NPSE 则由单位为 ft 的 NPSH 代替。同比转速的情况一样,美国传统的吸入比转速计算可以将本书中的量纲为 1 的计算结果乘以 2734.6 获得。

吸入比转速就是进口压力(或者称之为吸入压力)量纲化一后的值,从这个意义上说它与空化数的概念是相同的。空化开始发生的时候,吸入比转速的值是其临界值,该值称为初生吸入比转速,用 $S_i$ 表示。在泵领域,当提到吸入比转速时,该值可能是这里的临界值 $S_i$,也有可能是其他形式的临界值。其中最常用的是 $S_a$,是指扬程下降到一定百分比的时候所对应的吸入比转速。

由关系式(7.4)、式(7.6)、式(7.7)和式(7.8)可以得到吸入比转速 $S$ 和空化数 $\sigma$ 之间的关系:

$$S = \frac{\left[ \pi \phi_1 \left( 1 - \dfrac{R_{H1}^2}{R_{T1}^2} \right) \right]^{\frac{1}{2}}}{\left[ \dfrac{1}{2} (\sigma + \phi_1^2) \right]^{\frac{3}{4}}} \tag{7.10}$$

下面给出的是第三个量纲为 1 的空化参数,称为 Thoma 空化系数 $\sigma_{TH}$,其定义为

$$\sigma_{TH} = \frac{p_1^T - p_v}{p_2^T - p_1^T} \tag{7.11}$$

式中,$p_2^T - p_1^T$ 为经过泵的总压升量。

泵的比转速定义为

$$N = \frac{\Omega \sqrt{Q}}{(gH)^{\frac{3}{4}}} \tag{7.12}$$

根据式(7.8)、式(7.9)、式(7.11)和式(7.12)可以得到 $\sigma_{TH}$ 与 $S$ 以及 $\sigma$ 之间的关系

$$\sigma_{TH} = \frac{\sigma + \phi_1^2}{\psi} = \left( \frac{N}{S} \right)^{\frac{4}{3}} \tag{7.13}$$

通常空化发生在泵的进口,$p_2^T - p_1^T$ 与空化的相关性并不是很强,因此 $\sigma_{TH}$ 的适用性不足。

### 7.1.2 空化初生

为了便于对问题进行说明,假设当流动中最低压力刚刚达到汽化压力(即 $\sigma = -C_{pmin}$)时就会发生空化。然而,实际情况与该假设差别很大。本小节将简略地介绍出现这种差别的原因。

首先需要认识到的是,当流体中的压力 $p$ 低于汽化压力 $p_v$ 时,汽化并不一定发生。真

正的情形是,在成核前或者蒸气空泡出现前,纯流体理论上能够承受几百个大气张力 $\Delta p = p_v - p$。这样的过程称为均质化成核,有研究者在实验室中的清洁状态下用纯净液体试验观测到了这一现象。在实际的工程流体流动中,由于蒸气空泡的成核位置在周围边界上或者悬浮在流体中,所以并不会产生巨大的张力。和固体的情形一样,固体的极限强度是由最弱的地方(应力集中的位置)决定的,后者在流体中就是由成核位置或空化核表示的。研究表明,在确定空化初生时,流体中的悬浮空化核比边界面上的成核位置更重要。悬浮空化核以微小空泡或者含有微小空泡的固体粒子形式存在。例如,假设一个只含有蒸气的微小空泡的半径为 $R_N$,当液体压力

$$p = p_v - 2\delta / R_N \tag{7.14}$$

时达到平衡状态。式中,$\delta$ 为表面张力。由此,这样的微小空泡会产生的临界张力为 $2\delta / R_N$,只有当液体压力降到 $p = p_v - 2\delta / R_N$ 以下时,微小空泡才能长到可见大小。例如,水中一个 $10\ \mu m$ 的空泡在常温下能承受 14000 Pa 的张力。

事实上,将液体中的所有粒子、微小空泡和溶融的空气全部去除是不可能的(术语"液体质量"就是表示含有上述这些污染物的程度)。由于这些污染物的影响,在不同的水洞里以及在同一个试验设备中,采用不同的过程水进行试验,初生空化数(以及空化的形式)具有很大的差别。例如,在世界各地不同的水洞中对同样的轴对称头型进行空化试验,试验结果有很大的差别(图 7.1)。

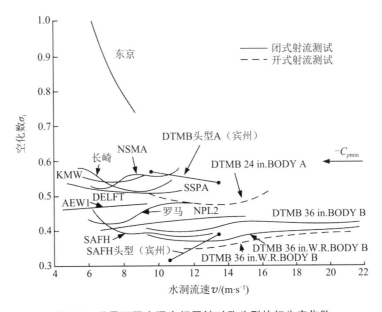

图 7.1　世界不同水洞内相同轴对称头型的初生空化数

由于空化核对认识空化初生非常重要,因此在研究空化初生时必须测量液体中空化核的数量。空化核的数量通常用核数量密度分布函数 $N(R_N)$ 来表示,其定义是,在半径 $R_N$ 和 $R_N + dR_N$ 之间单位体积内的空化核数量为 $N(R_N)dR_N$。图 7.2 所示为水洞水和海水中的典型空化核数量密度分布。

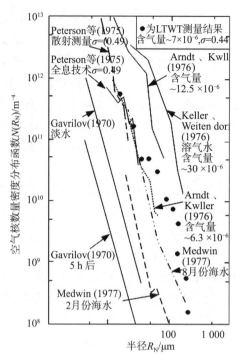

**图 7.2　应用不同方法得到的水洞水和海水中的典型空化核数量密度分布**

目前,用于空化初生测量的这些方法大都处于开发阶段,其中已经研发出了基于声音散射和光散射的设备。其他的仪器,如各种空化感应计(cavitation susceptibility meter)可使液体的样本发生空化,然后对产生的宏观空泡的尺寸和数量进行测量。或许最可靠的方法是应用全息技术得到具有一定体积样本液体的三维摄影图像。然后将其放大并分析其内的空化核。

在很多装置里空化本身就是空化核的供给源,这是因为溶融于液体中的空气会在低压时析出。这样就形成了作用在可见空化空泡内部空气上的部分压力 $p_G$。当空泡输送到高压区时,蒸气凝结成很小的空气空泡,这些空泡即使发生溶融其速度也会很慢。由此形成空化核,这种不能预见的现象导致第一个在风洞基础上直接设计的水洞模型出现了很大的问题。从该水洞的试验中可以发现,在工作区域空化体出现空化的情况下运行几分钟后,由空化产生的空泡在数量上急剧增加并且开始充满装置的整个回路,进而出现在流动中。很快,工作区的流动就成为两相流状态。解决这一问题的方法有两种:第一种是给水洞安装一个又长又深的回路,这样就会使水在足够时间内承受高压作用,从而使大部分空化产生的空化核再溶融。这样的回路称为"再溶融装置"。而大多数水洞装置采用的是第二种方法,即设置一种"脱气装置"。将水中的含气量降低到大气压饱和状态下的 20%~50%,这说明了装置中的 $N(R_N)$ 可以根据运行条件发生变化,也可以利用脱气装置和过滤装置加以调整。

图 7.2 中的数据大部分是在经过一定程度的过滤和脱气处理后的水洞水或者极其纯净的海水中采集的。这样,水中就基本没有大于 100 μm 的空化核。但是在很多泵装置中很可能有大量的大空泡,甚至在极端情况下会呈现出两相流。来流中的气体空泡在经过泵的低压区时(即使其中任何位置的压力都大于汽化压力)会大量增加,这样的现象称为伪空化。

虽然初生空化数与伪空化状态相关度不高,但在伪空化状态下测量的 $\sigma_i$ 明显大于 $-C_{p\min}$。

与之相反的是,如果流体为纯净的且只有很小的空化核,在空化初生时流体所能承受的张力即为最小压力且低于汽化压力的值($2\delta/R_N = p_V - p_{\min}$),则 $\sigma_i$ 比 $-C_{p\min}$ 小得多。因此,水质和其中的空化核的数量会使得初生空化数 $\sigma_i$ 比 $-C_{p\min}$ 更大或更小。

此外,至少还有两个因素(滞在时间和湍动程度)会对 $\sigma_i$ 产生影响。由于空化核必须在低于某一个临界值的压力下需要足够长的时间才能长大成可视尺寸,这样就形成了滞在时间效应。滞在时间效应不仅与泵的大小以及流动的速度有关,还与流体的温度有关,其要求流体在有限的区域内低于临界压力。因此,考虑滞在时间效应计算的 $\sigma_i$ 值比不考虑滞在时间效应的预期结果要低。

到目前为止一直假定流动和压力是层流和定常的,但是所研究的透平机械中的绝大多数流动不仅是湍流,而且是非定常的。涡是湍流的内在特征,因此流动中有涡存在,而且涡存在自由脱落和强迫脱落。由于涡中心的压力明显低于流动的平均压力,因此涡对空化初生具有重要影响。对最小压力系数 $-C_{p\min}$ 进行测量和计算可以得出最小平均压力,当瞬变涡的中心压力低于最小平均压力时,空化最早可能会在瞬变涡中发生。与滞在时间因素不同,考虑流动的湍流特性和非定常特性计算的 $\sigma_i$ 值比不考虑湍流特性和非定常特性的预期结果要大。另外,雷诺数 $Re$ 的不同也会引起 $\sigma_i$ 值的变化,但需要注意区分的是,这与雷诺数 $Re$ 对最小压力系数 $C_{p\min}$ 的影响不同。除此之外,同湍流特性一样,表面粗糙度会引起局部低压摄动,因此会促使空化发生。

### 7.1.3　空化初生换算

如何对空化初生进行换算也许是液体透平机械开发人员所面临的最棘手的问题之一。设计人员通过对船用螺旋桨或者大型水轮机进行模型试验,可以比较精确地预测其非空化性能,但是在换算空化初生数据时采用任何方法都没有如模型试验精确确定非空化特性那样的把握和信心。

更详细地分析一下这个问题:改变装置的尺寸不仅会改变滞在时间的作用,还会改变雷诺数,而且空化核相对于叶轮会表现为不同的大小。如果为了维持雷诺数不变而改变速度来进行换算,那么必然会改变滞在时间,从而使问题变得更加模糊。此外,由于改变速度就会改变空化数,为了复原模拟条件,必须改变进口压力,而改变进口压力又有可能引起空化核信息的变化。另外,还有一个问题是如何处理模型与原型之间的表面粗糙度。

空化初生换算的另一个问题是如何依据一种液体中的数据去分析另外一种液体的空化现象。显而易见,现有文献中有大量的以水为介质的数据,但是关于其他液体介质的数据非常少。事实上,除水以外,很难找到其他液体介质中关于空化核数量分布的数据。由于空化核非常重要,因此不难理解为什么由一种液体的空化特性去换算另外一种液体的空化特性的研究还处于试探性阶段。

由于前面两节的大多数内容都是有关空化初生的问题,这里如果不对其进行强调就回避该问题似乎不太合适。空化一旦形成,空化现象就对空化核的大小等一些特别的因素不再敏感。因此,相比于空化初生的换算,对发展后的空化进行换算则可靠得多。

### 7.1.4 泵性能

量纲为 1 的泵性能一般形式如图 7.3 所示。如前文所述,无空化性能由流量系数 $\phi$ 及其扬程系数 $\psi$ 组成,设计工况为 $\psi(\phi)$ 曲线上的一个特定点。无空化性能通常与转速 $\Omega$ 无关,但在低转速时由于黏性或雷诺数的影响会产生某种程度的偏差。如图 7.3b 所示,泵的空化性能由一组曲线 $\psi(\phi,\sigma)$ 表示,每一条曲线表示在某个特定的流量系数下扬程系数与空化数 $\sigma$ 之间的关系。当然,通常情况下两条曲线都是由有量纲的量表示的,例如在空化性能图中常常用 NPSH 替代横坐标中的空化数。

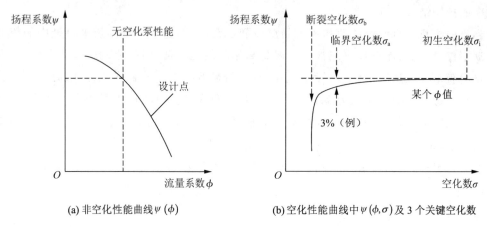

(a) 非空化性能曲线 $\psi(\phi)$　　　　(b) 空化性能曲线中 $\psi(\phi,\sigma)$ 及 3 个关键空化数

图 7.3　泵性能的一般形式

对于运行在某个流量或者流量系数下的泵,随着进口压力、NPSH 或者空化数的逐步降低,明确理解空化性能曲线图上的 3 个特定的空化数是很有必要的。如前面所讨论的,空化开始出现的点对应第一个临界空化数,称为初生空化数 $\sigma_i$。通常空化的发生可通过检测其产生的爆裂声而判定,随着压力的进一步降低,空化的程度和噪声也会增强。通常情况下,$\sigma$ 持续降低到一定程度后泵性能才会有所降低。在这种情况下,空化数通常是以扬程 $H$ 或者扬程系数 $\psi$ 下降一定的百分点来进行定义的,如图 7.3 所示。典型的临界空化数 $\sigma_a$ 被定义为扬程降低 2%,3% 或者 5% 时对应空化数的值。更进一步地降低空化数会导致泵性能的严重劣化,这种情况下的空化数被定义为断裂空化数,用 $\sigma_b$ 表示。

需要强调的是,上述 3 个空化数的值差别较大,混淆这 3 个空化数就无法清晰地理解空化问题。例如,初生空化数 $\sigma_i$ 可能比 $\sigma_a$ 或者 $\sigma_b$ 大一个数量级。与 $\sigma_i$,$\sigma_a$ 和 $\sigma_b$ 相对应,存在一系列临界吸入比转速,分别为 $S_i$、$S_a$ 和 $S_b$。表 7.1 为这些参数的一些典型值,用于说明 $S_i$ 和 $S_b$ 之间的巨大差别。

表 7.1　一些典型泵的初生吸入比转速和断裂吸入比转速泵形式

| | $N_D$ | $Q/Q_D$ | $S_i$ | $S_b$ | $S_b/S_i$ |
|---|---|---|---|---|---|
| 带有导叶和蜗壳的流程泵 | 0.31 | 0.24<br>1.20 | 0.25<br>0.8 | 2.0<br>2.5 | 8<br>3.14 |
| 蜗壳双吸泵 | 0.96 | 1.00<br>1.20 | <0.6<br>0.8 | 2.1<br>2.1 | >3.64<br>2.67 |
| 带有导叶和蜗壳的离心泵 | 0.55 | 0.75<br>1.00 | 0.6<br>0.8 | 2.41<br>2.67 | 4.02<br>3.34 |
| 冷却水泵<br>(1/5 比例模型) | 1.35 | 0.50<br>0.75<br>1.00 | 0.65<br>0.60<br>0.83 | 3.40<br>3.69<br>3.38 | 5.23<br>6.15<br>4.07 |
| 冷却水泵<br>(1/8 比例模型) | 1.35 | 0.50<br>0.75<br>1.00<br>1.25 | 0.55<br>0.78<br>0.99<br>1.07 | 2.63<br>3.44<br>4.09<br>2.45 | 4.78<br>4.41<br>4.13<br>2.29 |
| 冷却水泵<br>(1/12 比例模型) | 1.35 | 0.50<br>0.75<br>1.00<br>1.25 | 0.88<br>0.99<br>0.75<br>0.72 | 3.81<br>4.66<br>3.25<br>1.60 | 4.33<br>4.71<br>4.33<br>2.22 |
| 蜗壳泵 | 1.00 | 0.60<br>1.00<br>1.20 | 0.76<br>0.83<br>1.21 | 1.74<br>2.48<br>2.47 | 2.28<br>2.99<br>2.04 |

或许对空化的错误理解主要与水力协会推荐的图 7.4 有关。该图建议泵在运行时其 Thoma 空化系数 $\sigma_{TH}$ 应该大于图中给出的对应比转速下的值。而事实上,图 7.4 中的曲线对应的是临界吸入比转速约为 3.0 时的情况。换言之,该值常常被错误地理解为 $S_i$ 的值,而事实上它更应该理解为 $S_a$。运行在图 7.4 中的曲线之上并不能说明没有空化或者空化破坏。

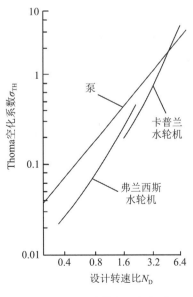

图 7.4　泵和水轮机运行标准

图 7.5 为 4 个不同流量点下初生空化数和扬程下降 3‰时临界空化数（基于 $\omega_{T1}$ 和叶片弦长）与雷诺数的关系。从图中可以看出，初生空化数的分布非常分散，与雷诺数的关系也没有明确的趋势。

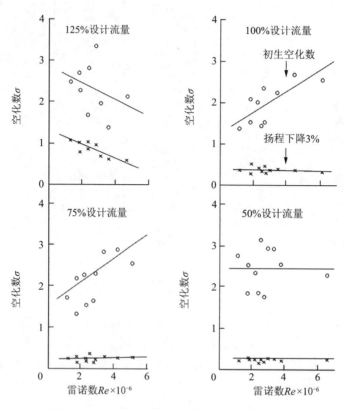

图 7.5　某典型泵在不同流量下的初生空化数与雷诺数之间的关系

### 7.1.5　叶轮空化的类型

泵叶轮内的空化可能表现为多种多样的形式，在这里先对这些空化的形式进行分类和说明。需要说明的是，由于空化的复杂性，对空化的分类不是唯一的，且有可能某种空化类型不会包含在这一分类系统中。图 7.6 中包含了能在开式轴流叶轮中观察到的几种空化形式。随着进口压力的降低，空化初生大多在轮缘旋涡中发生，轮缘旋涡发生在进口边和轮缘的交角处。图 7.7 是叶轮 Ⅳ 在测试中出现的典型的轮缘旋涡空化图像，其中进口流量系数 $\phi_1=0.07$，空化数 $\sigma=0.42$。值得注意的是，回流流动使得旋涡附近出现一个向上游流动的速度分量，将进口边与轮缘之间的转角修圆可以降低 $\sigma_i$，但不会消除旋涡或旋涡空化。

通常在空化数有相当程度的降低后才会在叶片的背面发生第二种空化，这种空化往往表现为游移空泡空化的形式。当来流中的空化核进入叶片背面的低压区时就会增长，进入高压区后就会溃灭。为了方便，将这种空化称为"空泡空化"。图 7.8 所示为单个水翼表面上的空泡空化。图中来流由左向右流动，翼型的进口边正好在闪光区域的左侧，其中冲角为 0°、速度为 13.7 m/s、空化数为 0.3(Kermeen,1956)。

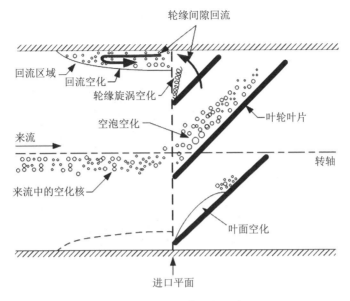

图 7.6　几种泵内空化形式

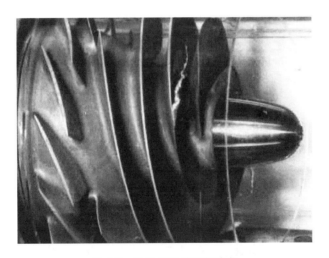

图 7.7　叶轮Ⅳ轮缘旋涡空化

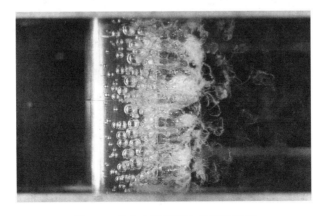

图 7.8　单个水翼表面上的空泡空化

随着空化数的进一步降低,空泡可能会在叶片背面聚集,形成较大的附着空穴或者充满蒸气的尾迹,这种现象在泵专业中称为"叶面空化"。图 7.9 为离心泵中叶面空化的一个例子。图中叶片向左运动,相对流动由左向右,空穴始于叶片进口边。

**图 7.9　离心泵叶片背面的叶面空化**

当叶面空穴(空泡空穴或者旋涡空穴)延伸到正对着下一个叶片进口边的叶片背面时,叶片流道内压力升高使空穴溃灭。因此,正对着下一个叶片进口边的叶片背面就是常发生空化破坏的位置。

当空化数非常低时,叶片流道内的空穴可能会延伸到叶片出口边下游的出口流动中去,这类长长的空穴容易在低稠密度的叶轮中发生,称为"超空穴"。为了与超空穴区别,前述在叶片背面发生的叶面空化也称为"部分空化"。图 7.10 所示为部分空化与超空化的差别,有些泵就是设计在超空化工况下运行的,其可能的优点是空泡破裂发生在叶片的下游,这样可尽可能降低空化破坏。

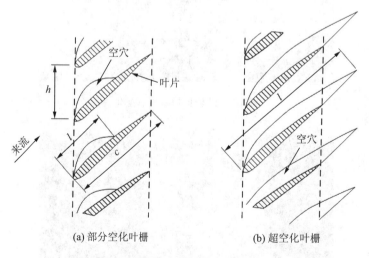

(a) 部分空化叶栅　　　　　　　(b) 超空化叶栅

**图 7.10　部分空化与超空化的差别**

当泵低于设计流量点运行时,在进口平面上游的环形回流区域内发生的空化空泡和空化旋涡并称为"回流空化"。在这种条件下,泵前后压力差的增加会使轮缘间隙流动穿过上游并在进口平面上游几倍半径的范围内形成回流。如果此时泵发生空化,那么空化产生的空泡和旋涡就会扫过这一回流区域,此时这种空化是最容易看到的形式。图 7.11 所示为诱导轮进口平面上游回流空化的一种典型的形式(叶轮同图 7.7)。

**图 7.11　回流空化**

## 7.2　空化空泡动力学——空化空泡的生长和破裂

现有文献广泛应用的空化模型主要有两种。一种是球形空泡模型,这种模型适用于空泡空化的形成,即空化核在低压区成长为可见尺寸,然后在高压区破裂。这里只对这种模型做简要的介绍。另一种模型是自由流线理论,这种模型特别适用于含有附着空穴或者充满蒸气的尾迹的流动。

实际上所有的球形空泡模型都是建立在 Rayleigh Plesset 方程(Plesset 等,1977)基础上的,该方程定义了球形空泡的半径 $R(t)$ 和空泡外部压力 $p(t)$ 之间的关系。对于静止的不可压缩牛顿流体,Rayleigh Plesset 方程的形式为

$$\frac{p_B(t)-p(t)}{\rho_L}=R\,\frac{\mathrm{d}^2R}{\mathrm{d}t^2}+\frac{3}{2}\left(\frac{\mathrm{d}R}{\mathrm{d}t}\right)^2+\frac{4\nu}{R}\frac{\mathrm{d}R}{\mathrm{d}t}+\frac{2\delta}{\rho_L R} \tag{7.15}$$

式中,$\nu,\delta$ 和 $\rho_L$ 分别为运动黏度、表面张力和液体密度。该方程(不含黏性和表面张力项)最早由 Rayleigh(1971)推导得到,Plesset 于 1949 年首次应用该方程求解游移空化空泡问题。

$p(t)$ 是空泡外部无穷远处的压力,可以通过空化核沿流线运动过程中压力的变化规律来确定。$p_B(t)$ 是空泡内部的压力,通常假设空泡中包括蒸气和不凝性气体,则

$$p_B(t)=p_V(T_B)+\frac{3m_G T_B K_G}{4\pi R^3}=p_V(T_\infty)-\rho_L\Theta+\frac{3m_G T_B K_G}{4\pi R^3} \tag{7.16}$$

式中,$T_B$ 为空泡内部的温度;$p_V(T_B)$ 为汽化压力;$m_G$ 为空泡内气体的质量;$K_G$ 为气体常数。但是在计算 $p_V$ 时,应用空泡外部周围液体的温度 $T_\infty$ 要比应用 $T_B$ 方便。因此,应用 $T_\infty$ 计算 $p_V$ 时要在方程(7.15)中引入 $\Theta$ 项以修正 $p_V(T_B)$ 和 $p_V(T_B)$ 之间的差别。这就是为什么

$\Theta$ 项表示空化中热效应的原因。应用克劳修斯-克拉佩龙(Clausius Clapeyron)关系式,可得

$$\Theta \simeq \frac{p_V \vartheta}{\rho_L T_\infty} [T_\infty - T_B(t)] \tag{7.17}$$

式中,$\rho_V$ 为蒸气密度;$\vartheta$ 为汽化潜热。

应用方程(7.16)计算 $p_B(t)$ 时,在 Rayleigh Plesset 方程(7.15)中引入了一个未知函数 $T_B(t)$。为了确定该函数,需要构建并求解一个热扩散方程和空泡内的一个热平衡方程。这些方程的近似解可以写成以下形式:首先,热的平衡方程为

$$\left(\frac{\partial T}{\partial r}\right)_{r=R} = \frac{p_V \vartheta}{k_L T_\infty} \frac{dR}{dt} \tag{7.18}$$

式中,$\left(\dfrac{\partial T}{\partial r}\right)_{r=R}$ 为界面上液体的温度梯度;$k_L$ 为液体的热传导率。液体中热扩散方程的近似解为

$$\left(\frac{\partial T}{\partial r}\right)_{r=R} = \frac{[T_\infty - T_B(t)]}{(\alpha_L t)^{\frac{1}{2}}} \tag{7.19}$$

式中,$\alpha_L$ 为液体的热扩散率($\alpha_L = \dfrac{k_L}{\rho_L c_{PL}}$,其中 $c_{PL}$ 为液体的比热);$t$ 为从空泡生长或者破裂开始算起的时间。把方程(7.18)和方程(7.19)代入方程(7.15),可得到 $\Theta$ 项的近似值:

$$\Theta = \left(\sum T_\infty\right) t^{\frac{1}{2}} \frac{dR}{dt} \tag{7.20}$$

式中,

$$\sum T_\infty = \frac{\rho_V^2 \vartheta^2}{\rho_L^2 c_{PL} T_\infty \alpha_L^{\frac{1}{2}}} \tag{7.21}$$

这里,可以在不考虑热效应的前提下[$\Theta = 0$,$T_B(t) = T_\infty$]分析 Rayleigh Plesset 方程解的一些性质。图 7.12 是一个空化核流过低压区时 $R(t)$ 的典型解。初始半径为 $R_0$ 的空化核在量纲为 1 的时间为 0 时进入低压区,在量纲为 1 的时间为 500 时回到初始压力。低压区域的压力为正弦形式且以量纲为 1 的时间 250 轴对称。空泡的响应是非线性的,其生长过程和破裂过程截然不同。生长过程稳定且有约束,迅速地达到一个渐近的生长速度,在该过程中 Rayleigh Plesset 方程的主导项是压力差 $p_V - p$ 及其右侧第二项,即

$$\frac{dR}{dt} \Rightarrow \left[\frac{2(p_V - p)}{3\rho_L}\right]^{\frac{1}{2}} \tag{7.22}$$

需要说明的是,该方程的条件是环境压力要低于汽化压力。对于游移空泡空化,$p_V - p$ 采用量纲为一的形式($-C_{pmin} - \sigma$)来表示。因此,球形空泡生长速度的计算公式可改写为

$$\frac{dR}{dt} \propto (-C_{pmin} - \sigma)^{\frac{1}{2}} U \tag{7.23}$$

式(7.23)在形式上表明空泡的生长速度是一个比较平稳的过程,空泡的体积随 $t^3$ 成比例增加(因为空泡的半径与 $t$ 是成比例增加的)。对于发生在炉子上的水壶内的沸腾,其典型特性是 $dR/dt$ 与 $t^{1/2}$ 成正比。与之相比,空化生长显然可以说是一个爆炸过程。

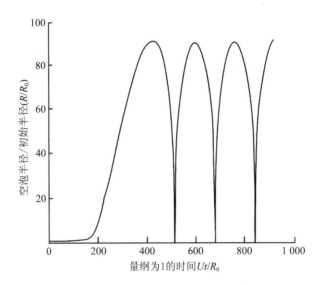

图 7.12　**根据 Rayleigh Plesset 方程计算得到的球形空泡生长过程**

下面可以通过生长速度和生长所用的时间来计算空化空泡的最大半径 $R_M$。应用全项 Rayleigh Plesset 方程的数值计算表明,空泡的生长时间就是空泡经历的低于汽化压力的时间。在游移空泡空化中,可以根据最低压力点附近的压力分布形式来计算空泡的生长时间。压力分布的形式假定为

$$C_p = C_{p\min} + C_{p*}\left(\frac{s}{D}\right)^2 \tag{7.24}$$

式中,$s$ 为沿物体表面测得的长度;$D$ 为物体或者流动的特征尺寸;$C_{p*}$ 为一阶已知常数。

空泡生长所用的时间 $t_G$ 可以近似地由式(7.25)给出:

$$t_G \approx \frac{2D(-\sigma - C_{p\min})}{C_{p*}^{1/2} U(1 + C_{p\min})^{1/2}} \tag{7.25}$$

因此

$$\frac{R_M}{D} \approx \frac{2(-\sigma - C_{p\min})}{C_{p*}^{1/2} U(1 + C_{p\min})^{1/2}} \tag{7.26}$$

需要注意的是,空泡的最大半径与初始空化核的大小无关。

生长过程还有一个重要特征:由于表面张力具有稳定空泡的作用,因此,只有那些达到一定临界尺寸的空泡,特定的力 $p_V - p$ 才会使其发生爆炸性生长。也就是说,在给定的空化数下,只有那些比相应的临界尺寸大的空化核才具有使其生长成为可视大小的空化空泡的必要生长速度。空化数的降低将会激活更小的空化核,也就会使空化的体积增加。图 7.13 所示为在半径为 $R_H$,$\vartheta/\rho_L R_H U^2 = 0.000\ 036$ 的绕流轴对称头型的流动中,空化空泡的最大半径 $R_M$ 与初始空化核的尺寸 $R_0$ 以及空化数 $\sigma$ 的关系。图中左侧曲线的竖直部分表示空化核的临界半径 $R_C$,其表达式为

$$R_C \approx \frac{\kappa\vartheta}{\rho_L U^2(-\sigma - C_{p\min})} \tag{7.27}$$

式中,系数 $\kappa$ 近似为 1。

对于破裂过程,从图 7.13 中可以看出空化空泡破裂是一个激变现象,其间仍然假设球

形的空泡减小到远远小于初始空化核的尺寸。当空泡变得很小时,产生很大的加速度和压力。如果空泡内含有的是不凝结气体,那么该过程就会像图 7.13 所示的那样发生反弹。理论上,球形空泡会经历很多次回弹循环。但是实际上,由于受非球形的干扰,破裂过程中的空泡不稳定,基本上在第一次破裂和回弹中就碎裂为很多小的空泡,形成的小空泡群很快消失。不管球形空泡会变成什么形式,总之空泡的破裂是一个剧烈的过程,会产生噪声并且会对附近的表面形成潜在的材料破坏。

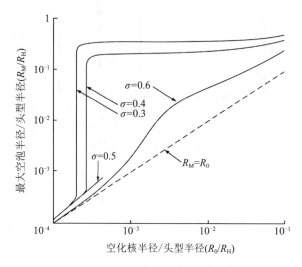

图 7.13   特定绕流轴对称头型流动中空化空泡的 $R_M$ 与 $R_0$ 以及 $\sigma$ 的关系

# 7.3   空化破坏和空化噪声

### 7.3.1   空化破坏

由空化造成的最普遍的问题就是空化空泡在固体表面附近破裂时造成的材料破坏。国内外学者对空化这一专题已进行多年的研究,其涉及复杂的非定常流动及固体表面特定材料对其反应等方面。正如在 7.2 节中提到的,空化空泡的破裂是一个剧烈的过程。在该过程中,空泡破裂点附近的局部流体中会产生大幅度的干扰和冲击。当空泡破裂靠近固体表面发生时,强烈的干扰会产生很高的局部瞬变表面应力。由大量的空泡破裂产生的压力叠加作用会导致局部壁面材料疲劳失效和表面材料脱落。空化破坏表现为疲劳失效所具有的结晶状和锯齿状,这与流动中固体颗粒引起的侵蚀不同,因为固体颗粒造成的侵蚀表面是光滑的,并伴有大颗粒的刮痕。图 7.14 为一材料为铝基合金的斜流泵叶轮叶片上的局部空化破坏图像。图 7.15 所示为混流式水轮机叶片出口处的空化破坏,图中空化破坏穿透了叶片。除此之外,空化也会发生在大型流动中。例如,图 7.16 所示的 Hoover 大坝直径为 15.2 m 的泄洪孔混凝土壁面上的空化破坏,破坏长 35 m、宽 9 m、深 13.7 m(Warnock,1945; Falvey,1990)。

图 7.14　材料为铝基合金的斜流泵叶轮叶片上的局部空化破坏

图 7.15　混流式水轮机叶片出口处的空化破坏

图 7.16　Hoover 大坝的泄洪孔混凝土壁面上的空化破坏

　　在诸如泵叶轮或者螺旋桨等水力机械中,观测到的空化破坏往往只在表面的局部区域发生。这是一群空化空泡周期性和相干性破裂的结果。磁致伸缩空化测试仪中的空化就是这种情形。很多泵中,空化旋涡发生有规律地脱落,这种周期性是自然发生的,也有可能是作用在流体上周期性干扰的响应。例如,转子叶片和定子叶片之间的干涉、螺旋桨与船后不均匀尾迹之间的干涉等形成的波动都是这种外部周期性干扰的情况。与无波动流动相比，几乎在所有情况下，空化空泡群的相干破裂都会引起更强烈的噪声，而且更有可能造成空化破坏。因此，靠近空泡群破裂位置的固体表面受破坏程度最严重。图 7.17 所示为这种现象的一个例子（Soyama，1992）。两幅照片的位置相同，图 7.17a 为流动中的特征空化流态，图 7.17b 为特征空化破坏。在图 7.17 的左上角和右下角可以看到部分叶片，流动相对于叶片由左下向右上方向运动，叶片进口边正好在左上侧流场视图的外部。在这种情况下，空化空泡群在离心泵叶片进口边发生剥离，在图 7.17a 所示的空化形状限定的特定区域内破裂，造成了图 7.17b 中的局部破坏。

目前，一些研究工作侧重于空化群的动力学特性。这些研究表明，空化群的相干破裂比单个空泡的破裂更剧烈，但是在噪声以及空化破坏能力增强等方面的基础分析还不清晰。

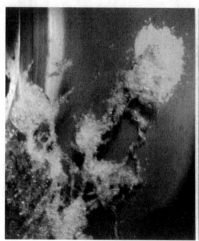 

(a) 特征空化流态　　　　　　　(b) 特征空化破坏

图 7.17　离心泵叶轮轮毂或盖板上的特征空化流态和空化破坏

### 7.3.2　空化破坏机理

空化空泡破裂导致的强烈干扰来源于两个因素。首先，就形状而言，破裂时的空泡本来就是不稳定的。研究发现，当空泡破裂在靠近固体表面处发生时，空泡由球形变得越来越不对称，直至发展为在远离壁面一侧的流体以加速射流的形式进入空泡（图 7.18）。Plesset 和 Chapman（1971）对这种"凹角射流"进行了数值计算，计算结果与 Lauterborn 和 Bolle（1975）的试验观测结果一致。这种"微射流"具有很高的速度，因此它能够在空泡的另外一个面上形成激波，对临近壁面产生很大的局部冲击载荷。

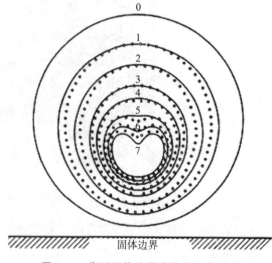

图 7.18　靠近固体边界空化空泡的破裂

附加说明一点,这也是深水炸弹的工作原理。最初的爆炸几乎不会造成破坏,但是会产生非常大的空泡,当空泡破裂时就形成一个直接冲向临近固体表面的凹角射流。如果这个表面是潜艇,那么空泡的破裂会对船体造成很大的破坏。值得一提的是,如果空泡靠近弹性表面或者自由表面时破裂,那么射流会在靠近该表面的一侧发生并向另外一侧冲击。因此,有研究者应用柔性涂层来最小化微射流的形成,以探索减小空化破坏的可能性。

其次,微射流冲击破坏后还有残存的空泡群,这些空泡群破裂为最小的气泡时产生的二次激波会对临近的固体表面产生冲击。这就是强烈干扰的第二个来源。Hickling 和 Plesset(1964)通过计算首次证明了空泡回弹期间会产生激波。Fujikawa 和 Akamatsu(1980)应用光弹性体研究固体中产生的应力波。他们只观测到残存空泡群的破裂生成的应力波,而没有在微射流中发现,但是随后 Kimoto(1987)的研究表明微射流和残存空泡群都会在固体中生成应力波,根据他的测量数据,由残存空泡群产生的表面载荷约是微射流产生的表面载荷的 2~3 倍。

以前对空化空泡破裂的所有详细观察都是在静止流体中进行的,但是近年来的一些观察结果使人怀疑由此得到的结论在大多数流动系统中的适用性。Ceccio 和 Brennen(1991)对物体绕流流动中的空化空泡破裂进行了详细的观察,发现典型的空化空泡在破裂以前因受边界层的剪切或者湍流的作用而发生变形且常常破碎。

空化破坏现象的一个要点体现在固体边界的材料对反复冲击载荷(或者说"水锤")的反应。关于材料对空化破坏抵抗的测量多种多样,但都具有很强的主观推断性和经验性,这里不作说明。在有规律的时间间隔内测量材料试样的质量从而确定材料的损失,结果如图 7.19 所示。从图中的数据可以看出,相对侵蚀速度与材料的结构强度相关,而且随时间的变化侵蚀速度不是常数,这是由于空泡破裂对光滑表面和已经被破坏过的粗糙表面的作用不一样。最后应该说明的是,材料的减少在一定的潜伏时间段后才发生。

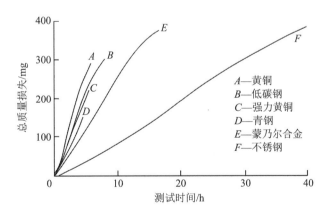

图 7.19　空化破坏总质量损失与测试时间的关系

### 7.3.3　空化噪声

空化空泡的破裂会产生噪声。在许多实际环境中,对噪声的研究非常重要,因为噪声不仅会导致振动,而且可以表明空化的存在以及空化破坏的可能性。事实上,空化噪声的强度经常被作为最原始的手段来测量空化的侵蚀速度。

在讨论空化噪声以前,首先应当明确单个空泡对静止流体加振时的固有频率,将 Rayleigh Plesset 方程(7.15)中的 $R(t)$ 项用一个常数 $R_E$ 加上一个幅值为 $\tilde{R}$、频率为 $\omega$ 的微小正弦摄动来代替,就可以通过求解 Rayleigh Plesset 方程得到该固有频率。像这样的定常振荡只有一个外部力 $p(t)$ 来保持,$p(t)$ 由一个常数 $\bar{p}$ 和一个幅值为 $\tilde{p}$、频率为 $\omega$ 的正弦摄动组成。由 Rayleigh Plesset 方程得到线性摄动 $\tilde{R}$ 和 $\tilde{p}$ 之间的关系式,在固有频率

$$\omega_P = \left[ \frac{3(\bar{p} - p_v)}{\rho_L R_E^2} + \frac{4\delta}{\rho_L R_E^3} - \frac{8\nu^2}{R_E^4} \right]^{\frac{1}{2}} \tag{7.28}$$

时 $\tilde{R}/\tilde{p}$ 取最大值。图 7.20 所示为不同的 $\bar{p}$ 下,300 K 水中空泡的计算结果。要说明的是,直径小于 0.02 μm 的空泡是过衰减状态,没有共振频率,大小为 10～100 μm 的空化核的共振频率在 10～100 kHz 范围内。虽然空化核受到空化的强非线性激励,不过仍然可以认为在此过程中形成的噪声谱较宽的峰值频率出现在与空化中大量的空化核的尺寸相符的频率范围内。这与由式(7.28)得到的临界空化核的半径是一致的。例如,如果临界空化核尺寸的数量级在 10～100 μm 之内,那么根据图 7.20,就可以认为空化噪声频率的数量级在 10～100 kHz 之间。这正是空化的典型频率范围。

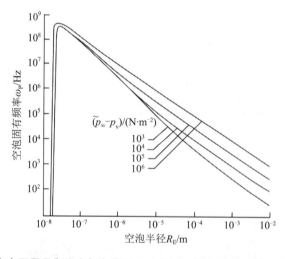

图 7.20    300 K 水中不同平衡压力与汽化压力差条件下空泡固有频率 $\omega_P$ 与空泡半径的关系

Ceccio 和 Brennnen(1991)记录了流动中单个空化空泡发出的噪声。图 7.21 为一组典型的声信号。在大约 450 μs 处巨大的正脉冲对应于空泡的第一次破裂。在这里,辐射声压 $p_A$ 与空泡体积 $V(t)$ 的二阶微分关系为

$$p_A = \frac{\rho_L}{4\pi l} \frac{d^2 V}{dt^2} \tag{7.29}$$

式中,$l$ 为测量点到空泡中心的距离。在破裂的中途,当空泡接近其最小值时发生的脉冲对应很大的 $d^2V/dt^2$ 值。在图 7.21 中,第 1 次脉冲后伴有一些与装置相关的振荡,在大约 1100 μs 处出现第 2 个脉冲。第 2 个脉冲对应第 2 次破裂,在此试验中没有发现更多的空泡破裂。

对图 7.21 中破裂脉冲强度的一个较好的测量方式就是声冲击 $I$,其定义为图中曲线下

面的面积,即

$$I = \int_{t_1}^{t_2} p_A \, \mathrm{d}t \tag{7.30}$$

式中,$t_1$ 和 $t_2$ 分别表示在脉冲前和脉冲后 $p_A = 0$ 时的时间。

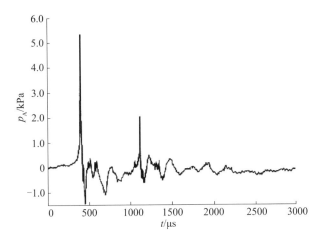

图 7.21　单个破裂空泡的典型声信号

　　图 7.22 为两个轴对称头型(ITTC 和 Schiebe)的空化声冲击与计算结果的比较,计算结果是通过对 Rayleigh Plesset 方程积分得到的。由于这些理论计算都假设空泡保持球形,因此理论和试验结果之间出现差别并不令人意外。实际上,对图 7.22 的乐观解释在于:对于单个空泡产生的噪声大小,该理论计算结果数量级相同,可以将其与空化核数量密度分布组合起来去测量噪声的大小(Brennen,1994)。

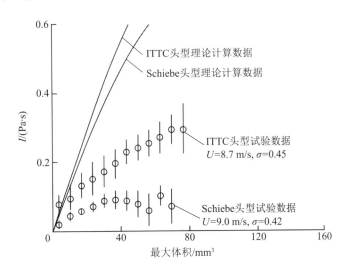

图 7.22　两个轴对称头型的空化声冲击与计算结果的比较

　　由图 7.21 所示的单个空泡典型声信号可以得到图 7.23 所示的频谱图(Ceccio 和 Brennen,1991)。如果空化事件在时间上是随机分布的,那么该图就相当于所有空化噪声的频谱。图 7.23 中展示了特征频谱信息随频率的变化(在大约 80 kHz 处的曲线快速下降表明了测试用水听器响应频率的界限)。图 7.24 所示为轴流泵中空化噪声的测定结果(Lee，1966)，与图 7.23 具有相同的特征。在图 7.24 的信号中，当没有空化时，明显地包含了一些轴频和叶片通过频率，后者会由于空化作用而增强或者衰减。图 7.25 所示为一个离心泵空化噪声的数据信息。当空化开始时，频率为 40 kHz 的噪声急剧增加，而轴频和叶片通过频率处的噪声随空化数的变化只有较小的变动。当靠近扬程断裂处时，40 kHz 的空化噪声会降低，这也是空化噪声测量中的一个普遍特征。

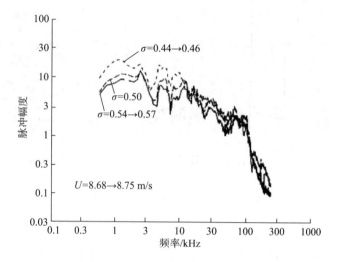

图 7.23　不同空化数下空泡空化噪声的特征频谱

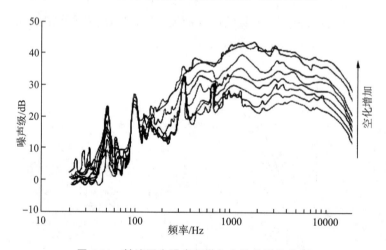

图 7.24　轴流泵中噪声频谱与空化发展的关系

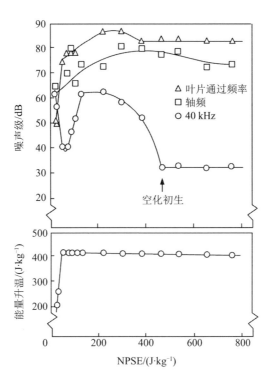

图 7.25　离心泵中 3 个频率处空化性能与噪声和振动的关系

空化流动中产生的噪声的大小由两个因素决定:一是每次事件形成的声冲击 $I$,二是每秒时间内事件发生的数量(事件发生率)$\dot{N}_E$。因此,声压级 $p_S$ 为

$$p_S = I \dot{N}_E \tag{7.31}$$

这里首先简要介绍 $I$ 和 $\dot{N}_E$ 的换算,然后介绍空化噪声 $p_S$ 的换算。

试验观测和基于 Rayleigh Plesset 方程的计算结果都表明,单个空化事件量纲为一的声冲击定义为

$$I^* = \frac{4\pi I l}{\rho U D^2} \tag{7.32}$$

式中,$U$ 和 $D$ 分别为流动中的参照速度和参照长度;$I^*$ 与空化空泡(最大等体积当量半径为 $R_M$)的最大体积有很强的相关性,与其他流动参数无关。声冲击量纲为 1 的形式为

$$I^* \approx \frac{R_M^2}{D^2} \tag{7.33}$$

因此

$$I^* \approx \frac{\rho U R_M^2}{l} \tag{7.34}$$

由此可知,单个事件声冲击的计算完全由对最大空泡半径 $R_M$ 的计算来确定。例如,对前面的游移空泡空化的计算,先计算 $R_M$,发现在给定空化数下其与 $U$ 无关,在这种情况下 $I$ 和 $U$ 是线性关系。

对事件发生率 $\dot{N}_E$ 的计算要比看起来复杂得多。假设流过某一流管中(截面积为上游参

照流动的 $A_N$)的所有空化核都发生相同的空化,那么结果为

$$\dot{N}_E = N A_N U \tag{7.35}$$

式中,$N$ 为空化核密度(空化核数/单位体积)。

将式(7.26)、式(7.34)、式(7.35)代入式(7.31)可得到声压级为

$$p_S \approx \frac{\rho U^2 (-\sigma - C_{p\min})^2 A_N N D^2}{l} \tag{7.36}$$

式中忽略了一些数量级为 1 的常数。

在上述简单的条件下,由式(7.36)得到的声压级与 $U^2$ 和 $D^4$(因为 $A_N \propto D^2$)成正比。这一声压级与速度的换算关系和很多在简单游移空泡流动中观测到的情况相符,但其中还有很多复杂因素。正如在 7.2 节中已经讨论过的,实际上只有比特定临界尺寸 $R_C$ 大的那些空化核才能够生长成为空化空泡,由于 $R_C$ 是 $\sigma$ 和速度 $U$ 的函数,这就说明 $N$ 是 $R_C$ 和 $U$ 的函数。由于 $R_C$ 随着 $U$ 的增大而减小,所以 $p_S$ 与速度之间的幂率关系 $U^m$ 中,$m$ 大于 2。

如果空化是由诸如湍流射流等湍流波动引起的,那么就应当应用另外的换算定律。此外,在湍流中空化核在其 Lagrange 运动路径上的张力大小及张力所持续的时间的计算都更加困难。因此,对于由湍流中空化引起的声压计算及其与速度之间的换算关系,目前尚知之甚少。

 习　题

1. 已知卧式水轮机的水头为 $H = 43$ m,电站水温为 20 ℃,大气压力为 10.25 MPa(绝对压力),水轮机主轴中心线高于下游水面 3.86 m,水轮机转轮叶片出水边最高点高于主轴中心线 253 mm。问:该水轮机的装置空化系数是多少?

2. 简述空化与空蚀对泵性能的影响,并在图中标出泵不发生空化的区域。

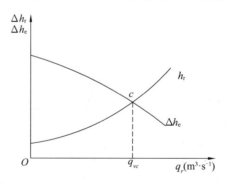

3. 为改善空化与空蚀的性能,在设计转轮的结构参数时所采取的措施有哪些?

# 第8章

# 荷电多相流

多相混合物的某一相或多相带有静电荷的流动称为荷电多相流。荷电多相流是一种普遍的自然现象,如雷雨时云中水滴穿过闪电产生的电离区而形成的荷电两相雷雨云,粉尘输运过程中由于粒子的摩擦而形成的荷电气固两相流。一方面,荷电多相流的特殊性质经常导致粉尘爆炸、火灾等严重灾害;另一方面,多相流中的一相或多相带静电这一特性在工程实践中得到了广泛应用,如静电杀虫剂喷洒、静电喷涂、静电喷雾燃烧、静电除尘、静电复印、静电脱硫、静电植绒等。因此,这两个方面都要求对荷电多相流进行深入的研究。

## 8.1　荷电多相流基本概念

### 8.1.1　静电现象

1. 电荷

早在7世纪,人们就注意到两种物质相互摩擦后能吸引纸屑、羽毛等轻质物体,这种现象称为物体荷电,带有电荷的物体称为带电体。又过了200年,通过试验人们发现带电状态有且只有两种:正电和负电。同性电荷相互排斥,异性电荷相互吸引。从此,开创了人类发展史上重要的电时代。

物体荷电的多少称为电荷量,其国际制单位为库仑(C)。在工程应用中,由于库仑单位太大,为使用方便,常采用毫库仑(mC)、微库仑($\mu$C)、皮库仑(pC)作为电荷量单位。

2. 带电体上的电荷分布

带电体上电荷的分布是不均匀的,电荷的分布用电荷密度来描述。

(1) 电荷线密度 $\lambda$

对于直径远小于长度的带电线,单位长度上的电荷量称为电荷线密度,单位为 C/m。

$$\lambda = Q/L \tag{8.1}$$

式中,$Q$ 为静电电荷量(静电电量),C;$L$ 为带电线长度,m。

(2) 电荷面密度 $\sigma$

带电体单位表面积上的电荷量称为电荷面密度,单位为 C/m$^2$。

$$\sigma = Q/A \tag{8.2}$$

式中,$Q$ 为静电电量,C;$A$ 为带电体表面积,m$^2$。

(3) 电荷体密度 $\rho$

带电体单位体积的电荷量称为电荷体密度,单位为 C/m$^3$。

$$\rho = Q/V \tag{8.3}$$

式中,$Q$ 为静电电量,C;$V$ 为带电体体积,$m^3$。

（4）比荷 $A_q$

带电体单位质量的电荷量称为比荷(荷质比)。这是用来衡量物体带电程度的重要参数,单位为 C/kg。

$$A_q = Q/m \tag{8.4}$$

（5）电荷守恒定律

按照现代原子理论,原子由中子、质子和电子组成。其中,中子不带电,质子带正电,电子带负电。每个原子中电子数和质子数相等,正常状态下原子是电中性的。由电中性原子组成的物质系统也是电中性的。电子可以在系统中由一个原子转移到另一个原子,也可以由一种物质转移到另一种物质,但系统中电荷量的代数和保持不变,这就是电荷守恒定律。

### 8.1.2　静电场

带电体在其周围空间引起某些作用,例如,对其中的另一个带电体产生斥力或引力,称为该带电体在周围空间形成静电场。

1. 库仑定律

在真空无限均匀电介质中置入两个点电荷 $q_1$ 和 $q_2$,相距为 $r_0$,两个点电荷的相互作用力 $F$ 与 $q_1$ 和 $q_2$ 之积成正比,与 $r_0$ 的平方成反比。

$$F = \frac{1}{4\pi\varepsilon_0} \frac{q_1 q_2}{r_0^2} \tag{8.5}$$

式中,$\varepsilon_0$ 为真空介电常数(真空电容率)。

2. 电场强度

库仑定律确定的点电荷在静电场中受力的大小,可以定量描述静电场的强弱。单位正电荷 $q_0$ 在电场中某一点所受的力 $\boldsymbol{F}$ 称为该点的电场强度 $\boldsymbol{E}$。电场强度是矢量,单位为 N/C 或 V/m,大小为

$$E = F/q_0 \tag{8.6}$$

3. 电位(电势)和电位差(电压)

电场中移动一个点电荷必须克服电场力做功。静电场中将单位正电荷从某点移至无限远处所做的功称为该点的电势。

电势是标量,在国际单位制中电势的单位是 V。电势是一个相对值,要确定电势值必须先选定参考点,并假定该参考点电势为 0。常取大地作为参考点。

静电场中两点的电位(势)之差称为电位差或电压 $U$,大小为

$$U = \int_a^b E \cdot \mathrm{d}l \tag{8.7}$$

4. 电场线(电力线)和等势面(等位面)

电场线是电场中一簇假想的曲线,电场线上每一个点的切线与该点处的场强方向一致(图 8.1)。等势面是电场中一簇假

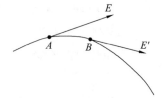

图 8.1　电场线

想的曲面,同一曲面上的电势相等(图 8.2)。电场线和等势面可直观地描述电场的分布。

图 8.2 中,$A$、$H$ 为任意矢量 $\Delta l$ 的起始点与终点;$U$ 为电势;$\theta$ 为任意矢量 $\Delta l$ 方向与电势 $U$ 负梯度方向 $E$ 的夹角。

5. 电偶极子

由两个电荷量相等、符号相反、相距为 $r_0$ 的点电荷 $+q$ 和 $-q$ 构成的点电荷系称为电偶极子(图 8.3)。从 $-q$ 指向 $+q$ 的矢量 $r_0$ 称为电偶极轴,$p = qr_0$ 称为电偶极矩(电矩)。

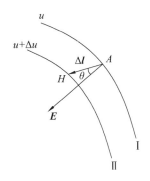
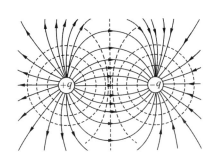

图 8.2　等势面　　　　图 8.3　电偶极子(虚线为等势面、实线为电场线)

### 8.1.3　导体与电介质(绝缘体)

物质中存在大量可以自由移动的被称为载流子的带电物质微粒,如金属中的电子、电解质及电离气体中的离子,在电场作用下载流子做定向运动形成电流,这类物质称为导体。不善于传递电流的物质称为绝缘体或者电介质。电介质也能以极化的方式传递电的作用和影响。物质的导电特性与外部条件相关,如某些电介质在高压下被击穿而转化为导体。

1. 电解质的极化

电介质只有在外电场作用下才显现电性。物质中在电场作用下可宏观移动的载流子叫自由电荷;如果载流子被紧紧束缚在局部位置上不能做宏观移动,而只能在原子范围内活动,这种电荷称为束缚电荷。实际上,电介质中总是存在少量自由电荷。在外电场作用下,少量自由电荷做宏观移动,而束缚电荷做局部移动,致使介质的表面和内部不均匀分布电荷而宏观上显示出电性,称为电介质的极化,出现的不均匀分布的电荷称为极化电荷。

2. 介电常数和极化率

介电常数 ε(电容率)是表征电介质性质的宏观物理量之一,其值为为电位移 $D$ 与电场强度 $E$ 的大小之比。

$$\varepsilon = \frac{D}{E} \tag{8.8}$$

电介质的介电常数 ε 又称为绝对介电常数,它与真空介电常数 $\varepsilon_0$ 之比称为电介质的相对介电常数 $\varepsilon_r$。

$$\varepsilon_r = \varepsilon/\varepsilon_0 = (1 + \chi_e) \tag{8.9}$$

式中,$\chi_e$ 为电极化率;真空介电常数 $\varepsilon_0 = 8.854187818 \times 10^{-12}$ F/m。

外电场作用下的单位体积电偶极矩称为电极化强度 $P$,用以衡量介质电极化的程度,大小为

$$P = \chi_e \varepsilon_0 E = (\varepsilon_r - 1)\varepsilon_0 E \tag{8.10}$$

3. 电介质击穿

电介质在一定的外部条件下受到足够强的外电场作用将失去介电性能而成为导体,称为电介质击穿。电介质击穿时的场强称为击穿场强。电介质击穿的机理十分复杂,与介质物性、结构和环境条件等有关。击穿的主要类型有:由电场强度超过临界值引起的电击穿、由温度升高引起的热击穿、由电介质化学成分变化引起的化学击穿等。

# 8.2　荷电多相流理论基础

在高压静电场作用下,含有大量固体或者液体颗粒的气体或液体流动,或者含有气泡的液体流动,称为荷电两相流或荷电多相流。荷电多相流广泛存在于自然界及工农业生产中,如大气中的荷电微粒、雷雨等,以及静电喷涂、静电喷雾脱硫与除尘、静电农药喷洒、静电燃油喷雾燃烧、静电强化传热等。因此,荷电多相流的研究具有重要的工程和理论价值。

荷电多相流体力学的研究内容是该系统中静电场作用下的流体流动、传热传质及相互耦合作用等。其中,荷电与传热传质的相互作用规律十分重要。对工程中遇到的荷电多相湍流流动而言,电场脉动与湍流脉动的相互作用是其中的核心内容之一。

研究荷电多相流有两种不同的方法:一种是将连续相作为连续介质在欧拉坐标系内加以描述,把颗粒相作为分散体系在拉氏坐标系下加以描述,探讨颗粒动力学、颗粒运动轨迹等;另一种是将连续相和颗粒相均作为连续介质处理,两相在空间内各占据一部分体积分数,两相在空间内相互渗透,两者均在欧拉坐标系下进行描述。

## 8.2.1　荷电单颗粒动力学模型

研究荷电多相流最简单的方法就是不考虑离散相颗粒的存在对流体流动的影响,也不考虑离散相的湍流脉动作用,认为流场是已知的,只考虑互不相关的单个颗粒在其中的受力和运动,这种流动模型称为单颗粒动力学模型,是最早研究荷电多相流动的基本模型之一。随着荷电多相流理论研究的深入,荷电两相流模型也不断取得进展,当研究复杂的荷电湍流多相流时,可以把荷电单颗粒运动规律作为荷电多相流基本现象的基础。

1. 荷电颗粒在静电场中的受力

(1) 力的分类

荷电多相流主要研究荷电颗粒的群体行为,研究单个颗粒运动是研究群体颗粒运动的基础。在连续相流体中运动的离散相荷电颗粒所受的作用力可以分为:与连续相和离散相相对运动无关的力,如电磁力、惯性力、重力、压差力等;依赖相间相对运动,其方向沿相对运动方向的力——纵向力,如阻力、附加质量力、Basset 加速度力等;依赖流体-颗粒间相对运动,其方向垂直于相对运动方向的力——侧向力,如 Magnus 力、Saffman 力、升力等。

(2) 荷电颗粒受力

在无界流场中运动着直径为 $d$、密度为 $\rho_p$ 的单个球形颗粒,设 $\rho_c$、$\mu$、$\nu$ 分别为连续相流体的密度、动力黏度、运动黏度,$g$ 为重力加速度,$\boldsymbol{v}_p$ 为颗粒速度,$\boldsymbol{v}_c$ 为连续相速度,则荷电颗粒受到的力有以下几种。

① 电磁力 $\boldsymbol{F}_q$:当荷电颗粒在电场和磁场中运动时,受到的电场和磁场的作用力,是荷电流动中特有的力。

$$\boldsymbol{F}_q = q(\boldsymbol{E} + \boldsymbol{v}_{\mathrm{p}} \times \boldsymbol{B}) + \boldsymbol{p} \times \boldsymbol{E} + (\boldsymbol{p} \cdot \nabla)\boldsymbol{E} \tag{8.11}$$

式中,$q$ 为颗粒荷电量(相当于一个点电荷),C;$\boldsymbol{E}$ 为外电场强度,V/m;$\boldsymbol{B}$ 为磁感应强度,T;$\boldsymbol{v}_{\mathrm{p}}$ 为带电颗粒运动速度,m/s;$\boldsymbol{p}$ 为极化电荷产生的电偶极矩,C·m。

② 惯性力 $\boldsymbol{F}_{\mathrm{i}}$:

$$F_{\mathrm{i}} = m_{\mathrm{p}} a_{\mathrm{p}} = \frac{1}{6}\pi d^3 \rho_{\mathrm{p}} \frac{\mathrm{d}\boldsymbol{v}_{\mathrm{p}}}{\mathrm{d}t} \tag{8.12}$$

③ 阻力 $\boldsymbol{F}_{\mathrm{D}}$:

$$F_{\mathrm{D}} = \frac{1}{8}\pi C_{\mathrm{D}} d^2 \rho_{\mathrm{c}} |\boldsymbol{v}_{\mathrm{c}} - \boldsymbol{v}_{\mathrm{p}}|(\boldsymbol{v}_{\mathrm{c}} - \boldsymbol{v}_{\mathrm{p}}) \tag{8.13}$$

式中,$C_{\mathrm{D}}$ 为阻力系数,是雷诺数的函数。

雷诺数为

$$Re = \frac{|\boldsymbol{v}_{\mathrm{c}} - \boldsymbol{v}_{\mathrm{p}}|}{\nu} d$$

$C_{\mathrm{D}}$ 可表示为

$$C_{\mathrm{D}} = \frac{24}{Re} f(Re)$$

将 $C_{\mathrm{D}}$,$Re$ 表达式代入式(8.13),可得

$$F_{\mathrm{D}} = 3\pi\mu d(\boldsymbol{v}_{\mathrm{c}} - \boldsymbol{v}_{\mathrm{p}}) f(Re) \tag{8.14}$$

④ 压差力 $\boldsymbol{F}_{\Delta p}$:

$$F_{\Delta p} = \frac{1}{6}\pi d^3 \nabla p \tag{8.15}$$

⑤ 重力 $\boldsymbol{F}_{\mathrm{g}}$:

$$F_{\mathrm{g}} = m_{\mathrm{p}} g = \frac{1}{6}\pi d^3 \rho_{\mathrm{p}} g \tag{8.16}$$

⑥ 附加质量力 $\boldsymbol{F}_{\mathrm{K}}$:颗粒以相对加速度在连续相中做加速运动时,必将带动其周围的部分流体加速,引起对颗粒的阻力。这种效应等价于颗粒具有一个附加质量,对球形颗粒而言,这部分质量等于球体排开的连续相流体质量的 1/2。

$$F_{\mathrm{K}} = -\frac{1}{12}\pi d^3 \rho_{\mathrm{c}} \left(\frac{\mathrm{d}\boldsymbol{v}_{\mathrm{p}}}{\mathrm{d}t} - \frac{\mathrm{d}\boldsymbol{v}_{\mathrm{c}}}{\mathrm{d}t}\right) \tag{8.17}$$

⑦ Basset 加速度力 $\boldsymbol{F}_{\mathrm{B}}$:流体具有黏性,当颗粒速度变化,即颗粒有相对加速度时,颗粒周围的流场不能马上达到稳定,当时的相对加速度(附加质量力)还依赖以前的加速度,这部分力就叫巴西特加速度力。

$$F_{\mathrm{B}} = \frac{3}{2} d^2 \rho_{\mathrm{c}} \sqrt{\pi\nu} \int_{t_0}^{t} \frac{\mathrm{d}(\boldsymbol{v}_{\mathrm{p}} - \boldsymbol{v}_{\mathrm{c}})}{\mathrm{d}\tau} \frac{1}{\sqrt{t-\tau}} \mathrm{d}\tau \tag{8.18}$$

式中,$t_0$ 为起动时间。

⑧ Magnus 力 $\boldsymbol{F}_{\mathrm{M}}$:颗粒以角速度 $\omega$ 旋转时,产生垂直于相对速度 $\boldsymbol{v}_{\mathrm{c}} - \boldsymbol{v}_{\mathrm{p}}$ 和旋转轴的侧向力,称为马格努斯力。

$$F_M = \frac{\pi}{8} d^3 \rho_c (\boldsymbol{v}_c - \boldsymbol{v}_p) \omega \tag{8.19}$$

⑨ 萨夫曼力 $F_S$:连续相流场若存在速度梯度 $\dfrac{\partial \boldsymbol{v}_c}{\partial y}$,则颗粒受到附加侧向力,即萨夫曼力。

$$F_S = 1.62 d^2 \sqrt{\rho_c \mu} \, | \boldsymbol{v}_c - \boldsymbol{v}_p | \sqrt{\left| \frac{\partial \boldsymbol{v}_c}{\partial y} \right|} \tag{8.20}$$

$F_S$ 的方向与 $\boldsymbol{v}_c$ 方向垂直,当 $\boldsymbol{v}_p < \boldsymbol{v}_c$ 时,$F_S$ 指向 $\boldsymbol{v}_c$ 增加的方向;当 $\boldsymbol{v}_p > \boldsymbol{v}_c$ 时,$F_S$ 指向 $\boldsymbol{v}_c$ 减少的方向。

⑩ 升力 $F_L$:

$$F_L = C_L \frac{1}{2} \rho_c | \boldsymbol{v}_c - \boldsymbol{v}_p |^2 A = \frac{1}{8} \pi d^2 \rho_c C_L | \boldsymbol{v}_c - \boldsymbol{v}_p |^2 \tag{8.21}$$

式中,$A$ 为垂直于来流方向的投影面积,$m^2$;$C_L$ 为升力系数。$F_L$ 的方向垂直于 $\boldsymbol{v}_p - \boldsymbol{v}_c$ 的方向,其正负号由升力系数 $C_L$ 的正负号确定。荷电颗粒还会受到温度梯度力或者热致迁移力 $F_T$、布朗运动力等。

(3)荷电颗粒的力学分析

在荷电两相流动中,磁场与电偶极矩的影响可以忽略不计,仅考虑库仑力的作用。颗粒受到的阻力作用按照标准阻力曲线取值。在荷电两相流动中,由于各颗粒取向的随机性,颗粒虽然受到不为零的升力,但在颗粒群内这些力互相抵消,升力表现为零。

荷电两相流动中,由于 $\dfrac{\rho_c}{\rho_p} \ll 1.0$,且无高剪切区,所以巴西特加速度力、萨夫曼力、马格努斯力、升力均可忽略。荷电颗粒的主要受力为电磁力 $F_q$、惯性力 $F_i$、阻力 $F_D$、重力 $F_g$、压差力 $F_{\Delta p}$、附加质量力 $F_K$,其中 $F_D$ 和 $F_K$ 为相间阻力,记作 $F_{(s)} = F_D + F_K$。

2. 荷电颗粒运动方程

荷电颗粒在静电场中的运动遵循牛顿运动定律,其运动微分方程为

$$m_p \frac{\mathrm{d} v_p}{\mathrm{d} t} = \sum F = F_q + F_D + F_{\Delta p} + F_g + F_K$$

即

$$\frac{1}{6} \pi d^3 \rho_p \frac{\mathrm{d} \boldsymbol{v}_p}{\mathrm{d} \varepsilon} = qE + 3\pi\mu d (\boldsymbol{v}_c - \boldsymbol{v}_p) f(Re) - \frac{1}{6} \pi d^3 \nabla p + \frac{1}{6} \pi d^3 \rho_p g - \frac{1}{12} \pi d^3 \rho_c \left( \frac{\mathrm{d} \boldsymbol{v}_p}{\mathrm{d} t} - \frac{\mathrm{d} \boldsymbol{v}_c}{\mathrm{d} t} \right)$$

整理得

$$\frac{\mathrm{d} \boldsymbol{v}_p}{\mathrm{d} t} = A_q E + \frac{\boldsymbol{v}_c - \boldsymbol{v}_p}{\tau_v} - \frac{1}{\rho_p} \nabla p + g - \frac{1}{2} \frac{\rho_c}{\rho_p} \left( \frac{\mathrm{d} \boldsymbol{v}_p}{\mathrm{d} t} - \frac{\mathrm{d} \boldsymbol{v}_c}{\mathrm{d} t} \right) \tag{8.22}$$

式中,$A_q$ 为比荷,即单位质量物质所带电荷量,$C/kg$;$\tau_v = \dfrac{\rho_p d^2}{18\mu f(Re)}$ 为速度弛豫时间。

若不计荷电颗粒对流体的反作用力,则连续相流体的运动微分方程为

$$\frac{\mathrm{d} \boldsymbol{v}_c}{\mathrm{d} t} \approx \frac{1}{\rho_c} \nabla p + g \tag{8.23}$$

消去压强项,单颗粒运动微分方程为

$$\left(1+\frac{\rho_c}{2\rho_p}\right)\frac{\mathrm{d}\boldsymbol{v}_p}{\mathrm{d}t}=A_qE+\frac{\boldsymbol{v}_c-\boldsymbol{v}_p}{\tau_v}+\frac{3\rho_c}{2\rho_p}\frac{\mathrm{d}\boldsymbol{v}_c}{\mathrm{d}t}+\left(1-\frac{\rho_c}{\rho_p}\right)g \tag{8.24}$$

令 $a=\left(1+\dfrac{\rho_c}{2\rho_p}\right),b=\dfrac{3\rho_c}{2\rho_p},c=\left(1-\dfrac{\rho_c}{\rho_p}\right)$，则式(8.24)可写成

$$a\frac{\mathrm{d}\boldsymbol{v}_p}{\mathrm{d}t}=A_qE+\frac{\boldsymbol{v}_c-\boldsymbol{v}_p}{\tau_v}+b\frac{\mathrm{d}\boldsymbol{v}_c}{\mathrm{d}t}+cg \tag{8.25}$$

当连续相流体是气体时，$\dfrac{\rho_c}{\rho_p}\ll 1.0$，则 $a\approx 1,c\approx 1,b\approx 0$，式(8.24)可简化为

$$\frac{\mathrm{d}\boldsymbol{v}_p}{\mathrm{d}t}=A_qE+\frac{\boldsymbol{v}_c-\boldsymbol{v}_p}{\tau_v}+g \tag{8.26}$$

式(8.23)和式(8.25)或式(8.26)组成了求解荷电连续相及离散相流体的运动方程组。

3. 颗粒群对黏性阻力的影响

当流场中有多个颗粒同时存在时，颗粒之间就会有相互作用，明显的相互作用是颗粒间的直接碰撞，尺寸相同的颗粒之间的直接碰撞机会较少。在荷电两相流中，当颗粒被充以相同极性的电荷后，同种电荷之间的相互排斥作用降低了颗粒之间的碰撞机会。颗粒间的相互作用，通过颗粒形成的尾流或者流体的间接作用对颗粒的黏性阻力造成显著影响。考虑到电荷对颗粒相互作用的减弱，对 Stokes 阻力进行修正，在 Tam 修正公式上考虑荷电系数 $\beta(\beta<1.0)$，则有

$$\psi=\frac{\beta C_D}{(C_D)_{\text{Stokes}}}=\frac{\beta\left[(4+3\varphi_p)+3(8\varphi_p-3\varphi_p^2)^{1/2}\right]}{(2-3\varphi_p)^2} \tag{8.27}$$

式中，$\varphi_p$ 为颗粒体积分数。

当 $\varphi_p=0.001,0.01,0.1$ 时，$\psi$ 分别为 $1.1\beta,1.26\beta,2.4\beta$。颗粒雷诺数的计算也应考虑颗粒体积分数 $\varphi_p$ 的影响，即流体黏度的确定应考虑颗粒的体积效应。对于荷电气固和气液两相流，等效黏度分别为

$$\mu'=\mu\exp\left(\frac{2.5\varphi_p}{1-S\varphi_p}\right) \tag{8.28}$$

$$\mu''=\mu\left(1+2.5\varphi_p\frac{\mu_p+0.4\mu}{\mu_p+\mu}\right) \tag{8.29}$$

式中，$\mu_p$ 为颗粒的黏度。式(8.29)仅适用于 $\varphi_p$ 很小的情况。

对颗粒间的相互作用对阻力公式产生的影响的研究尚不成熟。流动的湍流度、颗粒粗糙度、颗粒的非均匀性、颗粒的静电效应等是造成目前阻力公式差别较大的原因。实际应用时，应根据具体问题选择条件相近的经验公式或实验进行确定。

### 8.2.2　荷电两相湍流模型

荷电两相湍流是十分复杂的湍流两相流动，存在着非均匀的空间电场及电场与流场的耦合作用，以及荷电颗粒相与连续相流体的相间作用。从电场角度看，既存在外加电场，又有荷电颗粒诱导的空间电场，荷电颗粒相的湍流脉动会引起电场的脉动，影响颗粒的受力情况，进而通过相间作用对连续相流体的运动造成影响，因而流动情况非常复杂。

荷电两相流体力学的主要特点之一就是全面考察流体与荷电颗粒间的质量、动量和能

量的相互作用及静电场与流场的耦合作用,调控这些耦合作用的是两相间的湍流相互作用以及颗粒间的碰撞、静电场的作用等。

**1. 荷电两相湍流基本参数**

**(1) 体积分数**

离散相所占体积 $V_p$ 与总体积 $V$ 之比 $\varphi_p$,称为离散相的体积分数;连续相所占体积 $V_c$ 与总体积 $V$ 之比 $\varphi_c$,称为连续相的体积分数。

$$\varphi_p = \frac{V_p}{V}, \varphi_c = \frac{V_c}{V} \tag{8.30}$$

**(2) 表观密度与材料密度**

两相流中定义了表观密度,它与物质的材料密度之间的关系为

$$\rho_p = \varphi_p \bar{\rho}_p, \rho_c = \varphi_c \bar{\rho}_c \tag{8.31}$$

式中,$\rho_p$、$\rho_c$ 分别为离散相和连续相的表观密度;$\bar{\rho}_p$、$\bar{\rho}_c$ 分别为离散相和连续相的材料密度。

**(3) 颗粒数密度**

单位两相混合体积中所含的颗粒个数,即颗粒数 $N_p$ 与体积 $V$ 之比。

$$n_p = \frac{N_p}{V} \quad \text{或} \quad n_p = \lim_{V \to 0} \frac{N_p}{V} \tag{8.32}$$

**(4) 弛豫时间**

颗粒脉动弛豫时间:

$$\tau_r = \frac{\bar{\rho}_c d^2}{18\mu}$$

速度弛豫时间:

$$\tau_v = \frac{\bar{\rho}_p d^2}{18\mu f(Re)} = \frac{\tau_r}{f(Re)}$$

式中,$Re = \frac{|\boldsymbol{v}_c - \boldsymbol{v}_p|}{\nu} d$。

**2. 荷电两相流动体积平均守恒方程组**

在荷电多相流动中,每相占据一定的空间体积。若考察控制体积内部的状态,则认为流体各相占据的体积是不同的,对单相流动推导的各相基本方程仅适用于描述各相的本身流动状态。若考察流体的宏观运动规律,则认为控制体积内各相各占据空间的同一体积并且相互渗透,空间各处的同一位置有不同的速度、加速度、温度、力等。

**(1) 体积平均法**

在两相混合物中取一个控制体 $dV$,表面积为 $dA$。该控制体中 k 相(k=c,p)占据体积 $dV_k$,相应表面积为 $dA_k$。

参数 $\varphi$ 在该控制体内的体积平均值记为

$$\langle \varphi \rangle = \frac{1}{V} \int_V \varphi_k dV \tag{8.33}$$

式中,$V = V_p + V_c$ 为控制体体积;下标 k 代表 p 相和 c 相。

采用体积平均法时要用到如下几个公式:

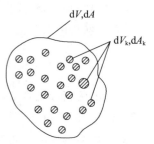

**图 8.4　两相流控制体**

1）高斯公式

$$\int_V \frac{\partial a_j}{\partial x_j} \mathrm{d}V = \int_{A_k} a_j \boldsymbol{n}_j \mathrm{d}A \tag{8.34}$$

式中，$a_j$ 为流场中的某一运动参数；$\boldsymbol{n}_j$ 为 k 相交界面外法线方向上的单位矢量。

2）输送原理的张量形式

$$\left\langle \frac{\partial \varphi}{\partial t} \right\rangle = \frac{\partial}{\partial t} \langle \varphi \rangle - \frac{1}{V} \int_A \varphi v_j \boldsymbol{n}_j \mathrm{d}A \\ \left\langle \frac{\partial a_j}{\partial t} \right\rangle = \frac{\partial}{\partial t} \langle a_i \rangle - \frac{1}{V} \int_A \varphi a_i v_j \boldsymbol{n}_j \mathrm{d}A \tag{8.35}$$

式中，$v_j$ 为因相变产生的相交界面的位移速度；$\boldsymbol{n}_j$ 为 k 相交界面外法线方向上的单位矢量。

3）平均原理

$$\left\langle \frac{\partial \varphi}{\partial x_i} \right\rangle = \frac{\partial}{\partial x_i} \langle \varphi \rangle + \frac{1}{V} \int_A \varphi \boldsymbol{n}_j \mathrm{d}A \\ \left\langle \frac{\partial a_j}{\partial x_j} \right\rangle = \frac{\partial}{\partial x_j} \langle a_j \rangle + \frac{1}{V} \int_A a_j \boldsymbol{n}_j \mathrm{d}A \tag{8.36}$$

（2）相间"微观"守恒方程

把离散相看成流体，并且把单相流体的基本方程用于 k 相（k 代表 p 相和 c 相）内部，采用表观密度可以得到荷电两相流动基本方程组。

连续性方程：

$$\frac{\partial \rho_k}{\partial t} + \frac{\partial}{\partial x_j} (\rho_k v_{kj}) = 0 \tag{8.37}$$

动量方程：

$$\frac{\partial}{\partial t} (\rho_k v_{k,ji}) + \frac{\partial}{\partial x_j} (\rho_k v_{kj} v_{ki}) = \rho_k f_{ki} - \frac{\partial \rho_k}{\partial x_i} + \frac{\partial (\tau_{k,ji})}{\partial x_j} \tag{8.38}$$

能量方程：

$$\frac{\partial}{\partial t} (\rho_k C_{Vk} T_k) + \frac{\partial}{\partial x_j} (\rho_k v_{kj} C_{Vk} T_p) = -\rho_k \frac{\partial v_{kj}}{\partial x_j} + \tau_{k,ij} s_{k,ij} + \frac{\partial}{\partial x_j} \left( \lambda_k \frac{\partial T_k}{\partial x_j} \right) + \rho_k q_k \tag{8.39}$$

式中，$\rho_k$ 为 k 相的表观密度；$v_{kj}$ 为 k 相速度分量；$f_{ki}$ 为 k 相所受的单位质量力；$\tau$ 为 k 相切应力张量；$C_{Vk}$ 为 k 相比定容热容；$\lambda_k$ 为 k 相热导率；$q_k$ 为传入 k 相的总热量。

（3）体积平均守恒方程

对式（8.37）所示的连续方程各项取体积平均得

$$\left\langle \frac{\partial \rho_k}{\partial t} \right\rangle = \frac{\partial}{\partial t} \langle \rho_k \rangle - \frac{1}{V} \int_{A_k} \rho_k \boldsymbol{v}_s \mathrm{d}A$$

$$\langle \nabla \rho_k \boldsymbol{v}_k \rangle = \nabla \langle \rho_k \boldsymbol{v}_k \rangle + \frac{1}{V} \int_{A_k} \rho_k \boldsymbol{v}_k \mathrm{d}A_k$$

$$\frac{\partial \langle \rho_k \rangle}{\partial t} + \nabla \langle \rho_k \boldsymbol{v}_k \rangle = -\frac{1}{V} \int_{A_k} \rho_k (\boldsymbol{v}_k - \boldsymbol{v}_s) \mathrm{d}A_k$$

式中，$\boldsymbol{v}_s$ 为由于相变造成的相交界面位移速度；$\boldsymbol{v}_k - \boldsymbol{v}_s$ 为交界处 k 相相对于交界面的移动速度。

因此,上式右端为两相流控制体积 $V$ 内体积平均的相变物质源,即

$$-\frac{1}{V}\int_{A_k}\rho_k(\boldsymbol{v}_k-\boldsymbol{v}_s)\mathrm{d}A_k=\frac{1}{V}\int_{A_k}n[\rho_k(\boldsymbol{v}_k-\boldsymbol{v}_s)]\mathrm{d}A_k$$

$$=\frac{1}{V}\int_{V_k}\nabla[\rho_k(\boldsymbol{v}_k-\boldsymbol{v}_s)]\mathrm{d}V_k$$

$$=\frac{1}{V}\int_{V_k}S_k\mathrm{d}V_k=\langle S_k\rangle$$

式中,$S_k$ 为由于相变造成的单位体积中体积平均的物质源。

体积平均的 k 相连续性方程为

$$\frac{\partial\langle\rho_k\rangle}{\partial t}+\nabla\langle\rho_k\boldsymbol{v}_k\rangle=\langle S_k\rangle$$

去掉体积平均号,得宏观形式的荷电两相流中 k 相体积平均的连续性方程,即

$$\frac{\partial\rho_k}{\partial t}+\nabla(\rho_k\boldsymbol{v}_k)=S_k \tag{8.40}$$

对离散相 p 和连续相 c 可分别写成

$$\left.\begin{aligned}\frac{\partial\rho_p}{\partial t}+\frac{\partial}{\partial x_j}(\rho_p v_{pj})=S\\\frac{\partial\rho_c}{\partial t}+\frac{\partial}{\partial x_j}(\rho_c v_{cj})=-S\end{aligned}\right\} \tag{8.41}$$

式中,$S=n_p\dfrac{\mathrm{d}m_p}{\mathrm{d}t}$,其中 $n_p$ 为离散相颗粒数密度,$m_p$ 为每个颗粒的质量。

对相内动量方程可采取类似的体积平均处理,即

$$\left\langle\frac{\partial}{\partial t}(\rho_k v_{ki})\right\rangle=\frac{\partial}{\partial t}\langle\rho_k v_{ki}\rangle-\frac{1}{V}\int_{A_k}\rho_k v_{ki}v_{sj}n_{kj}\mathrm{d}A$$

$$\left\langle\frac{\partial}{\partial x_j}(\rho_k v_{kj}v_{ki})\right\rangle=\frac{\partial}{\partial x_j}\langle\rho_k v_{kj}v_{ki}\rangle+\frac{1}{V}\int_{A_k}\rho_k v_{ki}v_{kj}n_{kj}\mathrm{d}A$$

$$\left\langle\frac{\partial\rho_k}{\partial x_i}\right\rangle=\frac{\partial}{\partial x_i}\langle\rho_k\rangle+\frac{1}{V}\int_{A_k}\rho_k\delta_{ij}n_{kj}\mathrm{d}A$$

$$\left\langle\frac{\partial}{\partial x_j}\tau_{k,ji}\right\rangle=\frac{\partial\langle\tau_{k,ji}\rangle}{\partial x_j}+\frac{1}{V}\int_{A_k}\tau_{k,ji}n_{kj}\mathrm{d}A$$

$$\langle\rho_k f_{ki}\rangle=\rho_k f_{ki}$$

代入微观动量方程中可得

$$\frac{\partial}{\partial t}\langle\rho_k v_{ki}\rangle+\frac{\partial}{\partial x_j}\langle\rho_k v_{kj}v_{ki}\rangle=-\frac{\partial}{\partial x_i}\langle\rho_k\rangle+\frac{\partial}{\partial x_j}\langle\tau_{k,ji}\rangle+\frac{1}{V}\int_{A_k}(-\rho_k\delta_{ij}+\tau_{k,ji})n_{kj}\mathrm{d}A-$$

$$\frac{1}{V}\int_{A_k}\rho_k v_{ki}(v_{kj}-v_{sj})n_{kj}\mathrm{d}A$$

方程右端第 3 项是相交界面上相与相间的作用力总和,可表示为

$$\frac{1}{V}\int_{A_k}(-\rho_k\delta_{ij}+\tau_{k,ji})n_{kj}\mathrm{d}A=\frac{1}{V}\int_{A_k}\rho_k f_i^{(s)}\mathrm{d}V=\langle\rho_k f_i^{(s)}\rangle$$

式中，$f_i^{(s)}$ 为作用在单位质量上的相间作用力。

方程右端第 4 项是相变物质源产生的动量，可记为

$$-\frac{1}{V}\int_{A_k}\rho_k v_{ki}(v_{kj}-v_{sj})n_{kj}\mathrm{d}A=\langle v_{ki}S_k\rangle$$

去掉体积平均符号后，得到荷电两相流中的体平均动量方程为

$$\frac{\partial}{\partial t}(\rho_k v_{ki})+\frac{\partial}{\partial x_j}(\rho_k v_{kj}v_{ki})=\rho_k f_{ki}-\frac{\partial p_k}{\partial x_i}+\frac{\partial}{\partial x_j}(\tau_{k,ji})+\rho_k f_i^{(s)}+v_{ki}S \tag{8.42}$$

荷电颗粒所受的力有

$$f_{ki}=f_{qi}+f_{gi},\, f_i^{(s)}=f_{Di}+f_{Ki}$$

式中，$f_q$、$f_g$、$f_D$、$f_K$ 分别为作用在单位质量荷电颗粒上的电磁力、重力、相间阻力和附加质量力。

将荷电颗粒所受的力写成单位质量力，则有

$$f_{qi}=A_q E_i$$

$$f_{gi}=g_i$$

$$f_{Di}=\frac{v_{pi}-v_{ci}}{\tau_v}$$

$$f_{Ki}=-\frac{\bar{\rho}_c}{\rho_p}\left(\frac{\mathrm{d}v_{pi}}{\mathrm{d}t}-\frac{\mathrm{d}v_{ci}}{\mathrm{d}t}\right)$$

在荷电气固、气液两相流动中，$\rho_c\ll\rho_p$，$f_{Ki}$ 可忽略，颗粒相可忽略。因此，可以得到如下的荷电离散相、连续相流动的动量方程。

荷电离散相：

$$\frac{\partial}{\partial t}(\rho_p v_{pi})+\frac{\partial}{\partial x_j}(\rho_p v_{pj}v_{pi})=\rho A_q E_i+\rho_p g_i-\frac{\partial p}{\partial x_i}+\rho_p\frac{v_{pi}-v_{ci}}{\tau_v}+v_{ci}S \tag{8.43}$$

荷电连续相：

$$\frac{\partial}{\partial t}(\rho_c v_{ci})+\frac{\partial}{\partial x_j}(\rho_c v_{cj}v_{ci})=\rho_c g_i-\frac{\partial p}{\partial x_i}+\frac{\partial\tau_{ji}}{\partial x_j}-\rho_c\frac{v_{pi}-v_{ci}}{\tau_v}-v_{ci}S \tag{8.44}$$

依此，对能量方程用以上类似的方法推出其体积平均形式，将这些方程汇总后，得到荷电离散相和荷电连续相.

荷电离散相：

$$\left.\begin{array}{l}\dfrac{\partial\rho_p}{\partial t}+\dfrac{\partial}{\partial x_j}(\rho_p v_{pj})=S \\[2mm] \dfrac{\partial}{\partial t}(\rho_p v_{pi})+\dfrac{\partial}{\partial x_j}(\rho_p v_{pj}v_{pi})=\rho A_q E_i+\rho_p g_i-\dfrac{\partial p}{\partial x_i}+\rho_p\dfrac{v_{pi}-v_{ci}}{\tau_v}+v_{ci}S \\[2mm] \dfrac{\partial}{\partial t}(\rho_p C_{V_p}T_p)+\dfrac{\partial}{\partial x_j}(\rho_p C_{V_p}T_p V_{pj})=\dfrac{\partial}{\partial x_j}\left(\lambda\dfrac{\partial T_p}{\partial x_j}\right)+\rho_p q_p-C_{V_p}T_p S\end{array}\right\} \tag{8.45}$$

荷电连续相：

$$\frac{\partial \rho_c}{\partial t} + \frac{\partial}{\partial x_j}(\rho_c v_{cj}) = -S$$

$$\frac{\partial}{\partial t}(\rho_c v_{ci}) + \frac{\partial}{\partial x_j}(\rho_c v_{cj} v_{ci}) = \rho_c g_i - \frac{\partial p}{\partial x_i} + \frac{\partial \tau_{ji}}{\partial x_j} - \rho_c \frac{v_{pi} - v_{ci}}{\tau_v} - v_{ci} S$$

$$\frac{\partial}{\partial t}(\rho_c C_{V_c} T_c) + \frac{\partial}{\partial x_j}(\rho_c C_{V_c} T_c v_{cj}) = -p \frac{\partial v_{ci}}{\partial x_j} + \tau_{ij} s_{ij} + \frac{\partial}{\partial x_j}\left(\lambda \frac{\partial T_c}{\partial x_j}\right) + \rho_c q_c + C_{V_c} T_p S$$

$$(8.46)$$

式中，$v_{ci}S$ 为相变物质源产生的动量；$C_{V_p} T_p S$ 和 $C_{V_c} T_p S$ 分别为单位体积中离散相、连续相由变质量所产生的能量。

3. 荷电两相湍流时间平均守恒方程组

体积平均守恒方程组适用于层流或湍流荷电两相流的瞬时状态，对于湍流荷电两相流，还须导出时间平均守恒方程组。仿照对单相湍流流动中采用的雷诺时间平均方法，即将各瞬时量分解为时均量和脉动量之和，然后取时均，得到相应的时均方程组，各运动参数表示为

$$v_i = \bar{v}_i + v'_i, \quad v_j = \bar{v}_j + v'_j, \quad \tau_{ij} = \bar{\tau}_{ij} + \tau'_{ij}$$

$$T = \bar{T} + T', \quad A_q = \bar{A}_q + A'_q, \quad E_i = \bar{E}_i + E'_i$$

对荷电两相流瞬时方程进行时均处理，其中

$$\frac{\partial}{\partial x_j}(\rho v_j v_i) = \frac{\partial}{\partial x_j}(\rho \bar{v}_j \bar{v}_i) + \frac{\partial}{\partial x_j}(\overline{\rho v'_j v'_i})$$

$$\overline{\rho A_q E_i} = \rho \bar{A}_q \bar{E}_i + \overline{\rho A'_q E'_i}$$

$$\frac{\partial}{\partial x_j}(\overline{\rho C_V T v_j}) = \frac{\partial}{\partial x_j}(\rho C_V \bar{T} \bar{v}_j) + \frac{\partial}{\partial x_j}(\rho C_V \overline{T' v'_j})$$

$$\overline{\tau_{ij} s_{ij}} = \bar{\tau}_{ij} \bar{s}_{ij} + \overline{\tau'_{ij} s'_{ij}} = \Phi + \varepsilon$$

式中，$\Phi$ 为耗损函数，表征由于剪切黏性耗损的机械能；$\varepsilon$ 为湍动能的耗散。

将以上表达式代入体积平均守恒方程中，去掉时均量的时均符号，得到如下的荷电两相湍流的雷诺时均方程组。

荷电离散相：

$$\frac{\partial \rho_p}{\partial t} + \frac{\partial}{\partial x_j}(\rho_p v_{pj}) = S$$

$$\frac{\partial}{\partial t}(\rho_p v_{pi}) + \frac{\partial}{\partial x_j}(\rho_p v_{pj} v_{pi}) =$$

$$\rho A_q E_i + \rho_p g_i - \frac{\partial p}{\partial x_i} + \rho_p \frac{v_{pi} - v_{ci}}{\tau_v} +$$

$$v_{ci} S + \frac{\partial}{\partial x_j}\left\{\overline{-\rho_p v'_{pj} v'_{pi}} + \overline{\rho_p A'_q E'_i}\right\}$$

$$\frac{\partial}{\partial t}(\rho_p C_{V_p} T_p) + \frac{\partial}{\partial x_j}(\rho_p C_{V_p} T_p v_{pj}) =$$

$$\frac{\partial}{\partial x_j}\left(\lambda \frac{\partial T_p}{\partial x_j}\right) + \rho_p q_p - C_{V_p} T_p S - \frac{\partial}{\partial x_j}(\rho_p C_{V_p} \overline{T'_p v'_{pj}})$$

$$(8.47)$$

荷电连续相:

$$\frac{\partial \rho_c}{\partial t} + \frac{\partial}{\partial x_j}(\rho_c v_{cj}) = -S$$

$$\frac{\partial}{\partial t}(\rho_c v_{ci}) + \frac{\partial}{\partial x_j}(\rho_c v_{cj} v_{ci}) =$$

$$\rho_c g_i - \frac{\partial p}{\partial x_i} + \frac{\partial \tau_{ij}}{\partial x_j} - \rho_c \frac{v_{pi} - v_{ci}}{\tau_v} - v_{ci}S + \frac{\partial}{\partial x_j}(\overline{-\rho_c v'_{cj} v'_{ci}})$$

$$\frac{\partial}{\partial t}(\rho_c C_{Vc} T_c) + \frac{\partial}{\partial x_j}(\rho_c C_{Vc} T_c v_{cj}) =$$

$$-p \frac{\partial v_{cj}}{\partial x_j} + \Phi + \frac{\partial}{\partial x_j}\left(\lambda \frac{\partial T_c}{\partial x_j}\right) + \rho_c q_0 + C_{Vc} T_p S - \frac{\partial}{\partial x_j}(\rho_c \overline{C_{Vc} T'_c v'_{cj}}) + \varepsilon$$

$$\left.\right\} \quad (8.48)$$

方程组(8.47)和方程组(8.48)是荷电两相湍流的最一般描述,这些方程中含有未知关联项,是不封闭的。

### 8.2.3　高压静电场

在建立的荷电两相湍流方程中,考虑到电场作用对流场的影响效应,在求解方程前,必须对电场作用进行讨论。在荷电两相流动中,高压电极在其周围形成高压充电区域,并诱导出空间电场,它既对颗粒起重要的充电作用,又对带电颗粒起输运导向作用,采用不同形式的充电电极,将诱导出不同的静电场。本节简要归纳在静电喷粉(喷雾)中环状电极和针状电极诱导的空间电场的数学模型。

1. 环状电极诱导的电场

设环状电极的半径为 $a$,环上的静电压为 $U_0$,电荷线密度为 $\lambda_a$,取柱坐标系,以环状电极中心点为原点,如图 8.5 所示。

在环状电极上任取一微元段 $\mathrm{d}s$,根据点电荷电压计算公式,空间内任一点 $P$ 处的电位为

$$\mathrm{d}U = \frac{\lambda_a \mathrm{d}s}{4\pi\varepsilon R_a} \quad (8.49)$$

式中,$\varepsilon$ 为介电常数。

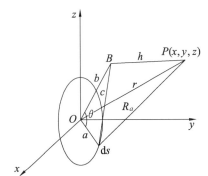

图 8.5　环状电极示意图

沿圆环积分,可得环状电极在点 $P$ 处诱导的电位为

$$U = \frac{1}{4\pi\varepsilon} \int_l \frac{\lambda_a \mathrm{d}s}{R_a} \quad (8.50)$$

由图可知,$R_a = \sqrt{h^2 + c^2} = \sqrt{h^2 + a^2 + b^2 - 2ab\cos\theta}$,令 $\theta = \pi - 2\beta$,则 $\mathrm{d}\theta = -2\mathrm{d}\beta$,$\cos\theta = -(1 - 2\sin^2\beta)$,于是有

$$V = \frac{\lambda_a a}{2\pi\varepsilon} \int_0^{\frac{\pi}{2}} \frac{2\mathrm{d}\beta}{\sqrt{h^2 + a^2 + b^2 + 2ab(1 - 2\sin^2\beta)}} \quad (8.51)$$

令

$$k = \frac{2\sqrt{ab}}{\sqrt{h^2 + (a+b)^2}}, K(k) = \int_0^{\frac{\pi}{2}} \frac{\mathrm{d}\beta}{\sqrt{1 - k^2\sin^2\beta}} \quad (8.52)$$

则上式可整理为

$$V = \frac{\lambda_a a k}{2\pi\varepsilon\sqrt{ab}}K(k) \tag{8.53}$$

环状电极诱导的空间电位确定以后,场域内任一点的电场强度计算公式为

$$E_x = -\frac{\partial U}{\partial x}, E_y = -\frac{\partial U}{\partial y}, E_z = -\frac{\partial U}{\partial z} \tag{8.54}$$

将式(8.53)代入上式,可求得环状电极诱导的空间电场强度为

$$\left. \begin{array}{l} E_x = \dfrac{\lambda_a}{2\pi\varepsilon}\dfrac{H_r}{b}x \\[3mm] E_y = \dfrac{\lambda_a}{2\pi\varepsilon}H_l \\[3mm] E_z = \dfrac{\lambda_a}{2\pi\varepsilon}\dfrac{H_r}{b}(z-z_0) \end{array} \right\} \tag{8.55}$$

式中,

$$H_r = \frac{a}{b}\left[\frac{a^2-b^2+h^2}{q_a d_a^2}K_e(k) - \frac{K(k)}{q_a}\right]$$

$$H_l = \frac{2ah}{q_a d_a^2}K_e(k)$$

$$q_a = \sqrt{(a+b)^2+h^2}$$

$$d_a = \sqrt{(a-b)^2+h^2}$$

$$K_e(k) = \int_0^{\frac{\pi}{2}}\sqrt{1-k^2\sin^2\beta}\,\mathrm{d}\beta$$

若已知环状电极电压为 $-40$ kV,即在 $z=0,r=a$ 处, $U=-40$ kV,可求得具体环状电极电荷线密度 $\lambda_a$ ,并由式 (8.51)和式(8.55)可求出任一点 $P$ 处的电场电位和电场强度。

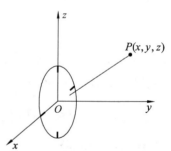

图 8.6　针状电极布置示意图

### 2. 针状电极诱导的电场

针状电极通常作为电晕电极,如图 8.6 所示。针状电极均布在 $xOz$ 平面半径为 $a$ 的圆周上,由 $n$ 个金属针组成(图中画出 4 个),圆心坐标为 $(0,0,z_0)$ 。

针状电极可以简化为电压 $U_0$ 、荷电量为 $q$ 的点电荷,则在任一点 $P(x,y,z)$ 处诱导的电位为

$$U = \frac{q}{4\pi\varepsilon}\sum_{k=1}^{n}\left(\frac{1}{r_{1k}} - \frac{1}{r_{2k}}\right) \tag{8.56}$$

式中, $r_{1k} = \sqrt{(x-x_{1k})^2+(y-y_{1k})^2+(z-z_{1k})^2}$ , $r_{2k} = \sqrt{(x-x_{2k})^2+(y-y_{2k})^2+(z-z_{2k})^2}$ ,则在任一点 $P(x,y,z)$ 处诱导的电场强度为

$$E_x = -\frac{q}{4\pi\varepsilon}\sum_{k=1}^{n}\left(\frac{x-x_{1k}}{r_{1k}^{3}}-\frac{x-x_{2k}}{r_{2k}^{3}}\right)$$

$$E_y = -\frac{q}{4\pi\varepsilon}\sum_{k=1}^{n}\left(\frac{y-y_{1k}}{r_{1k}^{3}}-\frac{y-y_{2k}}{r_{2k}^{3}}\right) \qquad (8.57)$$

$$E_z = -\frac{q}{4\pi\varepsilon}\sum_{k=1}^{n}\left(\frac{z-z_{1k}}{r_{1k}^{3}}-\frac{z-z_{2k}}{r_{2k}^{3}}\right)$$

将针状电极的几何尺寸、荷电电压及选定的空间坐标,分别代入式(8.56)和式(8.57),可求得各个坐标点的空间电位和诱导的电场强度。

## 8.3　荷电多相流的应用

### 8.3.1　静电雾化

在静电场的作用下,流体射流破碎成细小雾滴的过程称为静电雾化。与其他雾化方式相比(如压力、离心雾化等),静电雾化具有一些独特的优点,如雾滴尺度可至更小(可达纳米尺度)、通过电参数便于调节雾化流场等,因此在材料制备(如陶瓷薄膜及多孔介质制备等)、燃油雾化燃烧、工业喷涂、农药喷洒等许多工程领域得到广泛应用。

1. 静电雾化模式

与上述常规雾化类似,静电雾化过程中也存在几种不同的雾化模式。当液体通过毛细管进行静电雾化时,在不同的流量、荷电电压情况下,会出现几种不同的射流及雾化形态,即雾化模式。在不同的雾化模式下,雾滴具有不同的动力学特性,雾滴的大小、直径分布及雾滴的运动轨迹等均呈现出不同的特点,故对雾化模式及模式之间的转换的研究尤为重要。近年来,一些研究者对蒸馏水、乙醇(平板电极)、NaCl 溶液及去离子水(平板电极)等进行了研究。由于这些研究者的试验工况(如流量范围、电极电压、毛细管直径等)不同,所以对雾化模式的描述以及给出的雾化模式分布及其物理解释也不同,并且他们均没有对雾化模式的转换进行理论分析。而本书不仅对环状电极配置的雾化模式进行了试验研究,还对雾化模式之间的转化进行了初步的理论探讨。

(1) 试验系统

试验系统配置如图 8.7 所示。环状电极加有负高压,金属毛细管接地。试验介质分别为水以及 NaCl 溶液。试验中液体流量通过调节阀来调节,电场强度通过电极电压来调节。

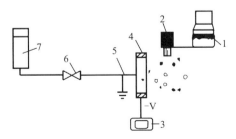

1—显示器;2—高速摄影机;3—高压静电发生器;4—环状电极;5—金属毛细管;6—调节阀;7—容器。

**图 8.7　静电雾化试验系统配置**

（2）雾化模式的类型及特征描述

在不同的液体流量、电极电压下进行的电雾化试验,雾化过程会呈现出几种较为典型的雾化模式:滴状模式、锥射流模式和多股射流模式,如图 8.8 所示。

①滴状模式:当电极电压不大时,毛细管中液体以滴状形态落下(图 8.8a)。随着静电电压的增大,雾滴粒径逐渐减小,下落的频率也逐渐加快。当电压增大到一定程度时,雾滴在电场力作用下会被拉长,变为细长轴状。当电压进一步增大时,细长轴状会逐渐演变为锥射流。

②锥射流模式:当电压大于一定值时,液体在毛细管出口处形成锥状,即所谓的 Taylor 锥,射流从锥的顶端产生,射流的端部由于外界扰动而破碎为小雾滴。试验表明,这种模式存在两种较为典型的类型:一种是雾滴在射流端部破碎后沿轴向运动(图 8.8b);另一种是雾滴在射流端部形成一定锥角的伞状雾化区(图 8.8c),并且随着电压的升高,射流段缩短,雾化锥角增大。

③多股射流模式(或振荡射流模式):在电压较高时,会出现 2～6 股射流,并且有时数股射流还会沿轴线旋转(图 8.8d)。

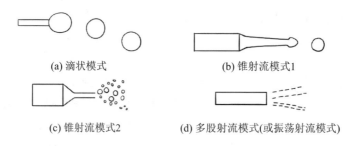

(a) 滴状模式　　　　　　　　(b) 锥射流模式1

(c) 锥射流模式2　　　　(d) 多股射流模式(或振荡射流模式)

**图 8.8　几种典型的静电雾化模式**

在确定的流体物性参数、电极形式及毛细管直径等条件下,上述几种雾化模式的出现主要取决于电极电压及体积流量。图 8.9、图 8.10 分别为试验获得的水和 NaCl 溶液(质量浓度为 0.05 g/mL)在不同电极电压及液体体积流量下的雾化模式分布图。

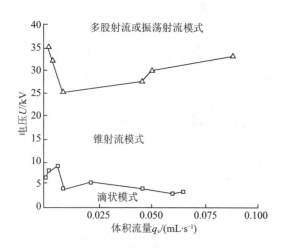

**图 8.9　水的雾化模式分布图**

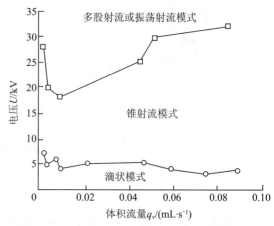

**图 8.10　NaCl 溶液的雾化模式分布图**

图 8.9、图 8.10 均表明滴状模式主要分布在较低的电压区。在一定的体积流量下,电压高于一定值时,稳定的锥射流才能出现。随着体积流量的增大,滴状模式向锥射流模式的转换边界总体上有下降的趋势。随着电压升高,稳定的锥射流将会消失,雾化模式演变为多股射流模式。锥射流模式与多股射流模式的转换边界较为复杂,随体积流量的增大先下降、后上升。另外,由图 8.9 与图 8.10 的比较还可发现,NaCl 的转换边界比水的转换边界稍低(即转换时的电压较低),这是因为 NaCl 的电导率较高,雾滴的荷电量更高,因此在较低电压下会出现锥射流。

（3）滴状模式向锥射流转换

在电极电压较低时,液体以大雾滴的形式滴下,随着电压的逐渐升高,雾滴粒径逐渐减小,下落的频率也逐渐加快。当电压达到一定值时,滴状模式将不能保持,此时雾滴下落的频率 $f$ 达到最大($f_{max}$)。因此,可近似采用 $f_{max}$ 作为滴状模式向锥射流模式转换的转换准则,此时有

$$f = f_{max} \tag{8.58}$$

液体体积流量 $q_v$ 可表达为

$$q_v = \frac{4}{3} \pi r_d^3 f \tag{8.59}$$

式中,$r_d$ 为滴状模式下的雾滴半径,cm。

Taylor 考察了置于外电场 $E$ 中未荷电的孤立雾滴界面的稳定条件,认为当雾滴表面电场满足下式时将激活雾滴界面的不稳定性,即

$$E_{cr}^2 = \frac{77\sigma}{4\pi\varepsilon_0 r_d} \tag{8.60}$$

式中,$\sigma$ 为液体表面张力,N/cm;$E_{cr}$ 为雾滴表面场强,V/cm。

对于试验条件下的水,则为(经验公式)

$$E_{cr} = \frac{14.6}{\sqrt{r_d}} \tag{8.61}$$

式中,$E_{cr}$ 为雾滴表面场强,kV/cm。

另外,液体体积流量 $q_v$ 的经验公式为

$$q_v = \frac{4}{3} \pi \left(\frac{14.6}{\sqrt{E_{cr}}}\right)^6 f_{max} \tag{8.62}$$

感应充电时,圆环电极上的电位为 $U_0$,毛细管接地。假定毛细管为实心圆柱,这时空间电位符合拉普拉斯方程,其定解空间在极坐标(空间电位映射坐标,见图 8.11)下为 $\nabla^2 U = 0$。当 $r > r_1$ 时,$U_{x=0} = U(r)$;当 $r \leqslant r_1$ 时,$U_{x=0} = 0$。其中,$U$ 为电位,kV;$r_1$ 为毛细管半径,m;$r_2$ 为环状电极半径,m;$z$ 为毛细管轴线方向。

根据以上定解条件,当 $z \neq 0$ 时,沿毛细管轴线上的电位分布为

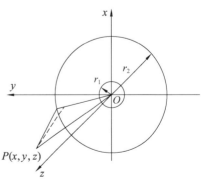

图 8.11 空间电位映射坐标

$$U = \frac{zU_0}{\ln \frac{r_1}{r_2}} \left[ \frac{1}{2z^2 r_1} + \frac{1}{4z^3} \ln \frac{\sqrt{z^2 + r_1^2} - z}{\sqrt{z^2 + r_1^2} + z} - \frac{1}{2z^2 r_2} - \frac{\ln \frac{r_2}{r_1}}{2\sqrt{(z^2 + r_2^2)^3}} - \frac{1}{4z^3} \ln \frac{\sqrt{z^2 + r_2^2} - z}{\sqrt{z^2 + r_2^2} + z} \right] \quad (8.63)$$

通过上式,轴向场强可以表达为

$$E_z = \frac{\partial U}{\partial z} \quad (8.64)$$

通过式(8.63)和式(8.64),可用数值方法计算出轴向场强沿毛细管轴线方向的分布。图 8.12 为场强 $E_z$ 沿毛细管轴向的分布。由图可见,在毛细管出口处,$E_z$ 最大;随着 $z$ 的增大,场强衰减很快。由于在毛细管端面,场强方向与端面垂直(即沿轴向),可认为此处 $\boldsymbol{E} = \boldsymbol{E}_z$。图 8.13 为根据式(8.63)和式(8.64)计算的毛细管出口处场强 $\boldsymbol{E}_z$ 与电极电压 $U_0$ 的关系。

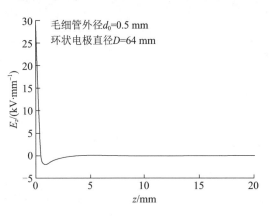

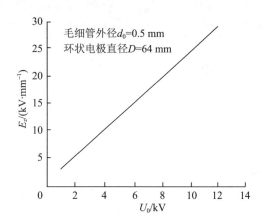

图 8.12　场强 $E_z$ 沿毛细管轴向的分布图(10 kV)　　图 8.13　毛细管出口处场强 $E_z$ 与电极电压的关系

在毛细管出口处,可近似认为 $\boldsymbol{E}_{cr} \approx \boldsymbol{E}_z = \boldsymbol{E}$。对于式(8.62)中的最大频率 $f_{max}$,可通过某一试验点确定:对于体积流量 $q_v = 0.008\ 75$ mL/s(毛细管内径为 0.25 mm,外径为 0.5 mm),试验测得电极电压 $U$ 为 $-5$ kV 时(此时 $\boldsymbol{E}_{cr}$ 的大小为 125.9 kV/cm),则滴状模式将向锥射流模式转换,由式(8.61)可算得此时临界滴径 $r_d$ 为 0.013 4 cm。再由式(8.59)可求得雾滴下落最大频率 $f_{max} \approx 868.14$ Hz。假定任何体积流量及电极电压下转换时的雾滴下落最大频率均为该值,则式(8.62)可变为(经验公式)

$$q_v = 1\ 157.52\pi \left( \frac{14.6}{\boldsymbol{E}_{cr}} \right)^6 \quad (8.65)$$

式(8.65)即为不同体积流量、电场下滴状模式向锥射流模式的转换模型。在一定体积流量下,当场强 $\boldsymbol{E} > \boldsymbol{E}_{cr}$ 时,滴状模式将不能保持。图 8.14 为转换模型与试验数据(水)的比较。

由图可见,式(8.65)预测的转换边界与试验结果基本相符。随着体积流量的增大,转换时的

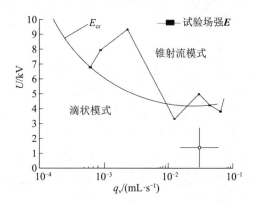

图 8.14　转换模型与试验数据(水)的比较

电极电压减小,对于这个现象可作如下解释:大体积流量下滴状模式向锥射流模式转换时的

雾滴较大,由于大雾滴比小雾滴的稳定性更差,故大雾滴破碎所需的场强也较低。对于锥射流向多股射流及扭曲振荡射流的转换,尚未作进一步的理论分析。

2. 静电雾化过程中粒径分布的试验研究

雾化过程中的粒径分布规律一直是雾化领域中重要的研究课题,它与雾化效果的好坏及雾化器的设计密切相关。此外,不同的工程应用领域对雾滴的大小有不同的要求,探索雾滴尺寸与荷电电压、流量、毛细管直径、流体的物性参数等的关系,对实现雾滴大小的控制尤为重要。很多学者针对不同的应用背景,采用不同的测试手段对不同试验配置下的粒径进行了试验测试,但大多没有考虑雾化模式,并且对不同空间雾滴分布特性的差异性也涉及不多。作者采用不同的试验测试方法进行了深入的试验研究。

(1) 不同雾化模式的粒径分布及粒径-滴速特征

采用颗粒动态分析仪(PDA)系统对垂直配置(毛细管垂直放置、向下喷射)的静电雾化在不同位置处的电压-粒径及粒径-滴速特性进行了试验测试。PDA 测试点位置配置如图 8.15 所示。

1) 不同雾化模式的粒径分布

图 8.16 为试验获得的不同雾化模式下水的雾滴平均粒径与电压的关系。由图可见,滴状模式下的平均粒径最大。随着电压的增大,雾滴直径会急剧减小。当进一步提高电压时,下落的雾滴将会在电场力作用下被拉长,滴状模式不能再继续保持,雾化模式将逐渐过渡为锥射流模式。在锥射流模式中,随着电压的增大,雾滴粒径会有规律地进一步减小。当电压再进一步加大时,雾化模式转换为多股射流模式。此时,雾滴粒径很小,但并不随着电压的升高而单调下降,而是时大时小,这表明多股射流区极不稳定,雾滴大小也不易控制。

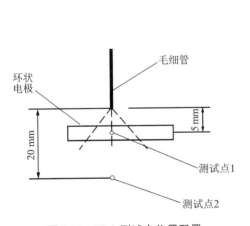

图 8.15 PDA 测试点位置配置

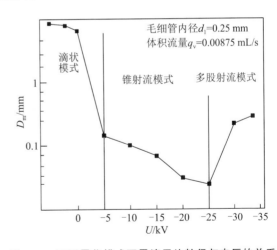

图 8.16 不同雾化模式下雾滴平均粒径与电压的关系

图 8.17 为典型工况下雾滴的粒径分布。由图可见,滴状模式时的雾滴粒径较大,直径分布较宽,但基本呈现正态分布规律(图 8.17a)。在锥射流模式时雾滴粒径较小,粒径分布呈现出两种较为典型的类型:在电压不太高时,粒径分布呈现明显单极分布,并且处于粒径分布中心附近的雾滴频率相当高(图 8.17b);随着电压逐渐升高,最大频率逐渐降低,当电压达到−25 kV 时,粒径分布呈现出显著的双极性分布特征(图 8.17d)。这主要是因为高电压

情况下,部分雾滴会出现二次雾化,从而产生部分更小的雾滴,即所谓的卫星滴。在多股射流区,雾滴粒径也较小,但粒径分布没有明显特征,单极性及双极性均不明显,粒径谱比锥射流稍宽(图 8.17e)。这主要是因为数股射流产生的雾滴大小均不同。

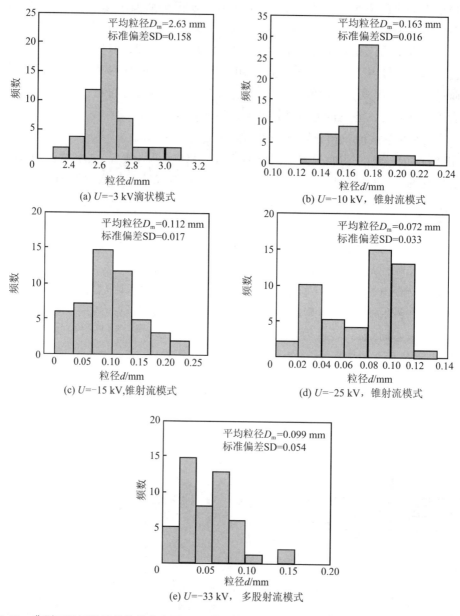

图 8.17　典型工况下雾滴的粒径分布图(毛细管内径 $d_1 = 0.25$ mm,体积流量 $q_v = 0.008\ 75$ mL/s)

　　图 8.18 为电压不变时,不同体积流量下锥射流模式时的平均雾滴粒径。图中试验数据表明:在电压不变时,随着体积流量的减小,雾滴粒径也随之减小。这主要是因为体积流量越小,单位质量流体的荷电量越高,雾滴在库仑斥力作用下更易破碎。试验数据还表明,对于电导率很大的导电液体,通过减小体积流量来减小雾滴粒径的潜力似乎不是太大。当体积流量由 0.05 mL/s 减小至 0.005 5 mL/s 时,平均雾滴粒径由 0.203 mm 减小至 0.119 mm。

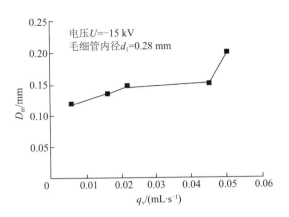

图 8.18　不同体积流量下锥射流模式时的平均雾滴粒径

2）粒径-滴速特性

图 8.19 为不同位置处平均雾滴粒径与电压的关系。图 8.20 为相应条件下 PDA 测试的粒径-滴速关系。由图 8.19 可见,随着电压的增大,两种位置处测得的平均粒径均较有规律地减小。在相同的电压下,距毛细管出口较远位置处的雾滴粒径要小于距毛细管出口较近处的雾滴。在电压不高时,两个位置处的雾滴粒径差别不是太大,但随着电压的升高,两个位置处的粒径差别逐渐增大,这主要是雾滴产生二次雾

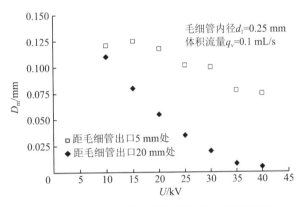

图 8.19　不同位置处平均雾滴粒径与电压的关系

化的缘故。在距离毛细管出口不远处,射流刚刚破碎为较大的雾滴,二次雾化还未来得及出现,而在距毛细管出口较远处,部分荷电量较多的大雾滴会在电场力及气动力的双重作用下二次雾化为更小的雾滴,使得平均粒径减小。在电压较低时,二次雾化不明显,故两个位置处的平均粒径差别不大,但在电压较高时,会有更多的大雾滴因带电量达到瑞利极限条件而破碎为小雾滴,距毛细管出口较远处的平均粒径更小。由对应的粒径-滴速特性图(图 8.20)可见,在高电压下,由于场强较高,雾滴所受的电场力较大,故雾滴的平均速度要比低电压下大。图 8.20b 表明,在相同电压下,距毛细管出口距离较远处的雾滴的径向速度要远高于距毛细管出口距离较近处的雾滴。这主要是因为距毛细管出口较远处的部分雾滴因二次雾化而会产生部分小雾滴,小雾滴在库仑斥力(雾滴之间的斥力)及外界空气的扰动下有向径向运动的趋势,而部分没有产生二次雾化的大雾滴由于惯性较大,仍基本沿射流轴向运动。二次雾化越充分,小雾滴就越多,平均径向滴速就越大。雾滴运动的这种速度特性与前面有关锥射流模式的研究结论相一致。即锥射流模式在较高电压下,射流会在破碎点处形成伞状雾化区。电压越高,由二次雾化而产生的小雾滴就越多,雾滴平均径向速度就越大,雾化区伞状锥角也就越大。

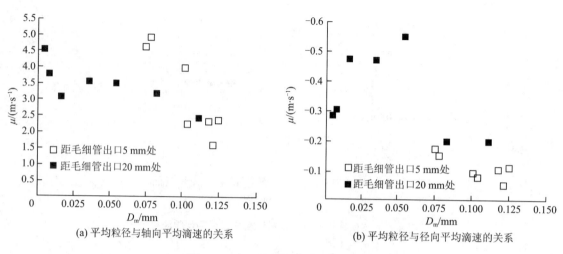

(a) 平均粒径与轴向平均滴速的关系　　　(b) 平均粒径与径向平均滴速的关系

**图 8.20　PDA 测试的粒径-滴速关系**

（2）不同空间位置处的粒径分布及流量分布规律

在不同雾化空间位置处，雾滴的粒径及流量（或沉积量）呈现不同的分布规律。图 8.21 为关于不同位置处粒径及流量分布的试验配置。

在横截面上沿径向依次紧邻放置采样皿，对 3 个采样皿内的雾滴样品进行测试及数据处理，便可得到雾滴的平均粒径及粒径分布。沿径向的流量分布测试与雾滴测试方法相似，分别用 4 个玻璃杯（开口为 40 mm）沿径向 $r=0,40,80,120$ mm 处依次紧邻摆放，在某一工况下进行足够长时间的雾化，再对落入杯中的雾滴体积进行计量，便可得到径向上的近似流量分布规律。

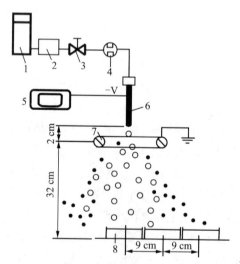

1—水箱；2—BT 100 恒流泵；3—调节阀；4—L2B 3WB 玻璃转子流量计；

5—CJF 100(D)型高压静电发生器；6—毛细管；7—环状电极；8—采样皿（开口 9 cm）。

**图 8.21　不同位置处粒径及流量分布的试验配置**

1）不同射流模式雾滴的破碎

雾滴的尺寸分布与静电射流的形成及射流的破碎密切相关。当毛细管所施加的电压较低时,液体以较大的雾滴流出毛细管。当电压升高到一定程度时,在静电应力、表面张力及雾滴重力的作用下,悬挂在毛细管下的雾滴变成锥形(即 Taylor 锥),在锥的顶部出现很细的射流,细的射流在不稳定波的作用下最终破碎成小雾滴。一般来说,不稳定波有两种形式:Varicose 不稳定波和 Kink 不稳定波。Varicose 不稳定波沿射流传播,射流的轴线不会向周围偏斜,这使得射流沿轴向规则性地变得粗细不一,进而断裂成许多雾滴。其中,粗的部分会形成粒径较大、尺寸分布较均匀的雾滴(即所谓主雾滴),细的部分则可能形成一个或几个更小的雾滴(即所谓的卫星雾滴)。Kink 不稳定波则使射流侧向波动,此时射流不再能保持严格的轴线运动,而是像一条甩开的"鞭子"。两种不稳定波作用的射流的特征、出现条件及分布与电压、流量、雾化流体的物理性质甚至电极的结构都有关。为了对不同工况下雾滴尺寸分布进行比较,试验工况均限制在 Varicose 波作用的射流范围。

2)粒径分布沿径向的变化规律

根据上述试验配置及测试方法,首先对粒径分布进行测试,图 8.22、图 8.23 和图 8.24 分别为获得的三种工况下的不同径向位置的粒径分布。由图 8.22、图 8.23 和图 8.24 可发现粒径的几个分布特点:

① 从中心位置(即 $r=0$)开始,随着径向位置 $r$ 的增大,分布曲线沿坐标逐渐左移。

② 三种工况下,在 $r=0$ 和 $r=180$ mm 处的粒径分布都呈现出较规则的单峰分布特性,而在 $r=90$ mm 处则呈现出较明显的双峰分布特性。

③ 三种工况下,在 $r=0$ 及 $r=180$ nm 处粒径分布较窄,而在 $r=90$ mm 处分布较宽。

雾滴尺寸的这些分布特点可以用雾滴的运动规律来解释。射流破碎形成的雾滴包括尺寸较为均匀的大雾滴(即主雾滴)和尺寸小的卫星滴,主雾滴由于尺寸较大,惯性也较大,主要趋向沿轴线附近的雾化中心区域运动,而卫星滴由于尺寸小,在带电雾滴的相互作用下有较大的径向速度,趋向在雾化的外围区域运动,这样从射流破碎点开始,在空间上就形成了雾化锥。大雾滴主要分布在雾化锥的中心区域,而小雾滴则倾向于在雾化锥的边缘运动。在 $r=0$ 处,主要分布尺寸较大且较均匀的主雾滴;在 $r=180$ mm 处,基本处于雾化区的边缘,主要分布尺寸小的卫星滴。故在这两个区域,雾滴分布呈现为单峰分布规律。而在 $r=90$ mm 附近,基本处于主雾滴和卫星滴空间分布的交界区域,这个区域既有部分主雾滴,也有部分卫星滴,因此粒径分布呈现出双峰分布特性。

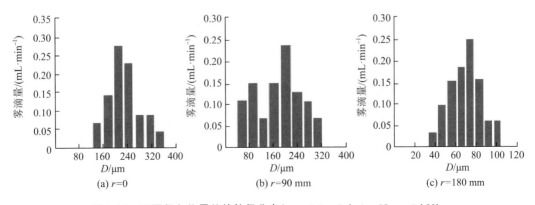

图 8.22　不同径向位置处的粒径分布($q_v=5.1$ mL/min, $U=-5$ kV)

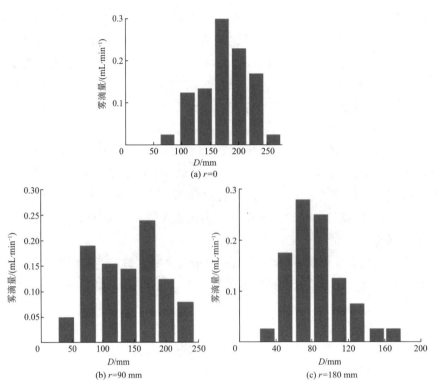

图 8.23　不同径向位置处的粒径分布($q_v=5.1\ \mathrm{mL/min}$, $U=-7.8\ \mathrm{kV}$)

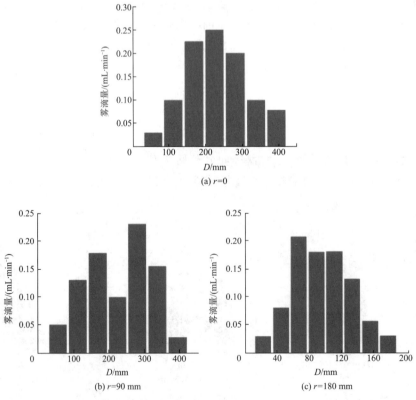

图 8.24　不同径向位置处的粒径分布($q_v=6.5\ \mathrm{mL/min}$, $U=-7.8\ \mathrm{kV}$)

　　为了定量描述不同径向位置处的粒径大小及分布的均匀性,图 8.25 及图 8.26 分别给出了不同径向位置处的平均粒径及粒径分布的标准偏差。由图 8.25 可见,随着径向坐标 $r$ 的逐渐增大,平均粒径逐渐减小,这与前面的分析也相一致。当电压 $U$ 不变时,随着体积流量 $q_v$ 的增大,3 个径向位置处的平均粒径均增大;当体积流量不变时,随着电压的升高,$r=0$ 和 $r=90$ mm 处的平均粒径有较为明显的减小,而 $r=180$ mn 处的平均粒径反而稍微增大,这可能是由于电压升高使得雾化锥角增大,因此在高电压下有少许较大尺寸的雾滴进入 $r=180$ mm 附近,从而造成在该区域附近平均粒径稍有增大的结果。图 8.26 表明,三种工况下,在雾化中心区域($r=0$)及雾化边缘区域($r=180$ mm),粒径分布的标准偏差 SD 较小,而在 $r=90$ mm 处标准偏差 SD 较大,即 $r=0$ 和 $r=180$ mm 处粒径分布较窄,而 $r=90$ mm 处粒径分布较宽,这是由于该区域粒径分布呈现双峰分布,雾滴尺寸在很小的卫星滴到很大的主雾滴之间变动。另外,图 8.26 还表明,当电压不变时,增大体积流量,3 个位置处的粒径分布的均匀性均变差;当体积流量不变时,电压升高,则 $r=0$ 和 $r=90$ mm 处的粒径分布有较大程度的变窄,而边缘区域($r=180$ mm)却有所变大,这同样是因为电压升高使得雾化锥角有所变大,使得高电压下有少许尺寸较大的雾滴进入 $r=180$ mm 区域,从而造成这一区域粒径分布有所变宽的结果。

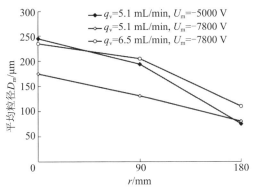

图 8.25　不同径向位置处的平均粒径

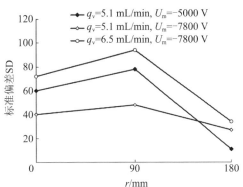

图 8.26　不同径向位置处的粒径分布标准偏差

　　图 8.27 为三种工况下总体雾滴的粒径分布(整个测量横截面上的粒径分布)。图 8.27 表明,电压升高,单位体积雾滴的荷电量随之增大,雾滴总体平均粒径减小,粒径分布更趋均匀;而体积流量增大,雾滴总体荷电效果变差,平均粒径增大,雾滴破碎的随机性也变大,总体的粒径分布变宽。因此,较高的电压和较低的流量可改善总体雾滴的细化程度和粒径分布的均匀性。

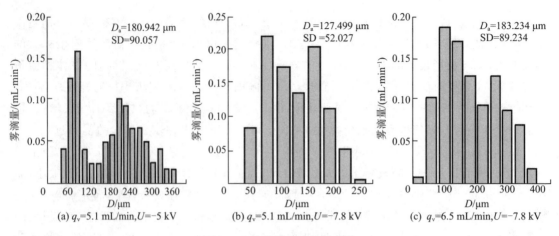

图 8.27    总体雾滴的粒径分布

(a) $q_v$=5.1 mL/min, $U$=−5 kV    (b) $q_v$=5.1 mL/min, $U$=−7.8 kV    (c) $q_v$=6.5 mL/min, $U$=−7.8 kV

3）流量分布特性

图 8.28 为试验获得的不同电压下的体积流量分布。由图可见，中心处（即 $r=0$）的雾滴量最大，但随着径向位置 $r$ 的增大，雾滴量逐渐减小。体积流量分布呈现这种特点主要有两个原因：其一，在雾化的中心区域，雾滴浓度较大，而在边缘区域（$r$ 较大处），雾滴浓度较小；其二，大雾滴主要分布于中心区域，小雾滴则趋向于边缘区域，而且大雾滴不仅占有较多的流体体积，还具有比小雾滴更大的轴向速度。因此，雾滴量沿径向是逐渐减小的。当电压不变而体积流量 $q_v$ 增大时，各径

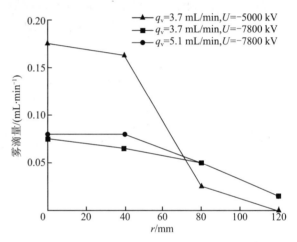

图 8.28    不同电压下的体积流量分布

向位置处的雾滴量有不同程度的增大：中心区域（$r<40$ mm）的增幅很大，而边缘区域（$r\geqslant80$ mm）只有少许增大。这主要是由于大体积流量下的雾滴尺度更大，而大尺度的雾滴具有更大的轴向速度，体积流量增大主要造成中心区域的雾滴量增大，而对边缘区域的雾滴量贡献较小。当体积流量不变时，升高电压可发现一个较为有趣的现象：此时中心区域的雾滴量反而有较大幅度的减小，只有边缘区域的雾滴量增大。这个现象同样与雾化角有关。前面已提到，随着电压的升高，雾化角会变大，这使得有比以前更多的雾滴（甚至一些尺寸较大的雾滴）进入 $r\geqslant80$ mn 的区域。另外，由于小体积流量、高电压下雾滴尺寸分布更趋均匀，因此中心区域雾滴的轴向速度与边缘区域雾滴轴向速度差别变小，故而造成这种现象，即高电压下中心区域雾滴量有所减小，而边缘区域雾滴量有所增大，体积流量分布沿径向的变化有所平缓。

3. 粒径分布的统计模拟

正如前文所述，雾化效果与粒径分布密切相关，但由于静电雾化过程的复杂性，目前对于粒径分布更多的是通过试验测试来获得的，虽然也有一些关系式能够实现一定工况范围

的预测,但它们大多是通过试验数据拟合获得的,在雾化机理上并不具有物理上的普遍性,很少能看到通过比较可行的理论模型来预测。20 世纪 80 年代以来,信息熵法应用于雾化(如压力雾化、压力-旋流雾化等)雾滴的粒径分布及速度分布的统计模拟,这无疑也为静电雾化雾滴粒径分布的预测提供了一个较为可行的方法。

(1) 模型建立

信息熵法应用于雾化过程的原理是:在满足一定的物理约束条件下,使系统的熵达到最大,此时雾滴的尺寸分布为最可能的尺寸分布。该方法尤其适合已知信息较少、高度随机性和非线性的物理过程描述,因此近年来成为雾化过程统计模拟的主要方法之一。下面根据上述原理来建立模型。

信息熵可表达为

$$S = -k \sum_{i=1}^{n} P_i \ln P_i \tag{8.66}$$

式中,$P_i$ 为第 $i$ 状态出现的概率,在雾化过程中可表示为直径 $D_i$ 的雾滴出现的概率;$k$ 为 Boltzmann 常数。

雾化过程必须满足一定的物理约束,对于静电雾化过程,物理约束方程可建立如下:

① 所有状态的概率和应等于 1,即

$$\sum_{i=1}^{n} P_i = 1 \tag{8.67}$$

② 质量守恒。假定不考虑雾滴的蒸发,单位时间内产生的所有雾滴的质量应等于离开喷嘴的质量流量,即

$$\sum_{i=1}^{n} P_i D_i^3 = D_m^3 \tag{8.68}$$

③ 电量守恒。单位时间内产生的所有雾滴的电量之和应等于雾化电流,即

$$\sum_{i=1}^{n} P_i \left(\frac{q}{V}\right)_i D_i^3 = \frac{I}{q_V} D_m^3 \tag{8.69}$$

式中,$q$ 为雾滴所带电荷量;$V$ 为雾滴体积,$m^3$;$I$ 为雾化电流,A;$q_V$ 为雾化体积流量,$m^3/s$;$D_m$ 为雾滴平均直径,m。

单个雾滴所带电荷量为

$$\frac{q}{V} = 6 \sqrt{2\varepsilon_0 \sigma D^{-3}} \tag{8.70}$$

将式(8.70)代入式(8.69),可得

$$\sum_{i=1}^{n} P_i 6 \sqrt{2\varepsilon_0 \sigma} D_i^{3/2} = \frac{I}{q_V} D_m^3 \tag{8.71}$$

定义量纲的粒径 $\overline{D}_i = D_i / D_m$,式(8.68)及式(8.71)可写为

$$\sum_{i=0}^{n} P_i \overline{D}_i^3 = 1 \tag{8.72}$$

$$\sum_{i=1}^{n} P_i 6 \sqrt{2\varepsilon_0 \sigma} \overline{D}_i^{3/2} = \frac{I}{q_V} D_m^{3/2} \tag{8.73}$$

使用拉格朗日乘子法,在式(8.67)、式(8.72)及式(8.73)的约束下,使式(8.66)最大,则

可得到最可能的粒径分布概率为

$$P_i = \exp(-C_0 - C_1\overline{D}_i^3 - C_2 6\sqrt{2\varepsilon_0\sigma}\ \overline{D}_i^{3/2}) \tag{8.74}$$

式中，$C_0$，$C_1$ 和 $C_2$ 为拉格朗日乘子。

对于雾化过程，介于体积 $\overline{V}_{n-1}$ 和 $\overline{V}_n$ 之间的雾滴体积 $\overline{V}$ 出现的概率可以表达为

$$P\{\overline{V}_{n-1} < \overline{V} < \overline{V}_n\} = \sum_{\overline{V}=\overline{V}_{n-1}}^{\overline{V}_n} \exp(-C_0 - C_1\overline{D}_i^3 - C_2 6\sqrt{2\varepsilon_0\sigma}\ \overline{D}_i^{3/2}) \tag{8.75}$$

假设雾化过程中雾滴尺寸为连续分布，则上式可写为如下积分形式：

$$P\{\overline{V}_{n-1} < \overline{V} < \overline{V}_n\} = \int_{\overline{V}_{n-1}}^{\overline{V}_n} \exp(-C_0 - C_1\overline{D}^3 - C_2 6\sqrt{2\varepsilon_0\sigma}\overline{D}^{3/2})\,\mathrm{d}\overline{V} \tag{8.76}$$

这里 $\overline{V}$ 为雾滴量纲一的体积，即

$$\overline{V} = \frac{V}{V_\mathrm{m}} = \overline{D}^3 \tag{8.77}$$

式中，$V$ 为单个雾滴体积，$\mathrm{m}^3$；$V_\mathrm{m}$ 为雾滴平均体积，$\mathrm{m}^3$。

式(8.76)可变为

$$P|\overline{V}_{n-1} < \overline{V} < \overline{V}_n| = P\{\overline{D}_{n-1} < \overline{D} < \overline{D}_n\}$$
$$= \int_{\overline{D}_{n-1}}^{\overline{D}_n} 3\overline{D}^2 \exp(-C_0 - C_1\overline{D}^3 - C_2 6\sqrt{2\varepsilon_0\sigma}\overline{D}^{3/2}) \tag{8.78}$$

式中，$\overline{D}_{n-1}$ 和 $\overline{D}_n$ 分别对应于体积为 $\overline{V}_{n-1}$ 和 $\overline{V}_n$ 的雾滴直径。

雾滴尺寸的概率密度函数可表达如下：

$$f = 3\overline{D}^2 \exp(-C_0 - C_1\overline{D}^3 - C_2 6\sqrt{2\varepsilon_0\sigma}\overline{D}^{3/2}) \tag{8.79}$$

上式为基于雾滴尺寸的概率密度函数表达式，该式可描述射流模式下雾滴直径的分布特性。在实际的雾化过程中，雾滴的直径介于 0 和有限最大值 $\overline{D}_{\max}$ 之间，于是连续约束方程可表达为

$$\int_0^{\overline{D}_{\max}} f\,\mathrm{d}\overline{D} = 1 \tag{8.80}$$

$$\int_0^{\overline{D}_{\max}} f\,\overline{D}^3\,\mathrm{d}\overline{D} = 1 \tag{8.81}$$

$$\int_0^{\overline{D}_{\max}} f 6\sqrt{2\varepsilon_0\sigma}\ \overline{D}^{3/2}\,\mathrm{d}\overline{D} = \frac{I}{q_V}D_\mathrm{m}^{3/2} \tag{8.82}$$

为了确定 $C_0$，$C_1$，$C_2$，将式(8.79)代入式(8.80)、式(8.81)和式(8.82)，可得

$$\int_0^{\overline{D}_{\max}} 3\overline{D}^2 \exp(-C_0 - C_1\overline{D}^3 - C_2 6\sqrt{2\varepsilon_0\sigma}\ \overline{D}^{3/2})\,\mathrm{d}\overline{D} = 1 \tag{8.83}$$

$$\int_0^{\overline{D}_{\max}} 3\overline{D}^5 \exp(-C_0 - C_1\overline{D}^3 - C_2 6\sqrt{2\varepsilon_0\sigma}\ \overline{D}^{3/2})\,\mathrm{d}\overline{D} = 1 \tag{8.84}$$

$$\int_0^{\overline{D}_{\max}} 18\sqrt{2\varepsilon_0\sigma}\ \overline{D}^{7/2}\exp(-C_0 - C_1\overline{D}^3 - C_2 6\sqrt{2\varepsilon_0\sigma}\ \overline{D}^{3/2})\,\mathrm{d}\overline{D} = \frac{I}{q_V}D_\mathrm{m}^{3/2} \tag{8.85}$$

式(8.83)、式(8.84)和式(8.85)可通过数值技术求解。上式中的雾化电流 $I$ 和平均粒径 $D_\mathrm{m}$ 有如下关系式：

① 当 $\dfrac{\sigma^3\varepsilon_0^2}{\mu^3 K^2 q_V} < 1$ 时，

$$\frac{I}{I_0}=\frac{6.2}{(\varepsilon_r-1)^{1/4}}\left(\frac{q_V}{q_{V_0}}\right)^{1/2}-2,\frac{D_m}{D_0}=1.6(\varepsilon_r-1)^{1/6}\left(\frac{q_V}{q_{V_0}}\right)^{1/3}-(\varepsilon_r-1)^{1/3} \quad (8.86)$$

② 当 $\dfrac{\sigma^3\varepsilon_0^2}{\mu^3K^2q_V}>1$ 时,

$$\frac{I}{I_0}=11\left(\frac{q_V}{q_{V_0}}\right)^{1/4}-5,\frac{D_m}{D_0}=1.2\left(\frac{q_V}{q_{V_0}}\right)^{1/2}-0.3 \quad (8.87)$$

其中:

$$I_0=\left(\frac{\varepsilon_0\sigma^2}{\rho_1}\right)^{1/2},D_0=\left(\frac{\varepsilon_0^2\sigma}{\rho_1K}\right)^{1/3},q_{V_0}=\frac{\varepsilon_0\sigma}{\rho_1\gamma}$$

式中,$\varepsilon_r$ 为相对介电常数;$\mu$ 为液体动力黏度,Pa·s;$\gamma$ 为液体电导率,S/m。

由式(8.86)及式(8.87)可确定雾化电流 $I$ 及平均粒径 $D_m$,代入式(8.83)、式(8.84)和式(8.85)中便可确定拉格朗日乘子,从而最终确定雾滴直径分布的概率密度函数表达式。

(2)数值计算及预测结果

通过式(8.83)、式(8.84)和式(8.85)求拉格朗日乘子 $C_0$,$C_1$,$C_2$ 时需用数值计算。对于非线性方程组 $f(x)=0$,经常采用 Newton Raphson 迭代法来求解,但 Newlon Raphson 法对初始值比较敏感,并且对于本问题,其 Jacobi 矩阵一般为病态。为此,这里采用改进的 Newton Raphson 算法求解,其迭代格式为

$$x_{k+1}=x_k-[Df(x_k)+\varepsilon_k I]^{-1}f(x_k),k=0,1,2,\cdots \quad (8.88)$$

式中,$Df(x_k)$ 为方程 $f(x)=0$ 的 Jacobi 矩阵;$I$ 为单位矩阵;$\varepsilon_k$ 为阻尼因子。

引入阻尼因子在一定程度上改善了 Jacobi 矩阵的病态,同时也改善了对初始值的要求,但 $\varepsilon_k$ 的合适值要通过反复试算确定。对于式(8.83)、式(8.84)和式(8.85)中的积分上限 $\overline{D}_{max}$,它对雾滴直径分布规律没有实质性的影响,只要取值足够大即可,计算时取 $\overline{D}_{max}$ 为 5。

### 8.3.2 静电除尘

静电除尘技术是一种能有效收集亚微米级烟尘颗粒的方法,这一技术对减轻大气悬浮物污染、改善大气质量、保护人体健康具有重要作用和意义。

1. 试验台设计

静电气固两相流凝并试验的思路为:通过外加高压静电作用对亚微米级细微颗粒进行荷电,荷电后的细微颗粒在输运过程中将在外电场力及粒子间的库仑力作用下运动,观察及测量其运动规律及凝并情况。

(1)试验台总体结构

荷电颗粒凝并试验装置如图 8.29 所示。试验过程为:细微颗粒经过文丘里式吸粉机均匀地进入试验管道,由经过整流后的均匀气流吹送至荷电区,通过网状电极对细微颗粒荷以正(负)电荷,观察荷电后的粉状颗粒的运动及沉积。参照直流小型风洞的设计,试验台由动力段、稳流段、荷电段、输运段、凝并段组成。考虑试验观察及测量的要求,试验管段采用玻璃制作,截面为 250 mm×250 mm。

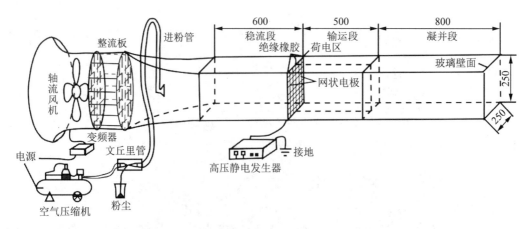

图 8.29　荷电颗粒凝并试验装置(单位:mm)

（2）荷电装置

荷电区用于细微颗粒荷电,选用网状电极。一方面,固体颗粒较液体难以荷电,网状荷电方式能同时产生接触荷电和感应荷电,有利于对固体颗粒荷电;另一方面,网状荷电较其他荷电方式荷电密度大,有利于细微颗粒的充分荷电。网状电极与高压静电发生器相连,当粉粒通过网状电极时即可实现对粉粒的荷电。

网状荷电电极设计成网格密度为 2 mm×2 mm 的细铜线网栅,安装在稳流段出口处。为了满足双极异极性荷电粉粒的试验要求,将网状荷电电极在垂直截面方向均匀地分成左右两部分,一半用来荷正电荷,另一半用来荷负电荷。网状电极的边缘和中间的分隔部分通过高压绝缘橡胶进行绝缘。网状荷电电极如图 8.30 所示。

（3）送粉装置

送粉装置选用轴流风机,并在风机后增设整流板。风速范围为 0.5~1.5 m/s,可通过调节与轴流风机相连的变频器来控制风机的转速,从而调节风速大小。选用文丘里式吸粉机可将粉粒有效送入管道。文丘里式吸粉机主要由一台直联式空气压缩机、一个三通式文丘里管及连接管道组成,如图 8.31 所示。

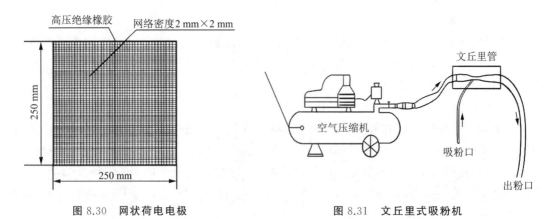

图 8.30　网状荷电电极    图 8.31　文丘里式吸粉机

（4）测试设备

在各管段进口处用热球式风速仪测量风速。采用如下方法来测量粉粒的沉积分布:在各组试验中,在输运段底部每 10 cm 均匀放置一块大小为 12 cm×10 cm 的玻璃板,在凝并段底部每 10 cm 均匀放置一块大小为 25 cm×10 cm 的玻璃板,在不同的状态下进行喷粉试验,将各玻璃板上沉积的粉粒在精密电子天平上称量,减去玻璃板自重,即可得到管段内各距离上的粉尘沉积量,再将粉粒沉积量与该面积上的实际沉积量相比即可得到沉积效率。颗粒沉积测试试验装置简图如图 8.32 所示。

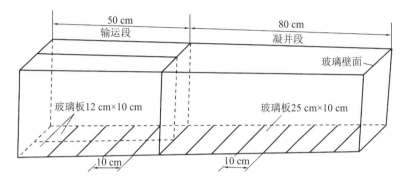

图 8.32　颗粒沉积测试试验装置简图

试验中测量设备主要包括:

① FA1604 型精密电子天平,用来测量沉积质量等,测量精度可达到 0.1 mg。

② 精密微安表和秒表,用来测量荷电颗粒群所产生的电流和时间。微安表测量精度可达到 0.1 μA。

③ 热球式风速仪,用来测量及调节风速,测量精度可达到 0.01 m/s。

④ 正、负高压静电发生器及高压电表,用来荷电及测量实际的荷电电压。

2. 比荷测量

采用网状-水幕法测量颗粒的比荷。试验测量过程为:荷电颗粒均匀地喷射到多层金属栅网上,荷电的颗粒接触到接地的金属网后形成回路,幕状水流洗涤荷电颗粒在金属网上的沉积,使荷电颗粒迅速放电,电荷在金属网上产生微电流,将此电流接至精密微安表后可测出这一电流值,秒表上可读出产生微电流的时间,同时测出所喷射的粉尘的质量,从而求出颗粒的比荷。

试验条件:试验粉尘为电厂飞灰;进口风速为 1.0 m/s;喷粉时间为 10 min;粉尘质量浓度为 3.0 g/m³。

表 8.1 为不同荷电电压下的比荷。通过对比表 8.1 中的两组数据,可以得出电厂飞灰颗粒的比荷与荷电压之间有如下规律:

① 电厂飞灰颗粒的比荷随正、负充电电压值的升高而增大。

② 通过正、负电压下比荷的对比可以发现,在相同大小的电压下,电厂飞灰颗粒在荷负电时的比荷略高于荷正电时的比荷。这表明电厂飞灰颗粒荷负电的性能要比荷正电的性能略好一些。

③ 从荷电电压与比荷的关系可以看出,电厂飞灰颗粒的比荷在±20 kV 之前增长率比较大,在±20 kV 之后增长较平缓。这表明电厂飞灰颗粒的比荷与荷电电压呈现一种非线性增长关系,随着荷电电压的增加,荷电量也增加,但有一个饱和量。

表 8.1    不同荷电电压下的比荷

| 荷电电压/kV | 5 | 10 | 15 | 18 | 21 | 25 | 28 |
|---|---|---|---|---|---|---|---|
| 平均电流/μA | 0.33 | 0.45 | 0.66 | 0.75 | 0.83 | 0.89 | 0.91 |
| 比荷/(mC·kg⁻¹) | 1.76 | 2.40 | 3.52 | 4.00 | 4.43 | 4.75 | 4.85 |
| 荷电电压/kV | −5 | −10 | −15 | −18 | −23 | −26 | −30 |
| 平均电流/μA | 0.42 | 0.59 | 0.79 | 0.88 | 0.95 | 0.99 | 1.01 |
| 比荷/(mC·kg⁻¹) | 2.24 | 3.15 | 4.21 | 4.69 | 5.07 | 5.28 | 5.39 |

**3. 输运沉积性能试验**

输运段内粉尘颗粒沉积效率的试验测量步骤:调节风速及荷电电压,在输运段底部两侧每 10 cm 均匀放置一块大小为 12 cm×10 cm 的玻璃板,在不同的试验条件下进行试验,先在精密电子天平上称出各玻璃板上沉积的粉尘的质量,减去玻璃板自重,得到管段内各距离上的粉尘沉积量,再将粉尘沉积量与该面积上的实际沉积量相对比即可得到沉积效率。试验装置简图如图 8.32 所示。

试验在不同风速、不同浓度、不同荷电电压下对荷电颗粒在输运段的沉积效率做了研究。图 8.33 为不同负电压下荷电颗粒输运段的沉积效率对比。试验参数:粉尘为电厂飞灰;风速为 0.5 m/s;电压为 0,−10,−15,−20,−25 kV;质量浓度为 1.0 g/m³。从图中可以看出,荷电颗粒的总沉积效率随荷电负电压值的增大而增大,并且呈现出近似线性的增长趋势。

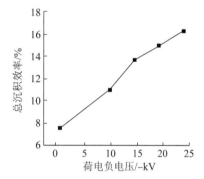

图 8.33    荷电颗粒在输运段的总沉积效率随荷电负电压的变化曲线

在相同条件下,从几组试验对比中可以得出如下结论:

① 荷电颗粒的沉积效率随风速的增大而降低。这是因为风速越大,粉尘颗粒在输运段的输运时间就越短,粉尘颗粒的沉积量也就越小,粉尘颗粒在输运段的沉积效率也就相应地降低。

② 荷电颗粒的沉积效率随浓度的增大而降低。这表明提高浓度有利于粉尘颗粒的输运。

③ 荷电颗粒的沉积效率随着荷电负电压的降低而增大。当荷电负电压从 0 降至 −10 V 时,随着荷电负电压的降低,沉积效率变化最为明显,这表明荷电电压对粉尘颗粒输运有明显的影响;当荷电负电压从 −15 kV 降至 −25 kV 时,随着荷电负电压的降低,沉积效率的增长呈现出不平稳的趋势。荷电颗粒在输运段上的沉积曲线较不荷电时要略微平缓一些,原因可能是荷电颗粒在输运段已经发生了轻微的凝并过程。

**4. 凝并特性试验**

凝并段内粉尘颗粒凝并沉积量的测量方法与输运段基本相同,即:调节风速及荷电电压,在凝并试验段底部两侧每 10 cm 均匀放置一块大小为 25 cm×10 cm 的玻璃板,在不同的试验条件下进行试验,先在精密电子天平上称出各玻璃板上沉积的粉尘的质量,减去玻璃板自重,得到管段内各距离上的粉尘沉积量,再将粉尘沉积量与该面积上的实际沉积量相对比即可得到沉积效率。试验装置简图如图 8.32 所示。

（1）凝并段内不同粉尘间荷电颗粒的沉积性能对比试验

试验参数:粉尘为滑石粉、高岭黏土、电厂飞灰;风速为 0.5 m/s;电压为 −20 kV;质量浓度为 1.0 g/m³。在不同荷电电压作用下,荷电颗粒在凝并段内的总凝并沉积效率随荷电电压的变化曲线如图 8.34 所示。

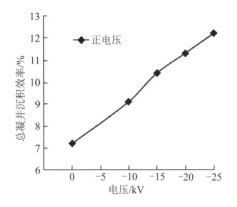
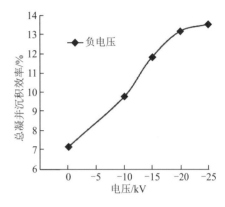

图 8.34　荷电颗粒在凝并段内的总凝并沉积效率与荷电电压的关系曲线

（2）荷电颗粒在双极不对称荷电电压下凝并段的沉积性能对比试验

试验参数:粉尘为电厂飞灰;质量浓度为 1.0 g/m³;风速为 0.5 m/s。表 8.2 为双极不对称荷电电压下荷电颗粒的凝并沉积效率。

表 8.2　双极不对称荷电电压下荷电颗粒的凝并沉积效率　　　　　　%

| 负电压/kV | 正电压/kV | | | | | |
| --- | --- | --- | --- | --- | --- | --- |
| | 15 | 18 | 20 | 22 | 25 | 27 |
| −15 | 4.69 | 5.01 | 5.11 | 5.54 | 6.26 | 5.61 |
| −18 | 5.04 | 5.50 | 5.70 | 6.12 | 6.46 | 6.05 |
| −20 | 5.24 | 5.57 | 6.39 | 6.85 | 6.56 | 5.68 |
| −22 | 5.36 | 5.87 | 6.53 | 7.25 | 6.95 | 6.58 |
| −25 | 5.45 | 6.60 | 7.11 | 7.73 | 7.22 | 6.69 |
| −28 | 5.66 | 5.96 | 6.62 | 6.99 | 7.31 | 6.58 |

（3）试验结论

在相同荷电条件下,粉尘的凝并效果从高到低依次为电厂飞灰、高岭黏土、滑石粉。这表明颗粒的凝并效率与荷电性能有很大关系,而荷电性能又主要取决于粉尘的介电常数,其中电厂飞灰的介电常数最大,高岭黏土次之,滑石粉的介电常数最小。试验表明,颗粒的介电常数是影响荷电性能及凝并效果的主要因素之一。

以上两个试验对比了在不同粉尘、风速、浓度、单极负电压和双极异性荷电电压下荷电颗粒在凝并段内的凝并沉积效率及在不同荷电电压下的沉积效率,从中得出如下结论:

① 在相同荷电条件下,颗粒凝并沉积效率随风速的增大而降低,随浓度的升高而降低。

② 颗粒的凝并沉积效率随着荷电正电压的升高而增加,随着荷电负电压的降低而增加。与非荷电时相比,正、负电压时的凝并沉积效率都有明显提高。同时可以看出,凝并沉积效率的增长并非随荷电正电压的升高或荷电负电压的降低而呈线性增长,而是随荷电正电压的升高或荷电负电压的降低,颗粒凝并沉积效率的增长趋势相对减缓,这主要是由电压增大到一定程度时的放电引起的。

③ 颗粒在整个凝并段的总沉积效率随荷电正电压的升高而增加,随荷电负电压的降低而增加。从图 8.34 中可以看出,总凝并沉积效率的增长随荷电正电压的升高或荷电负电压降低呈现出近似线性的增长趋势,这种规律与相同性质荷电电压下比荷的增长趋势相吻合。在荷电正电压时,10~15 kV 之间沉积效率的增长率最大;在荷电负电压时,0 至 −20 kV 之间凝并沉积效率的增长率较大,−20 kV 至 −25 kV 之间凝并沉积效率增长趋势相对较平缓。

④ 双极不对称荷电电压下的凝并沉积效率要明显高于单极荷电情况下的凝并沉积效率。在非对称荷电分布中,大多数小颗粒迅速凝并,但由于电荷分布不均,凝并后新生成的颗粒还会带有少量的正电荷或负电荷,会继续和其他颗粒发生凝并,这样能有效提高颗粒的凝并效率。

### 8.3.3　静电脱硫

从废气中脱除 $SO_2$ 等气态污染物的过程包括流体输送、热量传递、质量传递和化学反应。其中,质量传递过程主要采用气体吸收、吸附和催化等操作方法。气体吸收是利用被吸收组分在气液相中因存在压差或浓度差而形成的传质推动力进行的,化学反应的发生使吸收过程得到加速。目前,对于吸收机理的认识主要有双膜理论模型、溶质渗透模型、表面更新理论模型,其中以双膜理论模型的应用较为成熟和广泛。双膜理论认为,相互接触的浆液雾滴和烟气之间存在稳定的相界面,相界面两侧的气相和液相中各存在一层滞留膜,即气膜和液膜,气膜以外的气相称为气相主体,液膜以内的液相称为液相主体。吸收过程一般为:被吸收组分通过气膜边界进入气膜,再移动至相界面,在界面处溶入液相并经液膜进入液相主体,在液相中与脱硫剂发生化学反应。

根据双膜理论,对于石灰浆液荷电雾化脱硫,浆液雾滴模型和 $Ca(OH)_2$ 颗粒模型分别如图 8.35、图 8.36 所示。雾滴表面包括气液相界面、外侧气膜和内侧液膜,雾滴反应面位置取决于传质速率和化学反应速率;$Ca(OH)_2$ 颗粒表面存在固液相界面及其外侧液膜,液膜界面外侧为液相主体。

由于 $Ca(OH)_2$ 粉末只能微溶于水,故在浆滴吸收 $SO_2$ 的过程中涉及气-液-固三相。因雾滴中 $Ca(OH)_2$ 颗粒细小,不妨假设在雾滴中心处有一个 $Ca(OH)_2$ 颗粒,且其球心与雾滴中心重叠,又因雾滴直径微小,故将其内部液相主体与雾滴表面内侧液膜合为一体。为方便分析问题,可将过雾滴中心的平面放大以表示气、液、固各相界面的关系(固相只画出雾滴中心处的颗粒表面)。

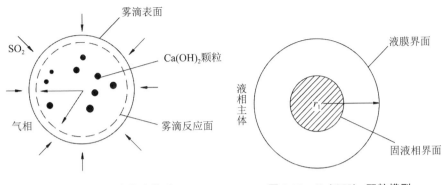

图 8.35　浆液雾滴模型　　　　　图 8.36　$Ca(OH)_2$ 颗粒模型

如图 8.37 所示，$GG'$ 与 $LL'$ 之间的区域存在气相阻力，$BB'$ 与 $SS'$ 之间的区域存在溶解阻力，$LL'$、$BB'$ 至 $RR'$ 之间的区域存在扩散阻力。由于 $BB'$ 至 $RR'$ 之间 $Ca^{2+}$ 浓度以线性规律逐渐降低，故其间的不同位置 $Ca(OH)_2$ 颗粒的溶解量按所处位置液相 $Ca^{2+}$ 浓度计算；又因 $Ca^{2+}$ 与 $SO_3^{2-}$ 的反应属于快速反应，故认为 $RR'$ 处 $Ca(OH)_2$ 浓度为零，$LL'$ 至 $RR'$ 之间 $Ca(OH)_2$ 颗粒已溶解完。图中，$r_{xj}$ 表示气液相界面对应的半径。下面分析以石灰浆液为脱硫剂的荷电雾化脱硫机理。

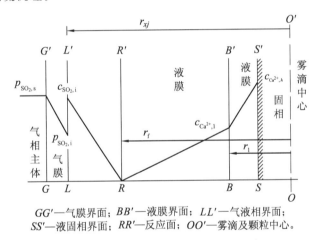

$GG'$—气膜界面；$BB'$—液膜界面；$LL'$—气液相界面；
$SS'$—液固相界面；$RR'$—反应面；$OO'$—雾滴及颗粒中心。

图 8.37　气、液、固反应过程浓度分布

1. 浆液荷电雾化对气液接触的作用

雾滴荷电后表面张力减小，这不仅有利于雾滴的进一步分裂细化，还能有效增加浆液与烟气的接触面积。同时，由于带有同性电荷的雾滴相互排斥，因此促进了雾滴空间分布的均匀化。这种结果对提高 $SO_2$ 的吸收率十分有利，是浆液荷电雾化提高脱硫率的一个重要方面。

2. 雾滴荷电对增强雾滴表面活性的作用

石灰浆液雾滴荷电对提高脱硫率的另一重要贡献主要在于荷电导致的雾滴表面特性的变化和离子分布的变化。石灰浆液雾滴荷电可能包含多种形式，但从外电场作用和雾滴自身电荷作用的特性来看，所带电荷主要集聚于雾滴表面，这必然会引起雾滴表面特性的变化，并对 $SO_2$ 的吸收产生影响。

（1）增大 $SO_2$ 气体传质推动力

雾滴荷电使其表面张力减小，这将导致液相压力减小，液相表面 $SO_2$ 的分压降低，$SO_2$ 传质的推动力增大。这对于表面张力相对较大的水溶液来讲显得更加重要。

（2）增大气膜中 $SO_2$ 扩散系数

$SO_2$ 和 $H_2O$ 分子均为角型结构，属于极性分子，在外电场作用下易发生定向排序。尤其在强电场作用下，除固有电偶极矩外，还将产生诱导电偶极矩，极化的现象是比较明显的。电场中雾滴表面过剩电荷的存在和极化电荷的形成，必然导致表面局部正电荷或负电荷的集中分布，具体的分布规律十分复杂，与外电场强度及方向、雾滴具备的动量大小与方向以及烟气流速与方向等因素有关。但不管电荷具体如何分布，无论是正电荷集中还是负电荷集中，都将有利于 $SO_2$ 气体的吸收。因为气体分子的吸收是通过气体分子与气液界面的碰撞实现的，但并非所有与界面碰撞的分子都能进入液相，如果被吸收分子率为 $\xi$，则界面气体传质极限速率为

$$R_c = \frac{\xi}{\sqrt{2\pi RTM}}(p_g - p_i) \tag{8.89}$$

式中，$R$ 为气体常数；$M$ 为气体相对分子质量；$T$ 为热力学温度；$p_g$ 为气相中分压；$p_i$ 为界面分压。

可见，在恒温恒压条件下，气体传质极限速率 $R_c$ 与被吸收分子率 $\xi$ 的大小成正比。对于电场中的雾滴，其周围极化了的 $SO_2$ 分子将以正极或负极趋向雾滴表面负电荷或正电荷集中的部位，静电吸引力的作用将使 $SO_2$ 分子以更快的速度到达气液界面，且增强吸收质量，增大 $\xi$ 值，并迅速与水分子结合、水解和电离，与界面上的 $Ca^{2+}$ 发生快速反应，从而增大 $SO_2$ 气体在气膜中的扩散系数。

3. 雾滴荷电对液相反应过程的作用

相对于气相反应而言，液相中的化学反应要复杂得多。液相中分子（或离子，下同）的间隙比分子的碰撞直径小，分子间的相互作用强，分子要在液相中移动位置（即扩散）需要克服分子间的斥力才能实现，因此液相中溶质的扩散系数要比气相中小 3~4 个数量级。而液相中的反应物分子必须通过扩散并发生有效的碰撞，才能发生化学反应。可见，液相中的扩散传质速率是影响 $SO_2$ 吸收的关键环节。电场中雾滴带上过剩电荷或发生极化，都将使反应离子重新分布，$Ca^{2+}$（及 $H^+$）和 $OH^-$ 将获得电场能量而反向移动，直至雾滴表面，极性分子 $H_2O$ 也会发生定向排列。$Ca^{2+}$ 向雾滴表面积聚，节省了 $SO_3^{2-}$ 或 $HSO_3^-$ 在液相中的扩散时间，同时适应了雾滴表面因带电而提高 $SO_2$ 吸收速率的需要，避免 $SO_2$ 在气液界面附近的积累。$OH^-$ 的反向积聚，将使雾滴表面局部 pH 值增大，促使 $SO_2$ 在界面上溶解以及 $H_2SO_3$ 向离解为 $H^+$ 和 $SO_3^{2-}$ 的方向进行。因此，电场中带电的浆液雾滴表面大致可分为三类区域：第一，正电荷集中的区域，发生因带电而强化的气膜控制过程；第二，负电荷集中的区域，发生因带电而强化的双膜控制过程；第三，带电密度很小或不带电的区域，发生与雾滴不荷电一样的双膜控制过程，这类区域的范围可能比较小。同时，电场作用引起的离子移动将导致雾滴内部离子浓度降低，促进液相内部 $Ca(OH)_2$ 的溶解和扩散。

上述雾滴带电对 $SO_2$ 吸收的强化作用在外电场区域内得到明显体现：随着雾滴与外电场距离的增大，电场强度降低，极化作用逐步减弱，$SO_2$ 吸收仍在继续进行，过剩电荷和极化

电荷因进行化学反应而减少,但雾滴穿越电场的时间很短,过剩电荷仍然会存在并发挥作用。当外电场强度与雾滴带电形成的电场平衡时,极化电荷完全消失,表面过剩电荷仍会对 $SO_2$ 吸收速率产生影响,但在吸收过程中这种影响将随过剩电荷的减少而减弱。

4. 石灰浆液荷电雾化脱硫传质模型假设

雾滴带电情况下的气体吸收问题是涉及传质、化学反应、静电特性等方面的动力学问题。作为石灰浆液荷电雾化脱硫的基础性研究,这里主要以实验室条件下模拟的脱硫过程为研究对象,在石灰浆液荷电雾化特性、脱硫机理及相关试验的基础上建立浆液荷电雾化脱硫模型。

实际的物理化学吸收过程受许多因素的影响,且未溶 $Ca(OH)_2$ 颗粒粒径大小及分布不均匀,情况十分复杂。为了便于建立模型可作如下假设:

① 模拟烟气和水蒸气等均视为理想气体,反应过程对液膜外表面水分的蒸发无影响。

② 浆液雾滴近似为球形,其运动视作滞止流,且在吸收 $SO_2$ 的过程中始终保持形状不变。

③ 雾滴内部未溶 $Ca(OH)_2$ 颗粒均匀分布,且为直径相同的球形,并不产生可以觉察的环流流动。

④ $SO_2$ 分子扩散至气液相界面时立即完成水解和电离。

⑤ 反应只在液相中进行,可忽略反应热和吸收剂溶解热。

⑥ 除 $SO_2$ 外,其他气体组分不被吸收,$SO_2$ 浓度在雾滴周围均布。

由于雾滴受电场作用而带电,故在穿越外电场的过程中会造成雾滴表面 $Ca^{2+}$ 或 $OH^-$ 的积聚。鉴于电荷数量和分布的复杂性,可近似假设雾滴表面的一半为 $Ca^{2+}$ 积聚区,认为该区域界面处 $Ca^{2+}$ 浓度过量,反应只在界面上进行,不存在 $SO_3^{2-}$ 或 $HSO_3^-$;而雾滴表面的另一半为 $OH^-$ 积聚区,以强化气膜扩散为主的双膜吸收。随着反应的延续和雾滴渐离外电场,气液相界面的 $Ca^{2+}$ 浓度下降,导致雾滴内部与界面间的浓度差,促使 $Ca^{2+}$ 的扩散和 $Ca(OH)_2$ 颗粒的进一步溶解。同时界面处过量的 $HSO_3^-$ 和 $SO_3^{2-}$ 向雾滴中心方向扩散,反应面逐渐内移,直到反应历程完毕或 $Ca(OH)_2$ 颗粒用完。为此,将荷电雾滴吸收 $SO_2$ 的模型分成下述两种情况加以讨论。

(1) 雾滴穿越强电场阶段吸收 $SO_2$ 的模型

对于 $Ca^{2+}$ 积聚的表面,界面上 $Ca^{2+}$ 浓度超过与吸收组分 $SO_2$(水解为 $SO_3^{2-}$ 或 $HSO_3^-$)反应所需的量,$SO_2$ 在界面溶解后立即被耗尽,反应面与相界面重合,在相界面上有

$$c_{SO_2,i}=0, p_{SO_2,i}=0, c_{Ca^{2+},i}>0 \tag{8.90}$$

式中,$c_{SO_2,i}$ 为相界面上 $SO_2$ 的浓度;$p_{SO_2,i}$ 为相界面上 $SO_2$ 的分压;$c_{Ca^{2+},i}$ 为相界面上 $Ca^{2+}$ 的浓度。

同时,由于雾滴表面带电,将强化 $SO_2$ 的吸收。极性分子 $SO_2$ 在电场中发生位移极化,设其电偶极矩为 $p_1$,若把带电雾滴看成电偶极子,设其电偶极矩为 $p_2$(包含过剩电荷),且两类电偶极子均在电场方向上,则它们彼此间的引力为

$$F=-\frac{6p_1p_2}{4\pi\varepsilon r^4}(负号表示相互吸引) \tag{8.91}$$

$$p_1=q_1l_1, p_2=q_2l_2\approx q_2 2r_{xj}$$

式中,$\varepsilon$ 为介电常数,F/m;$r$ 为两个电偶极子之间的距离,m;$q_1$、$q_2$ 分别为电偶极子 1 和 2 的电荷量,C;$l_1$,$l_2$ 分别为电偶极子 1 和 2 的两极间距,m。

处于非均匀电场中的极化电荷,还会受到因电场梯度造成的梯度力的作用,使极化电荷移向电场强的区域。但在一般情况下,梯度力比库仑力小得多,故可忽略不计。如果 $SO_2$ 分子的质量为 $m$(kg),则根据牛顿第二定律可得,因电偶极子的相互作用而产生的 $SO_2$ 分子的加速度($m/s^2$)为

$$a = \frac{|F|}{m} = \frac{6p_1p_2}{4\pi\varepsilon mr^4} \tag{8.92}$$

当初始条件假设为 $SO_2$ 分子加速的路程等于气膜厚度 $\delta_g$,初速度等于零时,积分上式可得 $SO_2$ 分子被加速到达气液相界面的速度为

$$v_{SO_2} = \frac{1}{r^2}\sqrt{\frac{3p_1p_2\delta_k}{\pi\varepsilon m}} \tag{8.93}$$

式中,$r = r_{xj} + \frac{1}{2}l_1 \approx r_{xj}$。

气膜厚度按下式计算:

$$\delta_g = \frac{d_p}{1.56 + 0.616\,Re^{1/2}Sc^{1/3}} \tag{8.94}$$

式中,$Re$、$Sc$ 分别为雾滴的雷诺数和施密特数,即

$$Re = \frac{d_p v}{\nu_g}, Sc = \frac{\nu_g}{D_{SO_2}}$$

式中,$d_p$ 为雾滴直径,m;$v$ 为雾滴运动速度,m/s;$\nu_g$ 为气体运动黏度,$m^2/s$;$D_{SO_2}$ 为 $SO_2$ 在气膜中的分子扩散系数,$m^2/s$。

因此,考虑荷电影响的 $SO_2$ 扩散流量为

$$N_{SO_2,g1} = 2\pi r_{xj}^2\left(k_{SO_2,g}p_{SO_2,g} + \frac{p_{SO_2,g}}{RTr_{xj}^2}\sqrt{\frac{3p_1p_2\delta_g}{\pi\varepsilon m}}\right)$$
$$= 2\pi r_{xj}^2\left(k_{SO_2,g} + \frac{1}{RTr_{xj}^2}\sqrt{\frac{3p_1p_2\delta_g}{\pi\varepsilon m}}\right)p_{SO_2,g} \tag{8.95}$$

式中,$k_{SO_2,g}$ 为以分压差推动力的扩散传质系数。

对于 $OH^-$ 积聚的表面,气液相界面及附近 $Ca^{2+}$ 浓度接近于零,因此认为是双膜控制过程,而且同样因雾滴带电而得到强化,静电作用将引起雾滴表面张力减小,从而使相界面 $SO_2$ 分压下降,由于其影响的复杂性,此处未予考虑,则气膜内 $SO_2$ 的扩散流量为

$$N_{SO_2,g1} = 2\pi r_{xj}^2\left(k_{SO_2,g} + \frac{1}{RTr_{xj}^2}\sqrt{\frac{3p_1p_2\delta_g}{\pi\varepsilon m}}\right)(p_{SO_2,g} - p_{SO_2,i}) \tag{8.96}$$

在 $OH^-$ 积聚的表面区域,因外电场的极化作用,导致表面及内部离子分布不均匀,负离子向表面移动,正离子向反向表面移动,作者认为这种离子分布的变化改变了不同区域、不同离子的浓度,但不改变标准平衡常数。因此,根据相平衡和化学平衡的关系可以得到液相中 $SO_2$ 浓度。该区域内可能发生的化学反应如下[因 $Ca(HSO_3)_2$ 极易溶解,且 $Ca^{2+}$ 浓度很小,故忽略此反应式]:

① $Ca(OH)_2 \xleftrightarrow{K_{S1}} Ca^{2+} + 2OH^-$ $\qquad$ $K_{S1} = c_{Ca^{2+}} c_{OH^-}^2$

② $H_2O \xleftrightarrow{K_W} H^+ + OH^-$ $\qquad$ $K_W = c_{H^+} c_{OH^-}$

③ $SO_2 \cdot H_2O \xleftrightarrow{K'_{SO_2}} H^+ + HSO_3^-$ $\qquad$ $K'_{SO_2} = \dfrac{c_{H^+} c_{HSO_3^-}}{c_{SO_2 \cdot H_2O}}$

④ $HSO_3^- \xleftrightarrow{K''_{SO_2}} H^+ + SO_3^{2-}$ $\qquad$ $K''_{SO_2} = \dfrac{c_H \cdot c_{SO_3^{2-}}}{c_{SO_3^{2-}}}$

⑤ $Ca^{2+} + SO_3^{2-} \xleftrightarrow{K_{S2}} CaSO_3$ $\qquad$ $K_{S2} = c_{Ca^{2+}} c_{SO_3^{2-}}$

上述 $K_{S1}$、$K_W$、$K'_{SO_2}$、$K''_{SO_2}$ 和 $K_{S2}$ 分别为相应标准平衡常数,由此可得

$$c_{SO_2 \cdot H_2O} = \frac{1}{K'_{SO_2}} c_{H^+} c_{HSO_3^-} = \frac{1}{K'_{SO_2} K''_{SO_2}} c_{H^+}^2 c_{SO_3^{2-}} \tag{8.97}$$

$$= \frac{1}{K'_{SO_2} K''_{SO_2}} \left(\frac{K_W}{c_{OH^-}}\right)^2 \frac{K_{S2}}{c_{Ca^{2+}}} = \frac{K_{S2} K_W^2}{K'_{SO_2} K''_{SO_2} K_{S1}}$$

可见,液相中 $SO_2$ 的浓度取决于标准平衡常数,与粒子分布的变化无关。

气液界面处由亨利定律得

$$c_{SO_2,i} = H p_{SO_2,i} \tag{8.98}$$

式中,$H$ 为亨利系数。

对于 $SO_2$ 在液膜内的扩散问题,由于外电场的极化作用,使得占大多数的 $OH^-$ 积聚在表面及液膜内,$Ca^{2+}$ 和 $H^+$ 浓度很小,上述①和⑤的反应进行量非常小,而 $SO_2$ 溶解电离的特征时间远小于传质和反应的特征时间,故可认为 $SO_2$ 从界面进入液膜时即达到上述化学平衡状态,则界面的 $SO_2$ 浓度近似等于到达平衡时的 $SO_2$ 浓度,即

$$c_{SO_2,i} \approx c_{SO_2 \cdot H_2O} \tag{8.99}$$

式中,$c_{SO_2 \cdot H_2O}$ 为 $SO_2$ 溶解于水的浓度。

由式(8.98)可得

$$p_{SO_2,i} = \frac{1}{H} c_{SO_2,i} = \frac{1}{H} c_{SO_2 \cdot H_2O} = \frac{K_{S2} K_W^2}{K'_{SO_2} K''_{SO_2} K_{S1} H} \tag{8.100}$$

同时,由于 $SO_2$ 的良好溶解性,可认为该区域体系内的传质总阻力主要受气膜阻力控制,则总的扩散流量为

$$N_{SO_2,g2} = 2\pi r_{xj}^2 \left(k_{SO_2,g} + \frac{1}{RT r_{xj}^2} \sqrt{\frac{3 p_1 p_2 \delta_g}{\pi \varepsilon m}}\right) \left(p_{SO_2,g} - \frac{K_{S2} K_W^2}{K'_{SO_2} K''_{SO_2} K_{S1} H}\right) \tag{8.101}$$

因此,雾滴穿越外电场阶段吸收 $SO_2$ 的总扩散流量为

$$N_{SO_2} = N_{SO_2,g1} + N_{SO_2,g2} = 2\pi r_{xj}^2 \left(k_{SO_2,g} + \frac{1}{RT r_{xj}^2} \sqrt{\frac{3 p_1 p_2 \delta_g}{\pi \varepsilon m}}\right) \left(2 p_{SO_2,g} - \frac{K_{S2} K_W^2}{K'_{SO_2} K''_{SO_2} K_{S1} H}\right)$$

$$\tag{8.102}$$

(2)雾滴穿越诱导电场阶段吸收 $SO_2$ 的模型

荷电对雾滴吸收 $SO_2$ 的贡献包括雾滴因荷电分裂、细化而增大了吸收表面积,雾滴因带电强化了 $SO_2$ 的吸收以及雾滴因带同种电荷而产生斥力使空间分布趋向均匀化等。带电雾滴表面均匀分布过剩电荷,形成带电球体静电场。设雾滴平均直径为 $d_p$,雾滴带电量为

$q$,比荷为 $A_q$,形成的电场强度为 $\boldsymbol{E}$,雾滴周围介质的介电常数为 $\varepsilon$,某一 $SO_2$ 分子与雾滴中心的距离为 $r$,$SO_2$ 分子的电偶极矩为 $p$,$SO_2$ 的分子质量为 $m$。设初始条件为 $SO_2$ 分子被加速的路程为气膜厚度 $\delta_g$,初速度为 0 时,可得 $SO_2$ 分子被加速到雾滴气液相界面的速率为

$$v_{SO_2}=\sqrt{\frac{pq\delta_g}{\pi\varepsilon r^3 m}}\Bigg|_{r=\frac{1}{2}d_p} \tag{8.103}$$

即

$$v_{SO_2}=2\sqrt{\frac{p\rho_p A_q\delta_g}{3\varepsilon m}} \tag{8.104}$$

由于 $\gamma$ 的测量值往往偏小,且雾滴带电引起表面张力减小和传质推动力增大的因素未作考虑,故近似认为脱硫段内雾滴比荷 $A_q$ 沿轴向线性减小至零。

① $SO_2$ 在气膜中的扩散流量为

$$N_{SO_2,g}=4\pi r_{xj}^2 k_{SO_2,g}^q(p_{SO_2,g}-p_{SO_2,i}) \tag{8.105}$$

式中,$k_{SO_2,g}^q$ 为带电而强化的 $SO_2$ 气相扩散传质系数,$k_{SO_2,g}^q=k_{SO_2,g}+\dfrac{2}{RT}\sqrt{\dfrac{p\rho_p A_q\delta_g}{3\varepsilon m}}$;$k_{SO_2,g}$ 为以分压差推动力的扩散传质系数;$p_{SO_2,i}$ 为气液相界面上 $SO_2$ 分压。

② $SO_2$ 在相界面溶解并进入液相的扩散流量。由

$$\int_{r_{xj}}^{r_f}\frac{N_{SO_2,g}}{4\pi}\frac{1}{r^2}dr=\int_{c_{SO_2,i}}^{0}D_{SO_2,l}dc_{SO_2,l}$$

可得

$$N_{SO_2,l}=\frac{4\pi r_f r_{xj}D_{SO_2,l}c_{SO_2,i}}{r_{xj}-r_f} \tag{8.106}$$

式中,$D_{SO_2,l}$ 为 $SO_2$ 溶解后在液相中的扩散系数;$c_{SO_2,i}$ 为相界面处 $SO_2$ 浓度;$c_{SO_2,l}$ 为液相中 $SO_2$ 浓度。

③ $SO_2$ 在气相中的扩散流量应等于液相中的扩散流量,同时相界面上应满足平衡关系,则有

$$c_{SO_2,i}=Hp_{SO_2,i},N_{SO,g}=N_{SO_2,l}$$

另有

$$c_{SO_2,i}=\frac{r_{xj}Hk_{SO_2,g}^q p_{SO_2,g}(r_{xj}-r_f)}{r_f HD_{SO_2,l}+r_{xj}k_{SO_2,g}^q(r_{xj}-r_f)}$$

将上式代入式(8.106),可得

$$N_{SO_2,l}=\frac{4\pi r_f r_{xj}^2 HD_{SO_2,l}k_{SO_2,g}^q p_{SO_2,g}}{r_f HD_{SO_2,l}+r_{xi}k_{SO_2,B}^q(r_{xj}-r_f)} \tag{8.107}$$

④ 稳态时,雾滴中心处 $Ca(OH)_2$ 单颗粒在液相中的溶解方程。

$$n_{Ca(OH)_2}=K_{Ca(OH)_2,l}\frac{A_p}{A}(c_{Ca^{2+},b}-c_{Ca^{2+},l}^*) \tag{8.108}$$

式中,$n_{Ca(OH)_2}$ 为 $Ca(OH)_2$ 在液相中的溶解速率;$K_{Ca(OH)_2,l}$ 为液固传质系数;$A_p$ 为单位体积 $Ca(OH)_2$ 颗粒的液固相界面积;$A$ 为单位面积 $Ca(OH)_2$ 颗粒的控制单元面积;$c_{Ca^{2+},b}$ 为 $Ca^{2+}$ 在液相中的饱和浓度;$c_{Ca^{2+},l}^*$ 为雾滴中心处 $Ca^{2+}$ 的液相主体浓度。

单位时间 $Ca(OH)_2$ 颗粒表面的溶解量为

$$N_{Ca(OH)_2} = 4\pi r_1^2 k_{Ca(OH)_2,l}\frac{A_p}{A}(c_{Ca^{2+},b} - c_{Ca^{2+},b})$$

设雾滴中 $Ca^{2+}$ 的扩散流量为 $N_{Ca^{2+},l}$，由 $N_{Ca(OH)_2} = N_{Ca^{2+},l}$ 得

$$c^*_{C^{2+}_a,l} = \frac{r_1 k_1 c_{Ca^{2+},b}(r_f - r_1)}{r_f D_{Ca^{2+},l} + r_1 k_1(r_f - r_1)} \tag{8.109}$$

式中，$k_1 = k_{Ca(OH)_2,l}\dfrac{A_p}{A}$。

雾滴中 $Ca^{2+}$ 由中心液相主体向反应面扩散的扩散流量为

$$N_{Ca^{2+},l} = -4\pi r^2 D_{Ca^{2+},l}\frac{dc_{Ca^{2+},l}}{dr}$$

式中，$D_{Ca^{2+},l}$ 为 $Ca^{2+}$ 在液相中的扩散系数。

边界条件为 $r = r_1$，$c_{Ca^{2+},l} = c^*_{C^{2+}_a,l}$；$r = r_f$，$c_{Ca^{2+},l} = 0$。

求积分 $$\frac{N_{Ca^{2+},l}}{4\pi}\int_{r_f}^{r_1}\frac{1}{r^2}dr = -D_{Ca^{2+},l}\int_0^{c^*_{C^{2+}_a,l}}dc_{Ca^{2+},l}$$

可得 $$N_{Ca^{2+},l} = \frac{4\pi r_f r_1 D_{Ca^{2+},l} c^*_{C^{2+}_a,l}}{r_f - r_1}$$

则 $$N_{Ca^{2+},l} = \frac{4\pi r_f r_1^2 k_1 D_{Ca^{2+},l} c_{Ca^{2+},b}}{r_f D_{Ca^{2+},l} + r_1 k_1(r_f - r_1)} \tag{8.110}$$

由式(8.113)与式(8.110)，考虑 $N_{Ca^{2+},l} = N_{SO_2}$ 得

$$r_f = \frac{(a + b p_{SO_2,g})r_1^2 r_{xj}^2}{(a r_{xj} - d)r_1^2 + (b r_1 + c)p_{SO_2,g}r_{xj}^2} \tag{8.111}$$

式中，
$$a = k_1 k_{SO_2,g}^q D_{Ca^{2+},l} c_{Ca^{2+},b}$$
$$b = k_1 H k_{SO_2,g}^q D_{SO_2,l}$$
$$c = H D_{Ca^{2+},l} D_{SO_2,l} k_{SO_2,g}^q$$
$$d = k_1 H D_{Ca^{2+},l} c_{Ca^{2+},b} D_{SO_2,l}$$

将式(8.111)代入式(8.107)，可求得雾滴吸收 $SO_2$ 的吸收流量为

$$N'_{SO_2} = N_{SO_2,l}$$
$$= \frac{4\pi b p_{SO_2,g}(a + b p_{SO_2,g})r_1^2 r_{xj}^2}{(H D_{SO_2,l} - k_{SO_2,g}^q r_{xj})(a + b p_{SO_2,g})k_1 r_1^2 + k_1 k_{SO_2,g}^q[(a r_{xj} - d)r_1^2 + (b r_1 + c)p_{SO_2,g}r_{xj}^2]} \tag{8.112}$$

 习 题

1. 名词解释：

（1）荷电多相流

（2）电荷密度

（3）电偶极子

（4）电介质极化

（5）电介质击穿

（6）弛豫时间

2．简述静电力的分类及特性。

3．简述电黏性现象。

4．简述环状电极诱导的电场和针状电极诱导的电场的特性。

5．何为静电雾化现象？毛细管静电雾化模式可以分为哪些种类？简述其在工程中的
应用。

6．简述静电除尘技术及其在工程中的应用。

7．简述静电脱硫技术及其在工程中的应用。

8．在均匀电场$E_0$中放置一个半径为$a$、介电常数为$\varepsilon(\varepsilon<\varepsilon_0)$的电介质球，试求：

（1）点$P$的电位；

（2）作用在介质球上的梯度力。

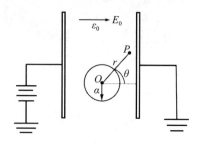

9．半径$a=1.0$ mm、密度$\rho_s=2.0$ kg/m³、电导率$\gamma=0.4\times10^{-12}$ S/m、电荷$q_0=0.4$ nC
的小球，当其因电像力附着在导体平板上时，试求其附着时间。

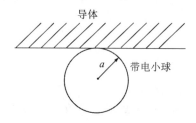

# 多相流测量技术

多相流的流场结构包括各相的相含率、速度、压力及温度等场分部信息,而对于带有化学反应的多相流,各相内由于存在物质转化而存在各组分浓度的场分布。上述各属性依赖不同的时间和空间尺度,即产生了多相流的复杂性。尽管已经有越来越多的模拟方法,如计算流体力学(CFD)可以帮助理解多相流行为和反应设计,但模拟方法的合理性与可靠性仍然需要实验数据的验证,且目前还没有理论和模型能准确、完整地阐述其流动变化的规律和特征。因此,实验测量技术仍然是研究多相流的主要手段,无论是在工业应用还是在学术研究上都有着非常重要的地位。由于多相流固有的流动复杂性,相关理论研究和工程应用都对测试技术不断地提出更高的要求,如无干扰流场、高时空分辨率和场测量等。

多相流测量技术可以依据不同的标准进行分类。Boyer 等(2002)根据测试仪器是否干扰流场以及测试维度对多相流测量技术进行了分类。

## 9.1 光纤探头测量技术

探针法是进行多相流测量的一种重要手段,在气液体系局部气泡行为的测量中起到非常重要的作用。根据探针的材质可以将探针分为电导探针和光纤探针两种。其中,电导探针机械强度高,结构及制作简单,但要求被测量的介质有一定的导电性,因此常需要加入少量的化学试剂,对流场的测量会产生一定的干扰。而光纤探针的测量原理是建立在对信号强度测量的基础上的,不需要外界物质的加入,且反应敏感,测量精确度高,因此得到较多的关注和应用。

### 9.1.1 光纤探针法的测量原理

Miller 和 Mitchie(1970)首先提出光纤探针法,其基本原理为根据不同介质物性的差别,当光源通过两相界面时,光学性质产生变化,反射率、折射率等显著不同,从而使得到的光信号强度产生差别。因此,可以借助对透过两相流体得到的光信号进行两相介质的识别区分,将光信号进一步转化为可以输出的电压信号,再经过一系列的数字处理从而可以得到局部气含率、气泡大小以及上升速度等气泡的局部信息。光源可以采用激光器、发光二极管(LED)等,一般采用绿色光源,因为其信号敏感度较高。

### 9.1.2 光纤探针的结构及其分类

光纤探针的探头一般采用石英材质,除了探针的最尖端之外,探针整体被涂层保护覆盖。探针尖端通常采用熔融、拉伸以及化学蚀刻的方法得到,由于尖细的探针可以减小测量面积,快速刺破气泡,减少逃逸气泡数目以及降低气泡的变形程度,因此探针的尖端直径一般小于 $200~\mu m$。

光纤探针的几何外形可以用半角度 $\beta$ 和尖端直径与纤芯直径比 $D_1/D_0$ 来表示,如图 9.1 所示。当 $D_1/D_0 = 0$,$\beta < \pi/2$ 时,得到的圆锥形尖端最为理想。但是,由于实际探针制作的局限,达到这样标准的难度较大。鉴于此,研究者对探针结构进行了优化,结果表明当半角度 $\beta$ 为 40°～50° 时测量效果最佳。

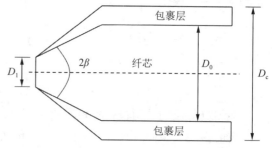

图 9.1　光纤探针尖端几何参数

根据光纤探头的探针数目可以将探头分为单探针、双探针和多探针三类。单探针探头由一根光纤探针构成,如图 9.2 所示,其尖端一般为圆锥形,用来刺破气泡。光从探针尖端发出,当探针在液体中时,光穿过液体;当探针在气体中时,光发射到光电接收设备,其接收到的信号强度与被反射的激光强度正相关。

单探针光纤探头测量的气泡行为参数有限,而双探针光纤探头是应用最为广泛的一种形式,如图 9.3 所示,其可以得到较为全面的气泡参数。双探针光纤探头的两根探针之间要求有一定的间距,一般为 0.5～5 mm,且放置位置要与流体的流动方向一致。采用双探针测量气泡有两个假设条件:① 气泡的运动速度等于两根探针之间的距离与气泡界面通过两根探针的时间之比;② 假设气泡为球形。

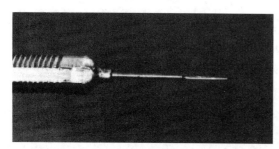

图 9.2　单探针光纤探头

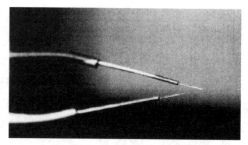

图 9.3　双探针光纤探头

多探针光纤探头一般由 3～8 根探针组成,可以获得多个方向的气泡上升速度以及全面的气泡几何尺寸。其中,四探针光纤探头有以下假设:① 探针尺寸相对于气泡来说足够小;② 气液界面连续不变形;③ 界面上固定点的法向向量方向不变;④ 气液界面的速度为常数。虽然多探针光纤探头可以得到多维度的气泡信息,但是探针数目增多后探针与气泡之间的相互作用便不可忽略,且信号处理程序会更为复杂。

### 9.1.3　光纤探头系统的组成

光纤探头多相流气泡测量系统的硬件组成如图 9.4 所示,主要由光源、分光器、光纤耦合器、光纤探测器、偏置放大电路、A/D 采集板、PC 以及探头几部分组成。由光源发出的单束光经分光器分成两束光,经光纤耦合器进入光纤,在光纤末端发生反射。探头在气相和液相中的反射光强不同,将这一光强信号通过光纤探测器转换成电信号,再经偏置放大电路进行放大和偏置处理得到标准电压信号,用计算机进行 A/D 采样得到原始信号。探头采用双探针结构,由两根直径为 62.5 $\mu$m 的通信光纤构成。两根探针的间距是一个关键参数,从理论上讲,两根探针相距越近,所得信号的相关性就越好,但对数据采样和数据存储空间的要求也越高。综合衡量两方面的影响,在实验的基础上,确定两根探针的间距为 1.2 mm 左右较为合适。

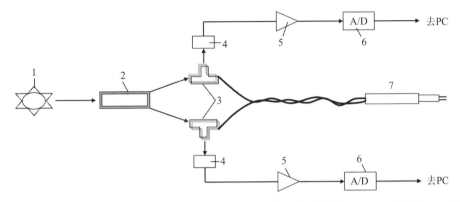

1—光源;2—分光器;3—光纤耦合器;4—光纤探测器;5—偏置放大电路;6—A/D采集板;7—探头。

图 9.4 光纤探头多相流气泡测量系统的硬件组成

软件结构和功能示意图如图 9.5 所示。光纤探头系统包括采样和数据处理两个部分,采样频率为 5 kHz,每次采样点数为 500000,以保证有足够数目的气泡,消除样本容量对气泡弦长分布统计结果的影响。数据处理部分将 A/D 采样得到的原始信号经筛选、信号相关、概率统计以及分布变换等算法处理得到局部含气率、气泡弦长及其分布、气泡大小及其分布、气泡上升速度及其分布、气泡频率等参数。根据局部含气率和气泡大小分布,可以进一步求得气液相界面面积。

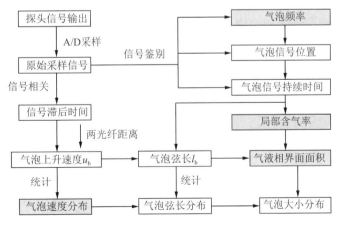

图 9.5 软件结构和功能示意图

## 9.2　超声多普勒测速(UDV)技术

超声多普勒测速(ultrasound Doppler velocimetry,UDV)技术用于流体测量的研究主要包括采用反射式超声探头非接触式测量液速分布和采用透射式超声探头接触式测量液固体系中的局部固含率。以超声多普勒测速仪 DOP2000 为例,其适用于单相液体和液固体系中液速或颗粒速度的测量。本节介绍 DOP2000 用于多相流测量,在深入分析测量信号的基础上,可实现非接触式测量液固体系固含率和接触式测量气液体系气泡行为的方法,建立液固体系中固含率分布和超声回声强度关系的模型。

### 9.2.1　UDV 技术原理

超声多普勒测速仪可应用多普勒效应进行速度的测量。原理是探头发射的超声波在遇到运动中的粒子时发生散射,部分后向散射的超声被同一个探头接收,由于粒子运动的多普勒效应,接收和发射的超声频率不同,这一频率差即为多普勒频移,其与粒子运动速度在超声传播方向上的分量成正比,如图 9.6 所示。在运动

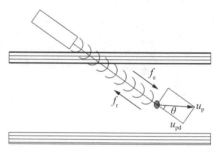

图 9.6　运动粒子的多普勒效应

粒子速度远远小于超声传播速度的条件下,多普勒频移和运动粒子满足如下的关系式:

$$f_d = f_e - f_r \approx \frac{2f_e |\boldsymbol{u}_p| \cos \theta}{c} \tag{9.1}$$

式中,$c$ 为超声的传播速度;$\boldsymbol{u}_p$ 为液体中示踪颗粒的速度;$\theta$ 为超声传播方向和粒子运动方向的夹角(多普勒角度);$f_e$ 为超声的发射频率;$f_r$ 为接收到的回声信号频率。这样就可以通过式(9.1)计算粒子的运动速度。

由运动粒子反射的超声波部分被传感器接收,超声回声信号被转化成电信号,其频率和发射频率接近。由于回声信号的频率高达几兆赫兹,如果直接对回声信号进行 A/D 采样,那么对采样频率和存储空间就会有非常苛刻的要求。实际上,在测量中关心的只是回声信号和发射信号的频率差,即多普勒频移。因此,可以通过混频技术将整个回声信号的频谱平移到 0 附近。考虑到超声多普勒频移的符号和粒子运动方向有关,因此频移处理必须能够保留多普勒频移的符号,可以通过对信号进行正交解调来实现。假设发射信号可以表示为

$$S_e = A_e \sin(\omega_e t) \tag{9.2}$$

如不考虑相位的影响,则接收信号为

$$S_r = A_r \sin[(\omega_e + \omega_D)t] \tag{9.3}$$

对回声信号进行混频处理,分别乘 $\sin(\omega_e t)$ 和 $\cos(\omega_e t)$,得到

$$S_I^* = S_r \sin(\omega_e t) = \frac{1}{2} A_r \{\cos(\omega_D t) - \cos[(2\omega_e + \omega_D)t]\} \tag{9.4}$$

$$S_Q^* = S_r \cos(\omega_e t) = \frac{1}{2} A_r \{\sin(\omega_D t) + \sin[(2\omega_e + \omega_D)t]\} \tag{9.5}$$

对信号 $S_I^*$ 和 $S_Q^*$ 进行高频滤波,滤掉角频率为 $2\omega_e + \omega_D$ 的高频部分,得到 I 信号和

Q 信号：

$$S_I = \frac{1}{2} A_r \cos(\omega_D t) \tag{9.6}$$

$$S_Q = \frac{1}{2} A_r \sin(\omega_D t) \tag{9.7}$$

以上的混频处理和高频滤波可以通过硬件实现。得到的 I 信号和 Q 信号的主频为 $\omega_D$，一般为几千赫兹，可以很容易地实现采样。为了从得到的 I 信号和 Q 信号中得到多普勒频移的符号信息，可构造复信号

$$S = S_I + iS_Q \tag{9.8}$$

对复信号 $S$ 进行快速傅里叶变换(fast Fourier transformation，FFT)，可同时得到 $\omega_D$ 的大小和符号。

图 9.7 所示为内径为 100 mm 的气升式外环流反应器下降管中的用超声多普勒测速仪采用非接触方式测得的液速径向分布。在所测的液速条件下为典型的湍流流动，可以看出超声多普勒测速仪有很高的测量精度。需要指出的是，在靠近壁面的区域所测得的液速分布有一定的偏差，这主要是因为内壁面对超声传播产生影响，如果对测量精度要求较高，就需要对壁面效应进行校正，相关校正方法参考 Wunderlich 和 Brann(2000)的文献。

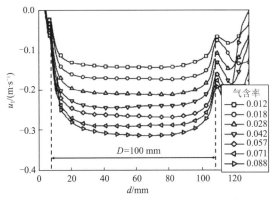

图 9.7　内径为 100 mm 的气升式外环流反应器下降管中的液速径向分布

### 9.2.2　气液体系液速和气泡速度的测量

文献中对气液体系的测量一般只测得气泡速度或液体速度，可靠的气泡滑移速度在文献中很少见。测量局部气泡滑移速度对深入了解和正确表征气液相结构及相间作用有着重要的意义。因此，开发利用超声多普勒测速仪同时测量气液体系中的液速和气泡速度在应用和学术研究方面都具有重要意义。

气泡的运动和聚并破碎行为使得流场的湍动加剧，同一点处气泡的速度在大小和方向上随时间均有较大的波动。在这种情况下，式(9.1)中的多普勒角度也是时变的，采用图 9.6 所示的非接触式测量方式在确定多普勒角度方面有很大的困难。因此，在测量气液体系时采用探头沿流动方向放置的接触式测量方式，可以直接测得轴向速度分量，避免多普勒角度不易确定的困难。

当超声多普勒测速仪用于气液体系中时，气泡的作用使得回声强度信号更为复杂，只有在气含率很低、气泡个数较少的情况下，可以从速度分布中直接得到气泡和液体的速度。在气速很低、液相湍动较小的情况下，可以通过两种方法确定气泡的速度：① 直接对速度分布给出的气泡速度进行统计，得到气泡上升速度分布；② 对每个气泡在相邻速度分布中的信号进行信号相关处理，得到气泡在相邻速度分布之间运动的距离，再根据相邻速度分布的时间差计算气泡运动速度，统

计后得到气泡上升速度分布。方法①比较简单,适用于气泡速度峰比较规则的情况,而方法②计算稍微复杂,适用于气泡速度峰不规则、速度不易直接确定的情况。从图 9.8 中可以得到液体速度($u_l$)和气泡速度($u_b$);液体和气泡平均速度分别为 0.12 m/s 和 0.32 m/s,气泡的滑移速度为 0.20 m/s,这和水中单气泡的上升速度一致。

当表观速度和气含率增大时,流动变得更为复杂,大大增加了超声回声信号处理的难度。由于所有的粒子(包括示踪粒子和气泡)都对超声信号有散射作用,因此接收到的超声回声信号包括了所有运动粒子叠加的效果,可以采用傅里叶变换对回声信号进行分析,变换得到的频谱给出了信号中的频率组成和各频率在信号中所占的比重。在气液两相流中,液体和气泡之间存在着明显的滑移速度,在 FFT 给出的速度分布中体现为明显的双峰分布。

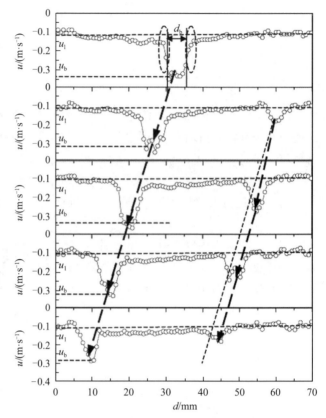

图 9.8    气液体系中测得的速度分布(探头沿流动方向放置,接触式测量)

由于气泡的表面积大于示踪粒子,对超声信号的散射作用也明显强于示踪粒子,这一点在接收到的超声回声信号幅值上很容易区分开来。在单相液体流动的情况下,只有示踪粒子对超声有散射作用,超声回声信号的幅值很小,且波动幅度小。而在气液两相体系中,示踪粒子和气泡均对超声有散射作用,且气泡的作用明显强于示踪粒子。

## 9.3    激光多普勒测速(LDV)技术

激光多普勒测速(laser Doppler velocimetry,LDV)技术作为一种先进的测量技术,在诸多领域中得到了迅速发展和广泛应用。激光多普勒测速仪的主要优点包括:

① 非接触测量,测量过程对流场无干扰;

② 空间分辨率高,一般测量点可达到 $10^{-4}$ mm³,相当于 1~2 个普通催化裂化催化剂颗粒的体积,因而可以获取颗粒的微观运动信息;

③ 动态响应快,可进行实时测量,获取局部的颗粒速度瞬时信号;

④ 测量精度高,重复性好,测量精度可达±0.1%;

⑤ 测量范围大,可测量的速度范围为 0.1~2000 m/s;

⑥ 频率响应范围宽,可以分离和测量分速度,在具有频移系统的情况下,可以方便地测

量反向速度；

⑦ 对温度、密度和成分的变化适应能力强。

由于激光多普勒测速仪是利用检测流体中和流体以同一速度运动的微小颗粒的散射光来测定流体速度的仪器，所以也具有一定的局限性：

① 被测流体要有一定的透光度；

② 测纯净流体时需人工加入跟随粒子；

③ 价格昂贵；

④ 使用时有一定的防震要求，使管道与光学系统无相对运动。

激光多普勒测速仪用于多相流测量时，一般只适用于分散相浓度较低的情况，对分散相浓度较高（固含率大于 1.5%，气含率大于 5%）的研究应用很少。这主要是因为 LDV 技术存在以下问题：激光及其散射光在穿过多相混合物时，光强度会随穿过的距离迅速减弱，造成测量信噪比下降。为使颗粒散射光光强增大，有两种方法：一是增大入射光的光强，即增大激光器的功率，但这种方法有很大的局限性；二是缩短激光及散射光在多相区的穿行距离，这是因为在激光功率不变的情况下，激光与散射光的光强与穿行距离呈指数关系衰减，因此当穿行距离缩短时，接收到的散射光强度将大幅度提高，所以采用这种方法可在一定程度上解决分散相浓度较高体系的速度测量问题。

### 9.3.1　LDV 技术原理

根据爱因斯坦提出的相对论，相对速度为 $u$ 的两个参照系（图 9.9）之间满足洛伦兹变换，参照系 1 中的时空坐标 $x_1$、$y_1$、$t_1$ 与参照系 2 中的时空坐标 $x_2$、$y_2$、$t_2$ 满足以下关系：

$$x_2 = \frac{x_1 - ut_1}{\beta} \tag{9.9}$$

$$y_2 = y_1 \tag{9.10}$$

$$t_2 = \frac{t_1 - ux_1/c^2}{\beta} \tag{9.11}$$

式中，$c$ 为光速；$\beta = \left(1 - \frac{u^2}{c^2}\right)^{1/2}$。相应地，参照系 2 和参照系 1 间的逆变换为

$$x_1 = \frac{x_2 + ut_2}{\beta} \tag{9.12}$$

$$y_1 = y_2 \tag{9.13}$$

$$t_1 = \frac{t_2 + ux_2/c^2}{\beta} \tag{9.14}$$

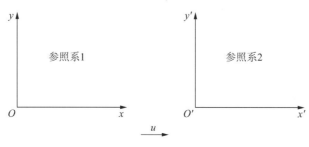

图 9.9　相对速度为 $u$ 的两个参照系

在参照系 1 中,有一束光与 $x$ 轴的夹角为 $\theta_1$,则平面波 $E$ 表示为

$$E=E_0\cos 2\pi f_1\left(t_1-\frac{x_1\cos\theta_1}{c}-\frac{y_1\sin\theta_1}{c}+\delta\right) \tag{9.15}$$

式中,$f$ 为光的频率;$\delta$ 为与光的初相位有关的量。如图 9.10 所示,被测物体以速度 $u$ 运动,则在参照系 2 中观察这束光时,其平面波为

$$E=\frac{E_0}{\beta}\cos 2\pi f_1\left(1-\frac{u\cos\theta_1}{c}\right)\left(t_2+\frac{u/c-\cos\theta_1}{1-u/c\cos\theta_1}\frac{x_2}{c}-\frac{\beta\sin\theta_1}{1-u/c\cos\theta_1}\frac{y_2}{c}+\delta\right) \tag{9.16}$$

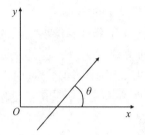 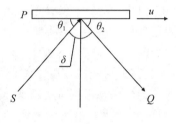

图 9.10　LDV 技术原理示意图

根据相对论,参照系 2 中的平面波也满足与式(9.15)类似的表达式,可得

$$E=E_0\cos 2\pi f_2\left(t_2-\frac{x_2\cos\theta_2}{c}-\frac{y_2\sin\theta_2}{c}+\delta\right) \tag{9.17}$$

对比式(9.16)和式(9.17),可得

$$f_2=f_1\frac{1-u\cos\theta_1/c}{\beta}$$

$$\cos\theta_2=\frac{\cos\theta_1-u/c}{1-u\cos\theta_1/c} \tag{9.18}$$

$$\sin\theta_2=\frac{\beta\sin\theta_1}{1-u\cos\theta_1/c}$$

由此可见,光的频率在参照系 1 和参照系 2 中也发生了变化,这就是光的多普勒效应,对应的多普勒频差为

$$\Delta f=f_2-f_1=\left(\frac{1-u\cos\theta_1/c}{\beta}-1\right)f_1 \tag{9.19}$$

用向量表示如下:

$$\Delta f=\frac{(\boldsymbol{n}-\boldsymbol{n}_s)\boldsymbol{u}}{\lambda} \tag{9.20}$$

式中,$\boldsymbol{n}$ 和 $\boldsymbol{n}_s$ 分别为入射光和散射光的单位向量;$\lambda$ 为激光束波长。

当入射光相对被测物体沿物体表面对称时,可得

$$\Delta f=\frac{2}{\lambda}\sin\varphi\times u \tag{9.21}$$

则被测颗粒的速度与频差的关系为

$$u=\frac{\Delta f}{\dfrac{2}{\lambda}\sin\varphi} \tag{9.22}$$

式中,$\varphi$ 为超声波方向与粒子运动方向之间的夹角。因此,通过测量两束光所得的多普勒频差,可获得被测颗粒的运动速度 $u$。

### 9.3.2　光学外差检测系统

在 LDV 测量中可通过光的多普勒频差来获得颗粒速度,多普勒频差的检测方式有两种:① 直接检测,通过特定装置检测散射光的频率,并对比光源频率获得多普勒频差。然而,由于采用的可见光频率数量级为 $10^{14}$ Hz,现有的光电元件一般难以对可见光的频率做出响应,直接检测较为困难。② 光学外差检测,将统一光源的两束光波照射到光检测器表面,利用光电转换的平方律效应来获取多普勒频差。实际上,多普勒频差一般不超过 $10^9$ Hz,可见光等光信号因远超过元件的响应范围而不被捕捉,保证了检测过程的稳定性。目前,光学外差检测法有三种基本模式,分别为参考光模式、单光束模式和双光束模式。

（1）参考光模式

如图 9.11 所示,光束经激光器激发并由分光器作用后变成两束,其中一束光经收集光路后被接收元件直接接收,成为参考光,另一束光照射在粒子上并被光元件接收,通过两束光在元件中的相干信号来获得光的多普勒频差。实际上,两束光只需由同一激光器发射,而无须相交。在这种条件下,可获得多普勒频差 $\Delta f$ 为

$$\Delta f = \frac{\boldsymbol{u}(\boldsymbol{e}_s - \boldsymbol{e}_0)}{\lambda} \tag{9.23}$$

式中,$\boldsymbol{e}_s$ 和 $\boldsymbol{e}_0$ 分别为粒子散射光和参考光的单位向量。

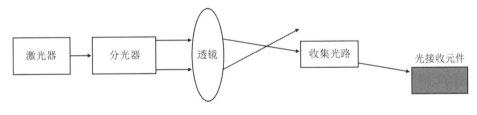

**图** 9.11　**LDV 的参考光模式**

相比其他两种检测模式,参考光模式的光路设计较为简单,早期在 LDV 测量中常被采用。但这种方法的参考光能量相比散射光要强得多,因而光相干过程中的效率较低,难以适应干扰较强的测量。

（2）单光束模式

如图 9.12 所示,在单光束模式中,激光器发出的光束照射在被测粒子上后会同时发出散射光,通过平面镜和透镜的组合,使光接收元件能同时接收到两个不同方向的散射光。在这种条件下,多普勒频差 $\Delta f$ 为

$$\Delta f = \frac{\boldsymbol{u}(\boldsymbol{e}_{s1} - \boldsymbol{e}_{s2})}{\lambda} \tag{9.24}$$

式中,$\boldsymbol{e}_{s1}$ 和 $\boldsymbol{e}_{s2}$ 分别为不同方向上的散射光的单位向量。

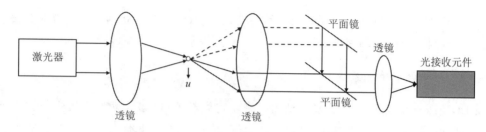

图 9.12　LDV 的单光束模式

　　这种模式的优点是可以通过选择不同方向的散射平面来实现二维甚至三维测量;缺点是接收元件的开孔必须较小以满足多普勒频率变化的要求,因此降低了光能的利用率。

　　(3) 双光束模式

　　如图 9.13 所示,双光束模式采用参考光模式类似的结构,但光接收元件仅接收两束经粒子散射后的散射光,而不再需要考虑参考光,因而保证了测量过程光的干涉效率。

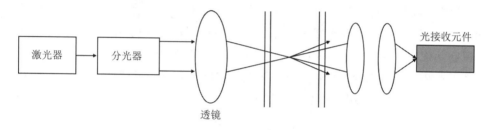

图 9.13　LDV 的双光束模式

　　由于本设计中频差不依赖反射的方向,故可增大接收元件的孔径,并得到较强的散射信号,有效弥补参考光中的不足之处。同时,由于检测光相交比光共线要容易,双光束模式采用的光路比参考光光路中的调整更易实现,因而本模式是 LDV 测量中较常用的光学检测方法。

### 9.3.3　LDV 技术在气液体系中的应用

　　LDV 技术最早应用于单相流体的测量,后来逐渐在气液两相流中得到应用。Mudde 等 (1998)对单气泡经过激光多普勒测速仪测量体积时的信号响应进行分析,如图 9.14 所示。气泡通过 LDV 技术测量体积时对应的信号可以分成三部分:气泡通过前的液体加速、测量体积位于气泡内时引起的信号盲区以及气泡尾涡。Mudde 等(1998)测量了气泡串的体积并对其相应的速度分布进行了分析,发现液速峰占绝对优势,如图 9.15 所示。

　　Kulkarni 等(2001a)对将 LDV 技术应用于多气泡体系时的测量信号进行了更深入的研究,实现了气泡速度、液速和气含率的同步测量。Kulkarni 等(2001a)将应用 LDV 技术输出信号中的信号盲区分为两种情况:一种是测量体积位于气泡内,没有反射粒子而导致的信号盲区;另一种是光源和测量体积之间的光路被气泡阻断。通常可以利用信号盲区后是否有能量脉冲跟随对以上两种情况进行鉴别。当气泡上升时,气泡尾涡以相同的速度运动,气泡近尾涡区的速度可以作为气泡的运动速度,这样就实现了液速和气泡速度的同时测量。气含率可以通过计算测量体积在气泡中的时间与总时间的比值求得。Kulkarni 等(2001b)还根据气泡的上升速度分布和气泡上升速度的关联式求得了气泡的大小分布,由气泡大小分布和气含率进而求得了气液相界面面积。

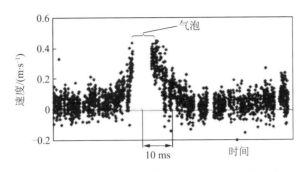

图 9.14　单气泡通过 LDV 仪器测量体积时的信号响应

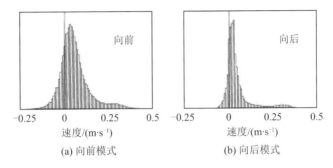

(a) 向前模式　　　　　　　(b) 向后模式

图 9.15　气泡串通过 LDV 仪器测量体积时的速度分布

LDV 分为前向散射模式和后向散射模式,在缩短激光及散射光的穿行距离方面,后向散射模式具有前向散射模式所无法比拟的优势。后向散射模式系统的激光聚焦及散射光接收使用同一透镜,因此在缩短激光在多相流中穿行距离的同时也缩短了散射光的穿行距离。通过对后向散射式 LDV 探头进行改进,缩短了测量窗(位于探头最前端)与测量体(即激光焦点)的距离,即缩短了激光和散射光在多相流中的穿行距离。改进后的探头如图 9.16 所示,新探头测量窗口距测量体之间的距离仅为 2 mm,改进后的探头适用于气含率高达 20% 的情况。

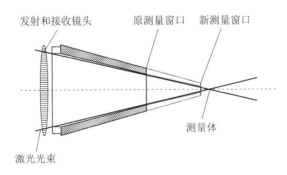

图 9.16　改进后的 LDV 探头

# 9.4　粒子图像测速(PIV)技术

### 9.4.1　PIV 技术原理

粒子图像测速(particle image velocimetry,PIV)技术是由固体力学散斑法发展而来的一种流场显示与测量技术。PIV 技术突破了传统单点测量的限制,可以同时无接触测量流场中一个截面上的二维速度分布或三维速度场,实现了无干扰测量,且 PIV 技术具有较高的测量精度。经过多年的发展,PIV 技术在图像采集和数据处理算法上已经日益成熟,并获得了人们的普遍认可,作为各种复杂流场的一种强有力的测量手段,PIV 技术被广泛应用于各种流动测量中。

PIV 系统主要由四部分构成:激光源、含有示踪粒子的流场、高速相机和计算机。如图 9.17 所示,激光源发出片状激光束,照亮反应器内流场的一个切面。流场中加入的示踪粒子对激光产生散射作用,使得激光可以散射到流场的侧面。在与被照亮切面垂直的方向上设置高速相机,按照设定的时间间隔连续拍下被照亮流场的行为,将数据输送到计算机。计算机按照设定的程序及算法对数据进行处理,得到流场的速度、浓度信息。

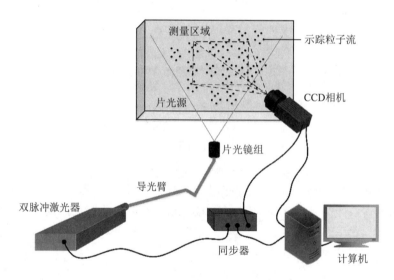

**图 9.17　PIV 系统的基本结构**

PIV 的技术原理基于粒子速度的基本物理定义。如图 9.18 所示,在一定时间间隔 $\Delta t$ 内,若测量到流体质点(粒子作为示踪子)的位移 $\Delta x$ 和 $\Delta y$(或 $\Delta z$),则可确定该点在 $x$ 和 $y$ 方向的速度大小和方向,如式(9.25)和式(9.26)所示。

$$u_x = \lim_{t_2 \to t_1} \frac{x_2 - x_1}{t_2 - t_1} = \lim_{t \to 0} \frac{\Delta x}{\Delta t} \tag{9.25}$$

$$u_y = \lim_{t_2 \to t_1} \frac{y_2 - y_1}{t_2 - t_1} = \lim_{t \to 0} \frac{\Delta y}{\Delta t} \tag{9.26}$$

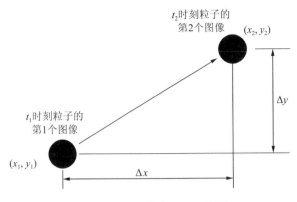

图 9.18 PIV 技术原理示意图

PIV 技术的基础是准确测量粒子像位移 $\Delta x$ 和 $\Delta y$，且位移必须足够小以使 $\Delta x/\Delta t$ 能真正反映测量速度值，也就是说，轨迹必须接近直线且沿着轨迹的速度应该近似恒定。这些条件可以通过选择 $\Delta t$ 来达到，使 $\Delta t$ 小到与受精度约束的拉格朗日速度场的泰勒微尺度可以比较的程度。在对采集图像进行分析时，首先需要明确一个概念——"判读区"（查问区），它是指在图像中一定位置取一定尺寸的方形图，通过对判读区进行信号处理来获取速度。

在应用 PIV 技术时，一般有以下几个注意事项。

1. 流场照明光源

在 PIV 系统中，光源的选择至关重要。光源的功率、谱分析和脉冲时间等对获取图像的质量有很大影响；光源的强度应使现场实验时流体中的示踪粒子足够清晰；光谱分布应与图像传感器的敏感光谱区域相匹配；光源脉冲的频率与相位应与相机采集同步。激光器光源的单色性非常好，是流体可视化实验常用的一种相干光源，有气体激光器、电介质固体激光器、半导体激光器和燃料激光器等。目前脉冲 Nd:YAG 激光器在 PIV 测量中使用较多。一般在商用 PIV 系统中多采用两台脉冲激光器合并到一处的方式，脉冲间隔可调范围很大，因此可实现从低速到高速的流动测量。光学元器件主要包括柱面镜和球面镜，准直了的激光束通过柱面镜后在一个方向上发散，球面镜用于控制片光的厚度。

2. 图像采集系统

作为一种图像处理技术，PIV 系统的信号来源于图像采集系统，因而图像采集系统的配置决定了 PIV 系统硬件部分的主要性能。就图像采集方法而言，主要有以下两种：① 用传统相机拍摄照片，通过直接对照相底片进行处理或通过扫描仪获得数字化图像进行分析；② 采用工业相机进行实时拍摄，将相机、图像和计算机直接连在一起，进行实时采集。由于传统相机所用的感光胶片具有较高的分辨率，因而使用带有胶片的传统相机进行图像采集适合于需要较高分辨率及宽动态响应的流场测量。但这种记录方式在分析胶片之前必须进行湿处理，且相当烦琐，效率较低。因此，对于这种记录方式，一般采用单帧双（多）曝光方式，在底片分析时常采用杨氏条纹法或自相关分析法。这种成像方式因两次成像位于同一个底片上，无法知道粒子图像是由第一次脉冲产生还是由第二次脉冲产生的，故存在速度方向的二义性问题。

与传统相机相比，常用的工业相机的空间分辨率相对较低。随着数字 CCD（电荷耦合元件)技术的发展以及高分辨率相机的出现,数字相机也具有与胶片相机可比拟的灵敏度。数字相机不仅处理效率高,可方便地实现在线测量,而且这种采集方式在进行图像分析时采用互相关算法,消除了速度方向的二义性问题,因此在商业化的 PIV 系统中被广泛采用。CCD相机是由电荷耦合元件组成的图像探测器,它将景物通过物镜成像在电荷感应光板上,用感应光板上的感应电压模拟实物的亮度变化。当景物各点的光强度全部落在光电耦合器的现行光感应区时,感应电压正比于景物各点的亮度变化,这时感应信号的失真度最小。当景物亮度过暗或过亮时,虽然人眼能分辨出景物的特征,但图像数据会出现极限饱和的情况,影响图像处理结果的正确性。因此,在光源的选择及亮度调节上必须考虑光电耦合器的现行光感应区,否则获得的图像会产生较小的信噪比。由于 CCD 实现了光电转换及扫描,且其体积小、重量轻、结构紧凑,因此得到了广泛应用。目前,CCD 相机主要有普通型(full frame)CCD 相机、帧转移型(frame transfer) CCD 相机和跨帧型(frame straddle)CCD 相机。普通型 CCD 相机只能采用单一的连续采集模式,无法与外部信号同步,而帧转移型CCD 相机在 CCD 感光阵列中增加了相应的缓存,可以将感光的图像信号临时转移到缓存中,提高了相机控制的灵活性,可以很好地与外部信号同步;跨帧型 CCD 相机则沿用了帧转移型相机的特点,由于缓存区靠近感光阵列,因此可以大大缩短帧转移的时间,从帧转移型的毫秒级缩短至微秒级甚至纳秒级,使采用跨帧技术成为可能。所谓跨帧技术,是指光源先后发出的两束脉冲光分别跨在相机的两次曝光过程中,这样就可以尽可能地缩短两幅图像的时间间隔,从而提高 PIV 技术的可测速范围。

(1) 示踪粒子

由于 PIV 技术是通过测量示踪粒子的运动速度来测量流体的运动速度的,因此示踪粒子在 PIV 方法中十分重要,它需要具备足够高的流体跟随性,从而能够真实地反应流场的运动状态。高质量的示踪粒子除了应该具有足够高的光散射效率外,还应该满足密度尽可能与实验流体相一致、形状尽可能圆且大小尽可能均匀以及尺寸相对于测量区域应足够小等要求。对于不同的体系和测量的尺度及分辨率要求,选用的示踪粒子的材质、粒径和浓度也应有所不同。一般而言,对气相流场的测量,通常选择直径为 $1\sim5\ \mu m$ 的油滴、烟雾和粉尘颗粒作为示踪粒子;对水等液相流场的测量,通常选择直径为 $5\sim100\ \mu m$ 的聚苯乙烯、聚酰胺或空心玻璃微珠作为示踪粒子。合理的粒子浓度对获取测量截面上良好的峰值信号也有一定的重要性,通常一个判读区内包含的粒子数量为 $10\sim25$ 个。

(2) 空间分辨率和动态范围

在进行 PIV 测量时,判读区的边长 $d_{IA}$ 以及拍摄图像 $s'$ 相对于实物 $s$ 的放大倍率 $s'/s$ 须与待测量流场区域的尺寸相匹配,可以通过判读区内的速度梯度来对此进行判读:

$$\frac{\frac{s'}{s}|v_{\max}-v_{\min}|}{d_{IA}}<5\% \tag{9.27}$$

此外,PIV 所能测量的最高流速受判读区内粒子位移的限制,即在连续拍摄两幅图片的时间间隔 $\Delta t$ 内,粒子运动的位移不得超过判读区的边长,这一条件可以通过下式来表述:

$$\frac{\frac{s'}{s}v\Delta t}{d_{IA}}<25\% \tag{9.28}$$

### 9.4.2　粒子图像处理方法

粒子图像处理是 PIV 测量中获取速度场的关键环节，根据流场中所分布的示踪粒子浓度的不同，其图像处理方法和相应的算法也有所不同。

1. 低颗粒浓度图像处理方法

低颗粒浓度条件下的图像处理方法可分为二值化互相关法、速度梯度张量法和四时间步追踪法等。

对于连续拍摄的两张数字图像，根据其灰度值的分布特性选取阈值，通过对图像中的灰度数值进行二值化来确定粒子的位置，并判断同一粒子在两幅图像中所处的不同位置信息。一般地，在第一幅图像中选取参考粒子，在第二幅图像中选取候补粒子，通过判断所选候补粒子与参考粒子周围的分布进行相似性分析，认为相似性最高的为同一粒子，通过粒子在两幅图像的位置判断其位移和速度，并定义相关系数 $r$，如式（9.27）所示。其中，$A_{\text{overlap}}$ 为分析图像相似比时选取的参考粒子周围的粒子重叠面积，$A_{\text{particle}}$ 为该区域的颗粒总截面积。

$$r = \frac{A_{\text{overlap}}}{A_{\text{particle}}} \tag{9.29}$$

对比相关系数 $r$，当 $r$ 值最大时，对应的候补粒子即为参考粒子。

总的来说，二值化互相关法在各种流型中的适应性较强，但在旋转和伸缩等变形体系中，二值化互相关法存在一定的缺陷。

2. 高颗粒浓度图像处理方法

在高像密度的颗粒追踪测速（particle tracking velocimetry，PTV）系统中，由于粒子像太多，各粒子轨迹很容易交叉和重叠，采用跟踪单个粒子轨迹的方法很难获得颗粒的速度信息，因而 PIV 图像的分析常采用统计方法，如光学方法和数字图像方法。光学方法主要指杨氏干涉条纹法；数字图像方法一般包括博里叶变换法、直接空间相关法、粒子像间距概率统计法。目前一般用数字图像方法，其图像处理过程如图 9.19 所示。PIV 通过扫描仪或采集卡后，获得不同灰度级的粒子图像，然后对其中的局部区域（查问区）进行相关分析，得到颗粒速度信息。数字图像分析算法有自相关分析和互相关分析两种。

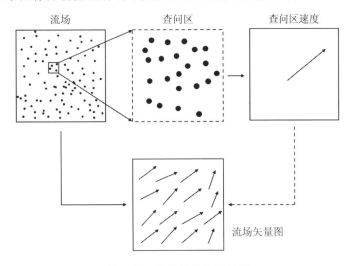

图 9.19　PIV 图像处理过程

（1）自相关分析

自相关分析主要应用于单幅多脉冲成像系统，需要进行两次二维傅里叶变换。假设查问区内的图像 $G(x,y)$ 被认为是第一个脉冲光所形成的图像 $g_1(x,y)$ 和第二个脉冲光形成的图像 $g_2(x,y)$ 相叠加的结果，当查问区足够小的时候就可以认为其中的粒子速度都是一样的，那么第二个脉冲光形成的图像可以认为是第一个脉冲光形成的图像经过平移得到的，即

$$g_2(x,y)=g_1(x+\Delta x,y+\Delta y) \tag{9.30}$$

因此，对于 $G(x,y)$ 有

$$G(x,y)=g_1(x,y)+g_1(x+\Delta x,y+\Delta y) \tag{9.31}$$

第一次傅里叶变换：

$$\hat{G}(\omega_x,\omega_y)=\frac{1}{2\pi}\iint G(x,y)\exp[j(\omega_x x+\omega_y y)]\mathrm{d}x\,\mathrm{d}y \tag{9.32}$$

将式（9.31）代入式（9.32）并且利用傅里叶变换的平移特性，可得

$$\hat{G}(\omega_x,\omega_y)=\hat{g}_1(\omega_x,\omega_y)\{1+\exp[-j(\omega_x x+\omega_y y)]\} \tag{9.33}$$

式中，$\hat{g}_1(\omega_x,\omega_y)$ 为 $g_1(x,y)$ 的傅里叶变换。

对上式求模可以得到

$$|\hat{G}(\omega_x,\omega_y)|^2=|\hat{g}_1(\omega_x,\omega_y)|^2\times 4\cos\left[\frac{1}{2}(\omega_x\Delta x+\omega_y\Delta y)\right] \tag{9.34}$$

如果将 $|\hat{G}(\omega_x,\omega_y)|^2$ 的图像用灰度显示，就可以得到与杨氏干涉条纹相类似的结果。

第二次傅里叶变换：对式（9.34）再进行一次傅里叶变换并利用其平移特性，可得

$$G(x,y)=\frac{1}{2\pi}\iint|\hat{G}(\omega_x,\omega_y)|^2\exp[-j(\omega_x x+\omega_y y)]\mathrm{d}\omega_x\mathrm{d}\omega_y \tag{9.35}$$

将式（9.32）代入式（9.33），可得

$$G(x,y)=g(x-\Delta x,y-\Delta y)+2g(x,y)+g(x+\Delta x,y+\Delta y) \tag{9.36}$$

式中，$G$ 为 $|\hat{G}(\omega_x,\omega_y)|^2$ 的傅里叶变换；$g$ 为 $|\hat{g}(\omega_x,\omega_y)|^2$ 的傅里叶变换。

$G$ 在点 $(x,y)$ 有一个最大的灰度值，而在点 $(x+\Delta x,y+\Delta y)$ 和 $(x-\Delta x,y-\Delta y)$ 有两个次大值，因此提取粒子的位移问题就可以归结为在图像 $G$ 中寻求最大灰度值和次大灰度值之间的距离 $\Delta x$ 和 $\Delta y$。

实际上，由于背景噪声和其他相关量的存在，Adrin（1991）将它们表示为由 5 个分量组成的分式：

$$R(s)=R_c(s)+R_p(s)+R_{D+}(s)+R_{D-}(s)+R_F(s) \tag{9.37}$$

式中，$R_p(s)$ 为最大灰度值；$R_{D+}(s)$ 和 $R_{D-}(s)$ 为两个次大灰度值，代表位移信息；$R_c(s)$ 和 $R_F(s)$ 分别为随机相关量和背景噪声相关量。

由于峰值附近存在一个灰度的分布，所以一般用形心来确定它的最大值或者次大值的位置。在某些情况下，其灰度值可能会超过所需要的两个次大灰度值，因此分析时一般要多存几个峰值的位置，以便在缺省值有错误时，可以选择另外正确的峰值位置。

（2）互相关分析

互相关分析需要进行三次二维傅里叶变换,假设查问区内粒子的位移是均匀的,则第二个脉冲光形成的图像可以视为是第一个脉冲光形成的图像经过平移后得到的。

第一次傅里叶变换:对第一帧图像进行傅里叶变换,得到

$$\hat{g}_1(\omega_x,\omega_y)=\frac{1}{2\pi}\iint g_1(x,y)\exp[i(\omega_x x+\omega_y y)]\mathrm{d}x\,\mathrm{d}y \tag{9.38}$$

第二次傅里叶变换:对第二帧图像进行傅里叶变换,得到

$$\hat{g}_2(\omega_x,\omega_y)=\frac{1}{2\pi}\iint g_2(x,y)\exp[i(\omega_x x+\omega_y y)]\mathrm{d}x\,\mathrm{d}y \tag{9.39}$$

利用傅里叶变换的平移特性,可以得到

$$\hat{g}_2(\omega_x,\omega_y)=\hat{g}_1(\omega_x,\omega_y)\exp[-i(\omega_x\Delta x+\omega_y\Delta y)] \tag{9.40}$$

第三次傅里叶变换:

$$G(x,y)=\frac{1}{2\pi}\iint \hat{g}_1(\omega_x,\omega_y)\hat{g}_2(\omega_x,\omega_y)\exp[-j(\omega_x x+\omega_y y)]\mathrm{d}\omega_x\mathrm{d}\omega_y \tag{9.41}$$

将式（9.39）代入式（9.41）可以得到

$$G(x,y)=g(x+\Delta x,y+\Delta y) \tag{9.42}$$

式中,$g$ 为 $|\hat{g}_1(\omega_x,\omega_y)|^2$ 的傅里叶变换。

$G$ 仅在点 $(x+\Delta x,y+\Delta y)$ 有一个最大值。与自相关分析类似,由于背景噪声和其他相关量的存在,Adrian(1991)将它们表示为由 3 个分量组成的公式:

$$R(s)=R_c(s)+R_D(s)+R_F(s) \tag{9.43}$$

式中,$R_D$ 为最大灰度值,代表位移信息;$R_c(s)$ 和 $R_F(s)$ 分别为随机相关量和背景噪声相关量。

（3）自相关分析与互相关分析的比较

与自相关分析相比,互相关具有如下优点:

① 空间分辨率高:由于相关图像用的是两帧粒子图像,粒子浓度比自相关的更高,可用更小的查问区来获得更多的有效粒子对。

② 查问区的偏移量允许有更多的有效粒子对。

③ 不需要像移装置:由于两帧图像的先后顺序已知,故不需要附加装置就可判断粒子的运动方向。

④ 信噪比不同:自相关采用单帧多脉冲法,拍摄的图像对背景噪声进行了叠加,因此其信噪比较低。而互相关采用多帧单脉冲法来拍摄,减少了背景噪声,提高了信噪比。

⑤ 测量范围不同:自相关存在由粒子自身相关得到的 0 级峰,其粒子位移测量的是 0 级峰与 +1 级峰形心之间的距离,因此两峰之间的距离不能太短以避免两峰值不能分辨。而互相关一般只有一个最高峰,容易寻找。

⑥ 测量精度不同:自相关必须定位两个峰的形心,而互相关只要求定位一个峰的形心,因此互相关的精度更容易保证。

互相关分析的缺点:计算量很大,需要三次二维互相关;可测量的最大速度受捕获硬件的限制;时间分辨率受到限制。

### 9.4.3  体视 PIV(2D-3C PIV)技术

常规的 PIV 技术只能获得二维平面上的速度场信息。随着图像采集系统和计算机等硬件设施的不断发展和完善,加之现实生活中人们在流场测量方面需求的提高,PIV 技术也随之不断发展,目前在常规 PIV 技术的基础上衍生了如体视 PIV 和三维立体 PIV 等更为先进的测量技术,以获得更加丰富、真实的流场信息。除了测量维度的差异以外,根据时间分辨率的不同,PIV 测量还存在瞬时测量和连续测量(time-resolved PIV,即时间经历观测,如图 9.20 所示)的差异。根据 Hinsch(1995)提出的分类方法,测量系统都可以用 $(k,l,m)$ 表示和区分。其中,$k=0,1,2,3$ 表示速度法分量数;$l=1,2,3$ 表示测量区间的维度数;$m=0,1$ 分别表示瞬态测量和连续测量。按照以上分类方法,瞬态常规 PIV、stereo PIV 和 volumetric PIV 可分别记为 $(2,2,0)$(简记为 2D-2C)、$(3,2,0)$(简记为 2D-3C)和 $(3,3,0)$(简记为 3D-3C)。此外,若进行时间历程的观测,以上三种方式又分别衍生为 2Dt-2C $(2,2,1)$、2Dt-3C $(3,2,1)$ 以及 3Dt-3C $(3,3,1)$ 测量。

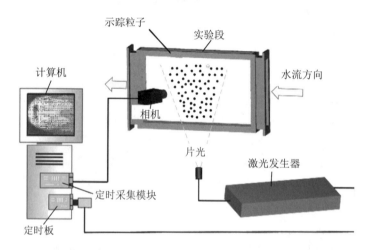

**图 9.20  time-resolved PIV 测量系统的基本结构**

stereo PIV 测量是基于视差原理测量二维平面上的三维速度场(2D-3C)的一种方法。该方法模仿人眼的双目视觉功能,用两台相机同时从不同的角度拍摄同一测量平面上的示踪粒子,从而消除平面内的速度误差,同时获得粒子在平面外方向上的速度分量。

根据两台相机放置方式的不同,体视 PIV 测量系统可以分为两大类:平移式和旋转式。在平移式测量体系中,两台相机的轴线相互平行,且与片光源平面垂直,图 9.21 所示为该种类型。平移式测量的最大优点是简单方便,由于被测平面、相机镜头所处平面以及图像平面都是平行的,使得所获不同位置处的图像相对于实物都具有相同的放大倍率,这为后期的图像处理提供了很大的便利,而且两台相机所得的图像数据无须经过任何处理就可以进行叠加分析。此外,被测平面与相机镜头所处平面平行,使得测量过程中对焦更加方便,可以很容易地获得较高质量的图片。

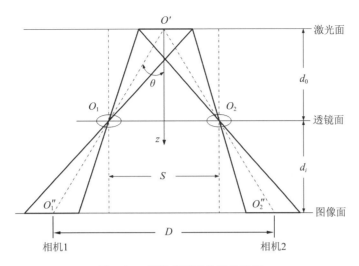

图 9.21　平移式测量体系示意图

在体视测量中,相机棱镜中心到被侧平面中心连线与被测平面中心线之间的夹角 $\theta$ 越大,体系对被测平面以外方向上的速度分量的测量精度越高。然而在平移式测量体系中,这一角度的增大是受两相机之间距离的限制的。对一定的垂直距离 $d_0$ 而言,夹角 $\theta$ 的增大必须通过增加两相机之间的距离来实现,而这一距离的增大将引起相机拍摄性能的下降,甚至超出相机的可拍摄范围。因此,平移式测量的最大缺点在于其平面外方向上速度分量的测量精度难以提高。

平移式测量的这种精度缺陷在旋转式测量体系中可以得到弥补。如图 9.22 所示,在旋转式测量体系中,两相机的轴线不再与被测平面的中心线相平行,而是呈一定夹角,这就可以大大提高夹角 $\theta$ 的上限,从而可以将测量精度提高到更高的水平。但与此相对应的,所得图像的放大倍率将不再是均匀的。此外,不仅图像平面与实物平面之间存在较大的夹角,而且图像被反向拉伸,导致其与实物之间存在一定的变形,因此在后期的数据处理过程中,两台相机的图片在未经预处理之前并不能直接进行叠加,从而使数据处理过程复杂化。

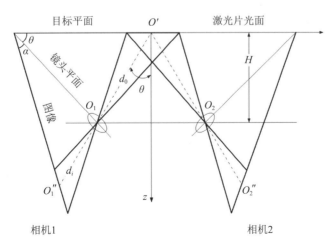

图 9.22　旋转式测量体系示意图

### 9.4.4　三维立体 PIV(3D-3C PIV)技术

上述体视 PIV 技术是对二维平面上的三维速度场进行测量的,采用的光源为二维片光,其本质仍然是二维测量。另有一种技术是对某个容积内体流动的三维速度进行测量的,采用的光源为体积光,可实现真正意义上的全场三维 PIV。相对于常规的二维 PIV 以及体视 PIV 技术而言,三维立体 PIV 技术可以更好地揭示流场内部复杂的三维结构,更深刻地反映流场的流动机理,从本质上反映流场的性质。三维立体 PIV 技术使用 2 台、3 台或 4 台相机同时对被测空间的运动粒子进行拍摄,其主要思路是计算粒子的三维空间坐标,经过粒子匹配后,再根据三维空间的位移获得粒子的三维速度矢量。

三维立体 PIV 技术的实现形式多种多样,普通的如散焦 PIV、多视角 PIV 和全息 PIV 技术等,由于空间分辨率不佳,其应用受到一定限制。更为先进的断层成像 PIV 技术采用断层扫描技术重构三维粒子图景,从而能够获得较高的空间分辨率。

图像捕捉和速度计算是三维立体 PIV 技术的两个最主要步骤,不同的三维立体 PIV 技术的差异也主要体现在这两个方面。对于图像捕捉过程,除了多视角 PIV 技术需要同时记录光波相位和粒子的光散射强度以外,其他所有类型的体视 PIV 技术只记录粒子的光散射强度。在信息处理和速度计算时,主要有两种方式:其一是粒子跟踪测速(particle tracking velocimetry,PTV),即根据立体视觉匹配原理,寻找不同像平面上的同名点,然后对此点进行三维重构,知道各点的三维信息后,在粒子所在空间进行粒子追踪测速;其二是相关分析,它的前端处理与粒子跟踪测速法相同,不同的是在空间重建粒子场后,使用相关匹配的方法进行三维速度场的提取。这里先对 PTV 技术作简要介绍。在二维测量中,当流场中粒子浓度极低时,单个粒子被识别成为可能,并且它的运动轨迹可以通过跟踪来得到,即从记录的粒子图像中测得单个粒子的位移,这种低粒子图像密度模式的测速方法即为 PTV 技术。而 PIV 技术是指选择粒子浓度使其成为较高成像密度模式,但并未在成像系统像面上形成散斑图案,而仍然是真实的粒子图像,此时这些粒子已无法单独识别,底片判读只能获得一小块兴趣区域中多个粒子位移的统计平均值。从以上过程可以看出,在二维测量中,PIV 技术不需要对单个粒子进行识别和重构,因而此时 PTV 技术通常被认为是独立于 PIV 技术的一种不同的技术。但是在三维测量中,颗粒图像重构是速度场计算的一个必需步骤,因而此处 PTV 并非独立于 PIV 的一种新的技术,而只是速度场计算的一种方法。

### 9.4.5　微 PIV(micro-PIV)技术

micro-PIV 技术是近年发展起来的一种微尺度流动测速技术,它是传统 PIV 测量与光学显微技术相结合的一种整场、瞬态、定量测量方法。与传统 PTV 的测量原理一样,micro-PIV 也是在流场中播撒流动跟随性很好的示踪粒子,对粒子进行激光照明,由 CCD 相机记录连续两次曝光时间间隔粒子的位移情况,最后通过计算机图像分析技术给出瞬时速度场。与传统的宏观 PIV 测量相比,micro-PIV 测量受硬件因素的影响更大。因此,micro-PIV 技术与传统的 PIV 技术存在较大差别。

首先,普通粒子的散射光强度无法满足成像要求,必须采用荧光粒子作为示踪粒子。micro-PIV 通过采集荧光粒子在激光激发下产生的荧光信号来记录粒子的位置,荧光信号经过显微镜、滤镜等一系列光学元件的衰减,最终到达 CCD 相机的强度相当微弱,CCD 相机的灵敏度对采集到的图片质量影响非常大。

其次,照明方式不同。传统 PIV 测量流场的照明方式采用片光源对测量平面进行照明,为了获得高质量的测量精度,片光源要求尽量薄,并小于相机系统的景深。但对 micro-PIV 而言,由于待测流场尺度小,无论用何种方式对流场进行照明,光照区域都会超出流动通道截面的尺度。同时,由于加工条件的限制,流体元件往往仅有一个开窗面能够通过光路,作为进光与采集图像共同的窗口。因此,micro-PIV 实验系统中使用体积光源照亮流场。

在微尺度条件下,粒子的选择更为严格,示踪粒子应不对流场产生干扰,也不能对流道造成堵塞,所以粒径一般控制在 200 nm～2 $\mu$m 的范围内,但这样容易受布朗运动的影响,致使采集到的图片数据的背景噪声增强,某些情况下需要采用有效的方法来减小这种误差。此外,过高频率和能量的激光可能会使流场局部升温,造成不同程度的热对流,对原始流场的测量造成干扰。

micro-PIV 与传统 PIV 的测量原理基本相同,都是通过图像处理软件获得示踪粒子在曝光时间内的位移量,然后除以曝光的时间,从而计算出粒子在该时刻的瞬时速度。

针对硬件的不同,micro-PIV 可以采用不同的实验方法来完成速度图像采集的任务,单曝光和双曝光是最常见的两种方法。在早期实验中,由于 CCD 相机连续采集能力较差,数据传输速度低,因此多采用双曝光的实验方法,即在 CCD 相机一次打开快门的过程中,激光连续曝光两次,将两个时刻的粒子位置信息保存在同一幅图中,如此一来,我们看到的图像中就会出现很多粒子对,双曝光的图像数据采用自相关算法处理,由于图像中得到的粒子对无法表述拍摄先后的时间信息,因此计算得到的结果只能给出粒子的位移大小,而速度方向需要人为判断,存在二义性。

随着硬件技术的不断提高,CCD 相机的拍摄速度和数据传输速度都得以大幅度提高,能够在很短时间内连续拍摄两幅图像,因此出现了单曝光技术,即在相机打开快门的过程中,激光仅曝光一次,将两个时刻的粒子位置分别保存在先后两幅图片中,单曝光的图像数据采用互相关算法处理,可以同时得到粒子的位移和方向信息,相对于双曝光技术而言,其计算准确率得到大大提高。

由于实验中用到的荧光粒子粒径很小,在激光激发下产生的荧光信号微弱,再经过多级透光镜的衰减,最终被 CCD 相机捕捉到的信号形成的粒子图像并没有传统的宏观 PIV 实验那样清晰,加上布朗运动的影响,体积光源照亮流场时,在焦平面以外的粒子散发出的荧光也会给原始信息造成干扰,导致计算精度降低。因此,在进行相关计算之前需要对图片进行一系列的预处理,尽可能地提高图像质量。

# 9.5　激光诱导荧光(LIF)技术

### 9.5.1　LIF 技术的测试原理

激光诱导荧光(laser induced fluorescence,LIF)技术的测试原理如下:① 以在流体中溶解某种特定分子结构的荧光染料作为示踪剂;② 利用一定波长的激光照射流场测量区域,激发示踪剂分子使其发射出荧光信号;③ 通过相机等设备接收荧光信号,并利用计算机对其分析,从而得到流场中的标量输运信息。

　　荧光信号的产生是由示踪剂分子接收电磁辐射后,瞬间发射出光子的过程所致。该过程可分为如下三个阶段:首先,示踪剂分子吸收一个光子的能量跃迁到激发态;其次,该分子短暂地停留在此激发态(这一时间通常为 1~10 ns,称为荧光寿命);最后,示踪剂分子返回基态并释放出一个光子,产生荧光。在此过程中,激发态分子与溶液中其他分子的相互作用或自身构象的变化会使其吸收的能量有所消耗,导致二次发射的光子能量降低,如图 9.23 所示。因而,荧光波长通常大于入射的激光波长,此效应称为斯托克斯位移。利用此效应,可通过过滤镜将激光激发信号与荧光响应信号分离,保证实验测量具有较高的信噪比。此外,从上述机理还可看出荧光寿命仅为几纳秒,即响应信号在瞬间产生并在瞬间消失,不会造成光强的积累。因此,该技术可揭示快速流动混合过程的瞬态特点。

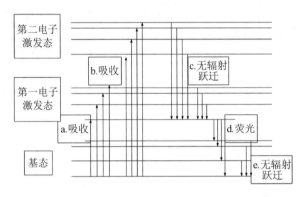

图 9.23　分子光谱吸收和产生荧光原理示意图

### 9.5.2　LIF 技术的实现方式与主要设备

　　LIF 技术的实现方式大致可分为平面激光诱导荧光(planar laser induced fluorescence, PLIF)、三维激光诱导荧光与微激光诱导荧光(micro laser induced fluorescence, micro-LIF)。

　　在 PLIF 技术中,激光光束先由透镜组约束成极薄的片状光源,照亮流场中的一个或多个平面,从而实现对体系不同剖面的二维测量。该技术适用于特征尺度较大(mm~m)通道内的流动问题研究。micro-LIF 技术的实验设备通常基于光学显微镜的结构搭建:首先,将待测量的流体通道置于显微镜载物台上;其次,令激光以柱状光束的形式照亮整个流体通道;最后,将显微物镜聚焦在测量区的某平面上,通过连接于显微镜目镜的相机实现对该平面的二维测量。该技术适用于特征尺寸较小(约 100 μm)通道内的流动问题研究。无论是哪种实现形式,LIF 测量系统必须包括三个基本要素,即激光器、示踪剂和相机。

　　在激光器的选择上,多数文献采用了特征波长为 488 nm 或 514.5 nm 的氩离子激光器,部分文献则采用了特征波长为 532 nm 的 Nd:YAG 激光器。还有少数研究者选择了铜蒸气激光器或准分子激光器。

　　氩离子激光器的优势在于其可产生高质量的光束,并且激光可以连续输出。相比之下,Nd:YAG 激光器的光束质量略差,其光束中的激光能量及分布会在不同脉冲中产生一定差异。但 Nd：YAG 激光器的主要优势在于其具有较高的输出能量,通常在每次脉冲中输出的能量可达到 $10^7$ W 量级,远高于氩离子激光器所能输出的 10 W 能量。两种激光器的性能差异使其适用范围有所不同,譬如对于高流速的体系,相机需要采用较短的曝光时间以捕捉过程的瞬态特点,因而要求激光器具有较高的输出能量以激发较强的荧光信号,此时 Nd：YAG 激光器较为适用。而对于低流速的体系,在对过程的连续特征进行研究时,需要激发信号具有良好的一致性,此时氩离子激光器则较为适用。

示踪剂的选择需要考虑如下三方面因素:① 具有合适的吸收光谱,可与测量系统的激光设备配合使用,即能被该激光激发;② 具有较大的斯托克斯位移,即吸收与发射光谱间存在一定的分离;③ 具有较高的量子效率,可使响应信号最大化。在多数的液相 LIF 研究中,示踪剂通常为异硫氰酸荧光素或罗丹明染料(如罗丹明 6G、罗丹明 B),主要参数如表 9.1 所示。

荧光素的最大吸收峰位于 490 nm,因此可利用特征波长 488 nm 的氩离子激光器对其进行激发,发生光谱的峰值位于 515 nm。该示踪剂的荧光信号对温度变化不敏感。但是,荧光素吸收光谱体系的 pH 值极其敏感,当 pH<4 时氩离子激光对该分子的激发作用可以忽略,即荧光信号强度变得极弱。

表 9.1　液相 LIF 实验常用的荧光示踪剂及其性质

| 名称 | 最大吸收波长/nm | 最大发射波长/nm | 摩尔吸收系数/(L・mol$^{-1}$・cm$^{-1}$) | 扩散系数/(cm$^2$・s$^{-1}$) | 温度敏感性/(%K$^{-1}$) |
|---|---|---|---|---|---|
| 荧光素 | 490 | 515 | $8.5\times10^4$ | $5.1\times10^{-6}$ | $-0.2$ |
| 罗丹明 6G | 525 | 560 | $1.1\times10^5$ | $1.2\times10^{-6}$ | |
| 罗丹明 B | 555 | 580 | $8.6\times10^4$ | $3.7\times10^{-6}$ | $-1.8$ |

罗丹明 6G 的最大吸收峰位于 525 nm,因此可利用特征波长 514.5 nm 的氩离子激光器或特征波长 532 nm 的 Nd：YAG 激光器对其进行激发,发射光谱的峰值位于 560 nm。该示踪剂的荧光信号对体系的 pH 值、温度及光退色作用均不敏感。罗丹明 B 的最大吸收峰位于 555 nm,并且峰宽度较大,可被波长 514.5 nm 与 532 nm 的激光激发;同时,其荧光信号对体系的温度敏感。

LIF 技术的相机设备最早采用传统的胶片式相机,直至 20 世纪 90 年代才逐渐被数字 CCD 相机取代。由于荧光信号的波长带宽较窄,所以实验测量通常采用黑白相机,而很少采用彩色相机。

相机的选择需要考虑如下三方面因素:总像素数、灰度位数和拍摄频率。其中,总像素数决定了测量系统的空间分辨率,其通常介于(256 px×256 px)~(1376 px×1024 px)之间。相机的灰度位数决定了其对荧光强度峰的分辨能力:$N$-bit 相机能分辨 $2^N$ 阶的光强信号。多数研究采用 8-bit CCD 相机,也有研究利用 10-bit 与 12-bit 的相机进行测量。相机的拍摄频率决定了测量系统的时间分辨率:较高的拍摄频率有利于揭示快速过程的变化规律,但过高的拍摄频率会使曝光时间大大缩短,导致测量结果的信噪比降低。

# 9.6 过程层析成像(PT)技术

多相流相含率的时空分布规律是多相流广受关注的基础特性之一,对多相流反应器的设计、控制和放大都有非常重大的意义。流场局部相含率的无干扰式测试方法主要为过程层析成像(process tomography,PT)技术,这种方法可以得到二维或三维的流场分布信息,甚至可以对动态过程实行在线检测,因此备受关注。但由于硬件设备和相关理论的复杂性,目前 PT 技术在多相流测量领域仍处于发展阶段。已经见诸报道的 PT 技术使用的探测源有 X 射线、γ 射线、可见光、超声、电场和核磁共振等。

几种典型 PT 系统的分类及其主要特点如表 9.2 所示。虽然 PT 技术是医学的计算机断层扫描(computed tomography,CT)技术在工业领域中的发展,但是由于测量对象、测量目的以及运行环境的不同,PT 技术无论是在信息的获取方式和处理方法上,还是在测量结果的解释和应用上与 CT 技术都有着显著的不同之处:① 所检测物场的非均匀性通常比较强;② 与 CT 系统相比,PT 系统的观测角度更少,每个观测角度下所获得的测量数据也更为有限;③ 被测物场变化很快,为做到快速检测,测量数据采集时间要尽可能地短。

**表 9.2　几类典型 PT 系统的分类及其主要特点**

| 传感器原理 | 空间分辨率/% | 实现方法 | 敏感场类型 | 主要特点 | 应用对象 |
|---|---|---|---|---|---|
| 电磁辐射式 | 1 | 光<br>X 射线<br>γ 射线<br>质子核磁共振 | 硬场<br>硬场<br>硬场<br>软场 | 速度快、介质需透光<br>速度慢、需防辐射装置<br>速度慢、需防辐射装置<br>快速、价格昂贵 | 火焰成像<br>流化床检测<br>粒子流成像<br>流速成像 |
| 声学式 | 3 | 超声式 | 介于软场和硬场之间 | 受声波速度的限制,难以实际应用 | 一般应用于气液两相流成像 |
| 电学式 | 10 | 电容式<br>电导式<br>电感式 | 软场 | 快速、价廉 | 适用于多种对象,如两相流成像、流化床成像、火焰成像及环境监测等 |

在 PT 技术中,X 射线计算机层析成像(X-ray computed tomography,X-CT)、γ 射线计算机层析成像(γ-ray computed tomography, γ-CT)和电容层析成像(electrical capacitance tomography,ECT)的应用最受关注。γ-CT 和 X-CT 的主要区别在于硬件系统设计、射线穿透能力和投影校正方法,在图像重构算法方面基本一致。

已有的研究报道表明:ECT 具有实时性好、安全性强等优点,但受限于其软场特性,空间分辨率较低,一般只能达到测量体系长度尺度的 3%~10%。X-CT 空间分辨率较高,一般可达到被测区域直径的 1%左右,其绝对分辨能力可达到 $200\sim400~\mu m$,但 X 射线的硬件设备昂贵以及投影采集的完备性要求(如围绕流场采集 180 个角度的投影)导致低时间分辨率,获得一个截面图像信息一般为分钟的量级。X-CT 对多相流而言是一种非常有用的检测流场结构和相分布的测试技术,而 X-CT 在医学研究方面无论是硬件构建还是重构算法设计都已经相当成熟。

X-CT 技术由于高空间分辨能力及其在医学领域的成功应用,许多研究组都尝试将

X-CT 技术应用于气液体系和气固体系的流场测量。多数研究工作测得的相含率为时均结果,采用了和医学 CT 相近的传统图像重构算法。一方面,研究者们通过简化 CT 技术的复杂测试过程以方便重构流场,如专门针对满足轴对称性质的流场开发一维 CT 技术;另一方面,研究者们不断努力地开发适用于多相流快速检测的 CT 技术。

 **习　题**

1. 简要说明干扰式测量和非干扰式测量的优缺点。
2. 简要介绍光纤探头系统。
3. 简要说明超声多普勒测速仪在气液体系中是如何分别获取气泡和液体的速度信号的。
4. 简要介绍光学外差检测法的三种模式。
5. 简要介绍 PIV 系统的主要构成部分。
6. 简要说明在 PIV 测量流场中如何根据实际测量选择示踪粒子。
7. 简要介绍粒子图像处理过程中的互相关计算原理,并对自相关与互相关进行比较。
8. 氩离子激光器和 Nd:YAG 激光器的优缺点分别有哪些?简单介绍如何根据实际工况选择使用激光器。
9. 在 LIF 测量技术应用中,选择示踪剂需要考虑哪些方面的因素?
10. 过程层析成像技术系统的类型及主要特点有哪些?

# 第10章

## >>> 多相流数值计算方法

　　多相流的数值计算方法是通过建立数学模型和使用计算机模拟多相流的运动学和动力学过程来实现的。随着计算机技术的不断进步,多相流数值模拟方法已经成为解决多相流问题的重要手段之一。在多相流数值计算方法的研究中,需要考虑许多复杂的物理和数学现象,如相互作用力、相变、物质传输等。因此,需要不断改进和完善数值计算方法,以提高模拟结果的准确性和可靠性。本章将介绍多相流数值计算方法的基本原理、数学模型和数值算法,并讨论其在多相流研究中的应用和局限性。同时,本章也将探讨未来多相流数值计算方法的发展趋势和挑战。

## 10.1　气液体系的双流体模型

　　气液和气液固浆态多相反应器是一类重要的工业反应器,广泛应用于石油化工、生物化工、食品化工、能源化工、环境工程等工业过程。目前气液反应器的设计及放大仍是一个工业难题,主要有两个原因:一是反应器形式多种多样,包括搅拌釜、鼓泡床、气升式环流反应器等,实验手段和测量技术也千差万别,实验数据不具有普适性;二是多相流本身作为一种复杂的物理现象,影响因素很多且互相耦合,对其机理的认识和了解还远远不够。另外,气液反应器在结构设计、装置放大、优化操作以及性能预测方面仍然缺乏足够的理论指导。因此,针对气液反应器内的多相流动行为的理论分析仍是一项具有意义的基础性研究。

### 10.1.1　流动模型的两种描述方法

　　气液体系中的液相可以很方便地采用欧拉方法对其行为进行描述。气相作为分散相,描述的方法分为两种:一种是欧拉方法(Eulerian method),把分散相视为拟连续相;另一种是拉格朗日方法(Lagrangian method),对单个气泡或样品气泡进行跟踪。气液两相流的描述因此分为欧拉-欧拉方法(Eulerian-Eulerian method)和欧拉-拉格朗日方法(Eulerian-Lagrangian method)。

　　1. 欧拉-欧拉方法

　　欧拉-欧拉方法将气相和液相均视为连续相,并假设气相和液相之间相互渗透。获得连续相的基本控制方程可以有三种平均方法:一是时间平均法;二是体积平均法;三是统计平均法。

　　如图10.1a所示,时间平均法基于计算流动中某个固定点流动性质的平均值。如果物理量为速度,则速度随时间的变化曲线如图10.1b所示。平均时间的尺度介于局部的脉动时

间 $t'$ 和系统时间 $T$ 之间。体积平均法基于计算一个体积单元内在某个瞬间的流动性质平均值,如图 10.1c 所示。平均体积的尺度介于气泡间的特征体积 $l^3$ 和系统的特征体积 $L^3$ 之间。统计平均法为基于某段给定的时间内在特定结构中的流场概率分布。多相流数值模型中大多数都是采用体积平均法的。

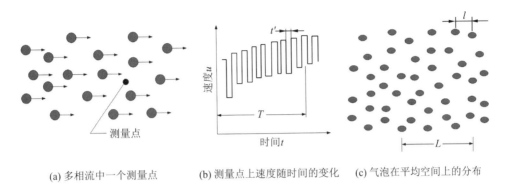

(a) 多相流中一个测量点　　(b) 测量点上速度随时间的变化　　(c) 气泡在平均空间上的分布

**图 10.1　连续相控制方程的平均方法**

2. 欧拉-拉格朗日方法

欧拉-拉格朗日方法中对连续相的处理采用欧拉平均法,而单气泡或气泡群的运动则通过建立该气泡或气泡群的力学平衡方程进行求解。在特定的体积范围内,气泡或气泡群的轨迹可以通过拉格朗日方法计算出来。在欧拉-欧拉方法的方程推导中,气泡的轨迹没有表达出来。

拉格朗日方法可以同时应用于稀相和密相流动中。在稀相流动中,气泡和气泡间的碰撞时间大于气泡的响应时间,因此气泡的运动取决于气泡和液相间的相互作用以及气泡和壁面的碰撞。在密相流动中,气泡的响应时间大于气泡和气泡的碰撞时间,因此气泡和气泡的相互作用同时受到气泡动力学、气液相互作用及气泡与壁面的碰撞三个因素的影响。当流动为稳态的稀相时,拉格朗日形式的一种求解方法为轨迹法(trajectory method);当流动为不稳态的密相时,则需要采用更广义的离散元方法(discrete element approach)。

与欧拉-拉格朗日方法相比,欧拉-欧拉方法具有如下优点:一是气泡相和液相采用同一套数值方法,计算量较小;二是对气泡个数很多的情况适用性较好。但是该方法也存在一定的局限:一是气泡相对液相施加的作用、气泡间的相互作用和气泡大小分布的机理描述还不够清楚和准确;二是边界条件较难处理;三是气泡相稀疏时方程难以适用。

### 10.1.2　双流体模型

双流体模型属于欧拉-欧拉方法。采用双流体模型建立两相流方程的观点和基本方法是:首先建立每一相瞬时的、局部的守恒方程,然后采用某种平均方法得到两相流方程和各种相间作用的表达式。双流体模型中连续相和分散相的控制方程组可以用统一的形式表示为

$$\frac{\partial}{\partial t}(\rho\alpha\varphi)_k + \nabla \cdot (\rho\alpha\varphi\boldsymbol{u})_k = \nabla \cdot (\Gamma_\varphi\alpha \ \nabla\varphi)_k + S_{\varphi,k} \tag{10.1}$$

式中,$k$ 表示液相 1 或气相 g;$\varphi$ 表示某物理量,如速度分量、温度、焓、质量分数、湍动能和湍能耗散速率等;$S_{\varphi,k}$ 表示各相自身的源项和相间作用引起的源项。方程式(10.1)加上构成源

项、输运系数模型以及一些本构方程和关系式(如状态方程、温焓关系、热传导关系式、化学动力学关系等)可构成封闭的双流体模型方程组。

针对具体的模拟对象和体系,需要对以上方程进行修改,如修改扩散系数和修改源项等。在气液体系的双流体模型中,通过修改源项可以加入气泡径向力、修改曳力模型以及了解加入气泡对液相湍动的影响。

双流体模型的基本控制方程包括质量守恒方程、动量守恒方程和能量守恒方程。在基本控制方程的基础上,还需要对相间作用项和扩散系数等建立方程使双流体模型封闭。对于气液固浆态体系,固体颗粒平均粒径很小,对应的沉降速度与液速相比可以忽略,因此通常将液相和固体颗粒相近似处理为拟均相,固体颗粒的影响通过在模型中采用浆相的物理性质(如黏度和密度等)进行表征,这种处理方法在气液固浆态体系中被广泛采用。

1. 质量守恒方程(连续性方程)

气相:

$$\nabla \cdot (\rho_g \alpha_g \boldsymbol{u}_g) = 0 \tag{10.2}$$

液相:

$$\nabla \cdot (\rho_l \alpha_l \boldsymbol{u}_l) = 0 \tag{10.3}$$

2. 动量守恒方程(运动方程)

气相:

$$\nabla \cdot (\rho_g \alpha_g \boldsymbol{u}_g \boldsymbol{u}_g) = -\alpha_g \nabla P' + \nabla \cdot [\alpha_g \mu_{eff,g}(\nabla \boldsymbol{u}_g + \nabla \boldsymbol{u}_g^T)] + \boldsymbol{F}_{g,l} + \rho_g \alpha_g \boldsymbol{g} \tag{10.4}$$

液相:

$$\nabla \cdot (\rho_l \alpha_l \boldsymbol{u}_l \boldsymbol{u}_l) = -\alpha_l \nabla P' + \nabla \cdot [\alpha_l \mu_{eff,l}(\nabla \boldsymbol{u}_l + \nabla \boldsymbol{u}_l^T)] - \boldsymbol{F}_{g,l} + \rho_l \alpha_l \boldsymbol{g} \tag{10.5}$$

式中,$\boldsymbol{F}_{g,l}$为液相作用于气相上的相间作用力;$P'$为修正压力,定义为

$$P' = P + \frac{2}{3}\mu_{eff,l} \nabla \cdot \boldsymbol{u}_l + \frac{2}{3}\rho_l k_l \tag{10.6}$$

液相有效黏度$\mu_{eff,l}$可按下式计算:

$$\mu_{eff,l} = \mu_{lam,l} + \mu_{tl,s} + \mu_{tl,b} \tag{10.7}$$

有效黏度由层流黏度和湍流黏度两部分组成,其中湍流黏度又由液相剪切引起的湍流黏度$\mu_{tl,s}$和由气泡引起的湍流黏度$\mu_{tl,b}$两部分组成,即$\mu_{tl}=\mu_{tl,s}+\mu_{tl,b}$。可采用 Sato 和 Sadatomi(1981)提出的模型对气泡引起的湍流黏度进行计算:

$$\mu_{tl,b} = C_{\mu b} \rho_l \alpha_g d_b |\boldsymbol{u}_g - \boldsymbol{u}_l| \tag{10.8}$$

式中,$C_{\mu b}$为经验参数,根据 Sato 和 Sadatomi(1981)的结果取值为 1.2。

### 10.1.3  相间作用力

在动量守恒方程中,需要给定相间作用力的表达式以使方程封闭。相间作用力包括曳力、附加质量力和径向力。近年来的研究结果表明,径向力包括升力、湍动扩散力和壁面润滑力,这些径向力对气含率的径向分布具有决定性的影响。下面分别对几种相间作用力的模型进行介绍。

1. 曳力

曳力是气液相间动量传递最主要的作用力,常见的曳力表达式为

$$M^{\mathrm{D}} = \frac{3}{4d_{\mathrm{b}}} \alpha_{\mathrm{g}} C_{\mathrm{D}} \rho_{\mathrm{l}} |\boldsymbol{u}_{\mathrm{g}} - \boldsymbol{u}_{\mathrm{l}}| (\boldsymbol{u}_{\mathrm{g}} - \boldsymbol{u}_{\mathrm{l}})$$ (10.9)

曳力的影响因素非常多,除了物性参数外,还包括气泡大小、气泡形状、气泡的表面波动或变形、气泡间的相互影响等,并且其中某些因素相互关联。这些因素影响了气泡与液体界面间的流场,从而改变了气泡的受力状态。在计算气泡群曳力 $C_{\mathrm{D}}$ 时,通常以单气泡曳力系数的计算公式为参照。CFD 中最常见的单气泡曳力公式为 Tomiyama 等(1998)提出的曳力公式。

对于纯液体体系:

$$C_{\mathrm{D}} = \max\left\{\min\left[\frac{16}{Re}(1+0.15Re^{0.687}), \frac{48}{Re}\right], \frac{8}{3}\times\frac{Eo}{Eo+4}\right\}$$ (10.10)

式中,$Eo$ 表示 Eötvös 数。

对于含有轻微杂质的体系:

$$C_{\mathrm{D}} = \max\left\{\min\left[\frac{24}{Re}(1+0.15Re^{0.687}), \frac{72}{Re}\right], \frac{8}{3}\times\frac{Eo}{Eo+4}\right\}$$ (10.11)

对于含有大量杂质的体系:

$$C_{\mathrm{D}} = \max\left[\frac{24}{Re}(1+0.15Re^{0.687}), \frac{8}{3}\times\frac{Eo}{Eo+4}\right]$$ (10.12)

早期的双流体模型中主要考虑了曳力的影响。在均匀鼓泡区,当气含率较低时,气泡的相互作用减弱,这种条件下气液相间作用通常可以直接采用单气泡曳力模型进行计算;当气含率较高时,由于气泡的相互阻挡作用,曳力系数变小。在不均匀鼓泡区,由于大气泡的尾涡作用,气泡群的上升速度明显高于单气泡的上升速度,但气泡尾涡对气泡的影响机制非常复杂。Ishii 和 Zuber(1979)建议不均匀鼓泡区气泡群的曳力系数等于单气泡曳力系数的 $(1-\alpha_{\mathrm{g}})^2$ 倍。Krishna 等(1999)提出了将气泡相分为大气泡相和小气泡相分步处理,并基于床层塌落(dynamic gas disengagement)方法测得的实验数据给出了大气泡速度和小气泡速度的关联式。Wang 等(2006)主要考虑了大气泡尾涡的加速作用,引入大气泡分率对单气泡的曳力系数进行了修正。

**2. 附加质量力**

当气泡相对于液体加速运动时,气泡周围部分液体被加速,使气泡受到附加质量力作用,可按下式计算:

$$F_{\mathrm{VM}} = \alpha_{\mathrm{g}} \rho_{\mathrm{l}} C_{\mathrm{VM}} \frac{\mathrm{D}}{\mathrm{D}t}(u_{\mathrm{g}} - u_{\mathrm{l}})$$ (10.13)

式中,$C_{\mathrm{VM}}$ 为附加质量力系数,根据 Cook 和 Harlow(1986)的研究取值为 0.25。

**3. 升力**

气泡所受径向升力的影响因素非常复杂,一般认为主要的影响因素有液速梯度、滑移速度和气泡大小及形状等。气泡所受升力可采用下面的公式计算:

$$F_{\mathrm{L}} = -C_{\mathrm{L}} \alpha_{\mathrm{g}} \rho_{\mathrm{l}} (u_{\mathrm{g}} - u_{\mathrm{l}}) \frac{\partial u_{\mathrm{l}}}{\partial r}$$ (10.14)

式中,$C_{\mathrm{L}}$ 为升力系数。当 $C_{\mathrm{L}}$ 为正值时,升力指向壁面;当 $C_{\mathrm{L}}$ 为负值时,升力指向鼓泡床中心。

近年来,学者们对气泡受力进行了更为深入的研究,发现当气泡大小和形状不同时,升力的方向会发生改变。Tomiyama(1998)对气泡升力进行了实验研究,发现气泡大小是影响气泡升力方向的关键因素,升力系数与气泡雷诺数 $Re_b$ 和修正 Eötvös 数 $Eo'$(基于气泡最大水平尺寸 $d_{bH}$ 计算)有关。空气−甘油水溶液体系中单气泡的升力系数可用下面的关联式计算:

$$C_L = \begin{cases} \min[0.288\tanh(0.121Re_b), f(Eo')], & Eo' < 4 \\ f(Eo'), & 4 \leqslant Eo' < 10 \\ -0.29, & Eo' \geqslant 10 \end{cases} \tag{10.15}$$

$$f(Eo') = 0.001\,05Eo'^3 - 0.015\,9Eo'^2 - 0.020\,4Eo' + 0.474 \tag{10.16}$$

由以上关联式可知,在气液鼓泡床和气升式环流反应器中,小气泡所受升力指向壁面,大气泡所受升力则指向鼓泡床中心。

式(10.15)和式(10.16)是基于高黏度体系单气泡的实验数据得到的,不能直接用于低黏度体系(如空气−水体系)多气泡升力的计算。将升力系数作为模型参数,并根据各模拟工况采用的升力系数进行回归,得出空气−水体系多气泡升力系数的关联式可表示为

$$C_L = \begin{cases} \min[0.288\tanh(0.121Re_b), f(Eo)], & Eo < 3.4 \\ f(Eo), & 3.4 \leqslant Eo < 10 \\ -0.29, & Eo \geqslant 10 \end{cases} \tag{10.17}$$

$$f(Eo) = 0.00952Eo^3 - 0.0995Eo^2 + 1.088 \tag{10.18}$$

**4. 湍动扩散力**

湍动扩散力是由液相湍动和气含率径向分布引起的,其作用效果是使气含率径向分布趋于均匀。Lahey 等 (1993)给出了如下计算公式:

$$F_{TD} = -C_{TD}\rho_l k_l \frac{\partial \alpha}{\partial r} \tag{10.19}$$

式中,对于水−空气体系,$C_{TD}$ 取值为 1.0。

**5. 壁面润滑力**

Antal 等(1991)考虑到靠近壁面的气泡周围流场具有不对称性,气泡受到壁面润滑力的作用,其效果是使近壁面区域的气泡远离壁面运动。Tomiyama(1998)对 Antal 等(1991)的关联式进行了改进,其结果为

$$F_w = -C_w \alpha_g \frac{d_b}{2}\left[\frac{1}{(R-r)^2} - \frac{1}{(R+r)^2}\right]\rho_l (u_g - u_l)^2 \tag{10.20}$$

式中,$C_w$ 为壁面润滑力系数,在空气−水的湍流鼓泡体系中,其值约为 0.1。

### 10.1.4　湍流模型

当连续相液相为湍流时,选择合适的湍流模型非常重要。这是因为湍流具有高度的非线性特征,湍流情况下的基本控制方程没有解析解,需要采用数值方法求解。湍流模型是 CFD 模型的难点,在很大程度上决定着数值模拟结果的优劣,需要根据流动特点、数值计算精度、计算资源和计算时间等因素综合考虑。

常用的模拟湍流的数值计算方法分为三大类:一是直接数值模拟(direct numerical simulation，DNS）；二是雷诺时均（Reynolds-averaged navier-stokes，RANS）模拟；三是大涡模拟（large eddy simulation，LES）。采用 DNS 方法求解湍流中所有尺度的涡结构不存在模型封闭问题，其优点是精度高，可以提供流场的全部信息；缺点是由于采用很小的时间和空间步长，计算量极大。目前 DNS 仅限于雷诺数较低的情况，而无法应用于工程数值计算。对多相流而言，DNS 还需要引入一定的相界面追踪算法。RANS 模型是基于统计理论，只计算湍流中的平均速度、平均湍动能等时均信息，但求解过程中需要引入外部的封闭模型对控制方程进行封闭，优点是计算量较小，缺点是由于大尺度湍流涡的性质与边界条件密切相关，封闭模型缺乏普适性。RANS 模型由于计算量小，有一定合理的精度，因而广泛应用于工程领域。LES 的复杂性介于 DNS 和 RANS 之间，其思想是通过某个过滤函数将大尺度涡和小尺度涡分开，对大尺度涡直接进行数值计算，而对小尺度涡采用一定的模型假设进行封闭。由于 LES 的计算量很大，仅局限于比较简单的剪切流和管状流，还无法在工程上广泛应用。RANS 和 LES 都采用欧拉-欧拉平均方法，都不直接对小尺度涡进行模拟。

下面首先介绍 RANS 湍流模型。RANS 湍流模型包括标准 $k$-$\varepsilon$ 模型及其各种修正模型以及雷诺应力模型（RSM）等。

1. 标准 $k$-$\varepsilon$ 模型及其修正模型

（1）标准 $k$-$\varepsilon$ 模型

标准的 $k$-$\varepsilon$ 模型为湍流模型中的两方程模型，由 Launder 和 Spalding（1972）提出。$k$-$\varepsilon$ 模型的计算量经济、鲁棒性好且计算精度合理，因而在工程流体模拟中得到广泛的应用。

$$\nabla \cdot (\rho_1\alpha_1 k_1 \boldsymbol{u}_1) = \nabla \cdot \{\alpha_1[\mu_{\mathrm{lam,1}}+(\mu_{\mathrm{tl}}+\mu_{\mathrm{tb}})/\sigma_k]\nabla k_1\}+\alpha_1(G_{k,1}-\rho_1\varepsilon_1)+S_{k,1} \quad (10.21)$$

$$\nabla \cdot (\rho_1\alpha_1 k_1 \boldsymbol{u}_1) = \nabla \cdot \{\alpha_1[\mu_{\mathrm{lam,1}}+(\mu_{\mathrm{tl}}+\mu_{\mathrm{tb}})/\sigma_\varepsilon]\nabla\varepsilon_1\}+\alpha_1\frac{\varepsilon_1}{k_1}(C_{\varepsilon1}G_{k,1}-C_{\varepsilon2}\rho_1\varepsilon_1)+S_{\varepsilon,1} \quad (10.22)$$

式中，$S_{k,1}$ 和 $S_{\varepsilon,\mathrm{t}}$ 为气泡湍动项的影响；$G_{k,1}$ 为湍动能产生项；$\mu_{\mathrm{tl}}$ 为液相湍流黏度。其中，$G_{k,1}$ 和 $\mu_{\mathrm{tl}}$ 可分别表述为

$$G_{k,1} = \mu_{\mathrm{eff,1}}\nabla\boldsymbol{u}_1 \cdot [\nabla\boldsymbol{u}_1+(\nabla\boldsymbol{u}_1)^{\mathrm{T}}]-\frac{2}{3}\nabla\boldsymbol{u}_1(\mu_{\mathrm{eff,1}}\nabla\boldsymbol{u}_1+\rho_1 k_1) \quad (10.23)$$

$$\mu_{\mathrm{tl}} = C_\mu(\rho_1 k_1^2/\varepsilon_1) \quad (10.24)$$

式中，$C_\mu$ 取值为 0.09。$k$-$\varepsilon$ 模型一般适用于充分发展的湍流模拟。

对于气液鼓泡流，气泡的运动会造成液相附加的湍动，从而增加液相的湍流动能，对气含率和液速的径向分布产生影响。在多相流研究中，分散相对连续相湍动的影响是一个重要的问题。当气含率很低时，气泡对液相湍动的影响很小，可以忽略；当气含率较高时，气泡对液相湍动会产生明显影响，需要进行湍能修正。

（2）$k_1$ 项和 $\varepsilon_1$ 项修正模型

Lopez de Bertodano 等（1994）对气液两相流 $k$-$\varepsilon$ 湍流模型中的湍能修正进行了研究，并对比了单时间常数模型和双时间常数模型。在采用双时间常数模型时，他们把源项附加到 $k$ 项和 $\varepsilon$ 项中，通过理论分析将 CFD 模拟结果与实验结果对比，证明了采用双时间常数模型进行液相湍能修正更为合理。双时间常数模型可表述为

$$k_{1,\mathrm{t}} = k_1+k_{1,\mathrm{g}} \quad (10.25)$$

$$\varepsilon_{1,\mathrm{t}} = \varepsilon_1+\varepsilon_{1,\mathrm{g}} \quad (10.26)$$

式中，$k_{1,t}$ 和 $\varepsilon_{1,t}$ 分别为液相总的湍能和耗散速率；$k_1$ 和 $\varepsilon_1$ 为标准 $k$-$\varepsilon$ 模型的计算值；$k_{1,g}$ 和 $\varepsilon_{1,g}$ 分别为气泡引起的附加湍能和耗散速率，可采用以下公式计算：

$$k_{1,g} = \frac{1}{2}\alpha_g C_{VM} u_{slip}^2 \tag{10.27}$$

$$\varepsilon_{1,g} = \frac{M_{1,g}}{\rho_1} u_{slip} = \alpha_g g u_{slip} \tag{10.28}$$

式中，$C_{VM}$ 为附加质量系数，可取值为 0.5；$u_{slip}$ 为滑移系数。

气相采用 Jakobsen(1993)提出的关联式，将气相湍流黏度与液相湍流黏度相关联：

$$\mu_{t,g} = \frac{\rho_g}{\rho_1}\mu_{t,1} \tag{10.29}$$

从上式可以看出，气泡引起的湍动中只考虑了局部气含率的影响，并未考虑气泡形状和大小的影响。

(3) $S_{k,1}$ 项和 $S_{\varepsilon,1}$ 项修正模型

$S_{k,1}$ 项为气泡受到阻力时能量损耗转化成的液相湍能。Lee 等(1989)认为，$S_{k,1}$ 项与气泡上升时间成反比，与该时间内气泡排斥液体改变的势能成正比，提出 $S_{k,1}$ 项和 $S_{\varepsilon,1}$ 项的表达式为

$$S_{k,1} = C_1 F_D \cdot (u_g - u_1) = \frac{3}{4}C_1 C_D \rho_1 \alpha_g \frac{u_{slip}^3}{d_b} \tag{10.30}$$

$$S_{\varepsilon,1} = C_2 \frac{S_{k,1}}{\tau} \tag{10.31}$$

式中，系数 $C_1 = 0.03$；系数 $C_2$ 与 $\tau$ 有关；$\tau$ 为时间尺度。也有研究者在 $S_{k,1}$ 项中考虑了虚拟质量力。文献中 $S_{k,1}$ 项和 $S_{\varepsilon,1}$ 项的表达式总结如表 10.1 所示。

表 10.1　$S_{k,1}$ 项和 $S_{\varepsilon,1}$ 项修正模型参数

| 作者 | $S_{k,1}$ 项 | $S_{k,1}$ 项的 $\tau$ 变量 | $C_2$ |
|---|---|---|---|
| Lee 等(1989)、Politano 等(2003) | 曳力 | $k_1/\varepsilon_1$ | 1.92 |
| Troshko 和 Hassan(2001) | 曳力 | $d_b/u_{slip}$ | 0.45 |
| Rzehak 和 Krepper(2013) | 曳力 | $d_b/(k_1)^{1/2}$ | 1.00 |

可以看出，除了 Lee 等(1989)的模型外，其他模型在时间尺度 $\tau$ 中都考虑了气泡大小对湍能的修正作用。

根据 Hosokawa 和 Tomiyama(2010)的实验结果，气泡对湍能修正存在以下三种机理：一是气泡诱导产生湍能，使湍动增强；二是气泡可以破碎湍流涡，阻碍剪切引发的湍流涡从壁面到鼓泡床中心的长大，减少中心处湍动能的耗散；三是气泡相间传递湍流涡能量，改变湍流涡速度分布。

2. RNG $k$-$\varepsilon$ 模型

RNG $k$-$\varepsilon$ 模型是由标准 $k$-$\varepsilon$ 模型经重整化群的数值计算技术(renormalization group, RNG)发展而来。与标准 $k$-$\varepsilon$ 模型相比，RNG $k$-$\varepsilon$ 模型在以下方面进行了改进：

① 给湍能耗散速率方程增加了附加项，改进了对快速应变流的预测能力。

② 包含了旋转对湍流的影响,改进了对旋转流的预测能力。

③ RNG $k$-$\varepsilon$ 模型包含了普朗特常数的解析式,而标准 $k$-$\varepsilon$ 模型的普朗特常数是由用户给定的常数。

④ 标准 $k$-$\varepsilon$ 模型适用于高雷诺数区域,而 RNG $k$-$\varepsilon$ 模型还适用于低雷诺数区域。

RNG $k$-$\varepsilon$ 模型一般比标准 $k$-$\varepsilon$ 模型更准确,适用范围也更广,其模型方程如下。

Ⅰ. $k$-$\varepsilon$ 方程:

$$\nabla \cdot (\rho_1 \alpha_1 k_1 \boldsymbol{u}_1) = \nabla \cdot (P_k \alpha_1 \mu_{\text{eff}} \nabla k_1) + \alpha_1 (G_{k,1} - \rho_1 \varepsilon_1) + \alpha_1 S_{k,1} \tag{10.32}$$

$$\nabla \cdot (\rho_1 \alpha_1 k_1 \boldsymbol{u}_1) = \nabla \cdot (P_\varepsilon \alpha_1 \mu_{\text{eff}} \nabla \varepsilon_1) + \alpha_1 \frac{\varepsilon_1}{k_1} (C_{\varepsilon 1} G_{k,1} - C_{\varepsilon 2} \rho_1 \varepsilon_1) + \alpha_1 S_{\varepsilon,1} - R_\varepsilon \tag{10.33}$$

式中,$P_k$ 和 $P_\varepsilon$ 为相应的有效普朗特数。$R_\varepsilon$ 的计算公式为

$$R_\varepsilon = C_\mu \rho_1 \eta^3 (1 - \eta/\eta_0) \varepsilon_1^2 / [(1 + \beta \eta^3) k_1]$$

$$\eta = S k_1 / \varepsilon_1, \eta_0 = 4.38, \beta = 0.012 \tag{10.34}$$

Ⅱ. 湍流黏度:

$$d = \left( \frac{\rho_1^2 k_1}{\sqrt{\varepsilon_1 \mu}} \right) = 1.72 \frac{\hat{\nu}}{\sqrt{\hat{\nu}^3 - 1 + C_\nu}} \mathrm{d}\hat{\nu}$$

$$\hat{\nu} = \mu_{\text{eff}} / \mu, \; C_\nu \approx 100 \tag{10.35}$$

3. Realizable $k$-$\varepsilon$ 模型

Realizable $k$-$\varepsilon$ 模型也是标准 $k$-$\varepsilon$ 模型的一个改进模型。与标准 $k$-$\varepsilon$ 模型相比,Realizable $k$-$\varepsilon$ 模型在以下两方面进行了改进:

① 采用了一个新形式的湍流黏度计算公式。

② 采用了一个由描述漩涡湍动的控制方程发展而来的湍能耗散速率方程。

相对于标准的 $k$-$\varepsilon$ 模型和 RNG $k$-$\varepsilon$ 模型,Realizable $k$-$\varepsilon$ 模型更接近物理实际,因此也有更好的预测能力。Realizable $k$-$\varepsilon$ 模型的表达式如下。

Ⅰ. $k$-$\varepsilon$ 方程:

$$\nabla \cdot (\rho_1 \alpha_1 k_1 \boldsymbol{u}_1) = \nabla \cdot \{\alpha_1 [\mu_{\text{lam},1} + (\mu_{\text{tl}} + \mu_{\text{tb}})/\sigma_k] \nabla k_1\} + \alpha_1 (G_{k,1} - \rho_1 \varepsilon_1) + \alpha_1 S_{k,1} \tag{10.36}$$

$$\nabla \cdot (\rho_1 \alpha_1 \varepsilon_1 \boldsymbol{u}_1) = \nabla \cdot \{\alpha_1 [\mu_{\text{lam},1} + (\mu_{\text{tl}} + \mu_{\text{tb}})/\sigma_\varepsilon] \nabla \varepsilon_1\} + \alpha_1 \rho_1 C_1 S_{\varepsilon,1} - \alpha_1 \rho_1 C_2 \frac{\varepsilon_1^2}{k + \sqrt{\nu \varepsilon}} + \alpha_1 S_{\varepsilon,1} \tag{10.37}$$

式中,$C_1 = \max \left[ 0.43, \dfrac{\eta}{\eta + 5} \right], \eta = S \dfrac{\varepsilon}{k}, S = \sqrt{2 S_{ij} S_{ij}}$。

Ⅱ. 湍流黏度:

$$\mu_{\text{t},1} = C_\mu (\rho_1 k_1^2 / \varepsilon_1), C_\mu = 1 / \left( A_0 + A_\text{s} \frac{k_1 U^*}{\varepsilon_1} \right) \tag{10.38}$$

4. RSM

雷诺应力模型(Reynolds stress model,RSM)不采用涡体黏度各向同性的假设,而是通过计算雷诺应力来封闭 N-S 方程。与 $k$-$\varepsilon$ 模型相比,RSM 在二维模拟时需要额外计算 5 个方程,而对三维模拟则要额外计算 7 个方程,其优点在于可以更准确地预测复杂流动行为。但是 RSM 的准确模拟仍依赖于对压力应变(pressure strain)和湍能耗散速率的准确封闭。

RSM 的控制方程为

$$\frac{\partial}{\partial x_k}(\rho_1 \alpha_1 u_k \overline{u_i' u_j'}) = \alpha_1 (D_{T,ij} + D_{L,ij} + P_{ij} + G_{ij} + \varphi_{ij} + \varepsilon_{ij} + F_{ij} + S) \tag{10.39}$$

$$D_{T,ij} = -\frac{\partial}{\partial x_k}[\rho_1 \overline{u_i' u_j' u_k'} + \overline{p(\delta_{kj} u_i' + \delta_{ik} u_j')}] \tag{10.40}$$

$$D_{L,ij} = \frac{\partial}{\partial x_k}\left[\mu \frac{\partial}{\partial x_k}(\overline{u_i' u_j'})\right] \tag{10.41}$$

$$P_{ij} = -\rho_1\left(\overline{u_i' u_k'}\frac{\partial u_j}{\partial x_k} + \overline{u_j' u_k'}\frac{\partial u_i}{\partial x_k}\right) \tag{10.42}$$

$$G_{ij} = -\rho_1 \beta(g_i \overline{u_j' \theta} + g_j \overline{u_i' \theta}) \tag{10.43}$$

$$\varphi_{ij} = \overline{p\left(\frac{\partial u_i'}{\partial x_k} + \frac{\partial u_j'}{\partial x_k}\right)} \tag{10.44}$$

$$\varepsilon_{ij} = -2\mu \overline{\left(\frac{\partial u_i'}{\partial x_k}\frac{\partial u_j'}{\partial x_k}\right)} \tag{10.45}$$

$$F_{ij} = -2\rho_1 \Omega_k(\overline{u_j' u_m'}\varepsilon_{ikm} + \overline{u_i' u_m'}\varepsilon_{jkm}) \tag{10.46}$$

式中,$D_T$ 为湍流扩散项;$D_L$ 为分子扩散项;$P$ 为应力源项;$G$ 为浮力源项;$\varphi$ 为压力张力项;$\varepsilon$ 为湍能耗散项;$F$ 为旋转源项;$S$ 为用户源项。

不同于 RANS 湍流模型,LES(大涡模拟)对大尺度湍流涡的动量方程和能量方程直接进行数值求解,并建立小尺度湍流涡对大尺度湍流涡影响的数学模型,也称为亚格子模型(subgrid-scale model)。这是因为小尺度湍流涡具有各向同性且更加均匀,受到边界条件的影响更小,与 RANS 相比,LES 的模型更加简单,对于不同的流动,需要调整的幅度较小。

LES 的第一步是建立过滤器函数,过滤掉小尺度湍流涡;第二步是建立大尺度湍流涡的基本控制方程;第三步是建立亚格子模型对方程进行封闭。常见的过滤器函数有三种:一是傅里叶谱截断过滤器;二是高斯过滤器;三是盒式过滤器。

### 10.1.5　双流体模型的数值解法

双流体模型控制方程为一些在数学形式上相似的偏微分方程组,其通用形式可用式(10.1)表示。双流体模型的控制方程组一般无法进行解析求解,需要采用数值方法进行离散求解。已经发展的数值求解方法包括有限差分法、有限容积法和有限元法。其中,有限容积法是目前使用比较普遍的方法,该方法的主要思路是:首先,将守恒型的控制方程在任意控制容积和时间间隔内作积分;其次,选定未知函数及其导数对时间和空间的局部分布曲线;最后,对方程各项按选定的型线积分,整理成关于节点上未知量的代数方程。

在流场的计算中,为解决没有单独的压力控制方程的问题,通常采用 Patankar 和 Spalding (1972) 提出的 SIMPLE 算法(semi-implicit method for pressure linked equations)或其改进算法,如 SIMPLEC。SIMPLE 算法的基本步骤为:① 赋初场,包括给定初始速度、压力、$k$、$\varepsilon$ 分布等;② 计算动量方程的系数和源项;③ 求解动量方程得到 $u^*$、$v^*$、$w^*$;④ 求解压力修正方程得到 $P'$,若该方程的源项 $b=0$,则计算收敛;⑤ 利用 $P'$ 对速度和压力进行修正;⑥ 求解其他量 $\varphi$;⑦ 把校正压力作为新的试探压力,回到第②步,重复整个过程直至收敛。

# 10.2 CFD-PBM 耦合模型

在气液和气液固浆态体系中,随表观气速和表观液速的不同,流动处于不同的流型。一般将流型分为均匀鼓泡区、不均匀鼓泡区和过渡区,在表观气速和气含率较低时,气泡小而均匀,气泡间相互作用很弱,气含率径向分布较为均匀;随表观气速增大,气泡聚并作用增强,由气泡聚并产生的大气泡增多;当表观气速超过流型转变气速后,大气泡所占体积份额显著增多,气相结构发生转变,流动进入不均匀鼓泡区,其流动特征是气泡大小分布范围很宽,气泡间相互作用较强,气含率径向分布不均匀。从均匀鼓泡区到不均匀鼓泡区,一般经历过渡区。过渡区存在的操作条件范围很窄,影响因素非常复杂,一般重点关注均匀鼓泡区和不均匀鼓泡区的流体力学行为。

流型和流型转变与气泡大小分布有密切关系。对气泡大小分布进行定量描述,进而基于气泡大小分布对相间作用进行计算,是正确模拟不同流型内流体力学行为的基础。具体表现在以下方面。

1. 气含率径向分布与气泡大小有关

气泡所受径向力对气含率径向分布有重要影响,而气泡径向力会随气泡大小的不同而发生改变。文献中通常采用均一气泡假设,基于平均气泡直径对径向力进行计算或将径向力系数作为可调参数处理。由于群体平衡模型(population balance model,PBM)计算气泡大小分布,进而基于气泡大小分布对气泡径向力进行计算,可以建立更合理的气泡径向力模型,从而对气含率径向分布做出更准确的预测。

2. 气泡上升速度和气含率与气泡大小有关

均匀鼓泡区和不均匀鼓泡区的流体力学行为差别很大,主要原因在于不同流动区域内气泡大小分布不同,使得气液相间的相互作用明显不同。在均匀鼓泡区,气泡小而均匀,气含率相对较低,气泡之间的相互作用可以忽略,因此气液两相之间的滑移速度基本上和单气泡上升速度相等;在不均匀鼓泡区,气含率较大,气泡聚并作用增强,形成一定数量的大气泡,由于大气泡尾涡对气泡上升有明显的加速作用,因此不均匀鼓泡区内的大气泡具有很大的上升速度,随着表观气速的增加,不均匀鼓泡区的气含率增加的趋势变缓。实际上,气泡群上升速度不仅和气含率有关,还和气泡大小分布有关。因此,基于气泡大小分布对气液相间曳力进行计算,更能反映气液相间的相互作用。

除了以上分析的气泡行为对流型转变以及各流型内流体力学行为有重要影响外,气泡行为还与传质和混合性能密切相关。气泡大小分布是决定气液相界传质面积的重要参数,气泡的聚并和破碎行为对气液传质系数和气相混合行为有重要影响。在 CFD-PBM 耦合模型的基础上,可以对气液体系进行更为深入的研究,如基于气泡动力学特性预测气相停留时间分布、气液相间传质和反应性能等。

## 10.2.1 CFD-PBM 耦合模型描述

CFD-PBM 耦合模型将 CFD 预测流场的能力和 PBM 计算气泡大小分布的优点相结合,具体实现方式如图 10.2 所示。PBM 基于气泡聚并和破碎对气泡大小分布进行计算,计算中需要给定局部气含率、速度场和液相湍能耗散速率,这些参数可以通过 CFD 模拟求得。基于 PBM 计算得到的气泡大小分布对相间作用和湍能修正进行计算以改进双流体模型,通过以上方式即可实现 CFD 和 PBM 的耦合。由于考虑了气泡大小分布及其对相间作用的影响,CFD-PBM 耦合模型能够对均匀鼓泡区和不均匀鼓泡区的流动进行预测。采用 CFD-PBM 耦合模型还可以由局部气含率和气泡大小分布进一步求得气液相界面积。

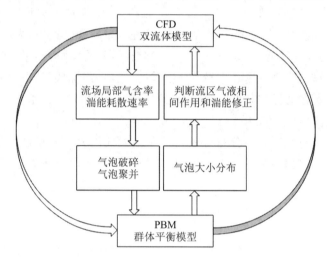

**图 10.2　CFD-PBM 耦合模型示意图**

　　以下列出了 CFD-PBM 耦合模型的主要方程。考虑到对计算量的要求,在该模型中将气相考虑成一相,但是采用 PBM 对气泡大小分布进行计算,再基于气泡大小分布对相间作用进行计算,这样可以在计算量增加不多的情况下实现 CFD 和 PBM 的耦合。

　　1. 双流体模型基本方程

（1）质量守恒方程（连续性方程）

气相:

$$\nabla \cdot (\rho_g \alpha_g \boldsymbol{u}_g) = 0 \tag{10.47}$$

液相:

$$\nabla \cdot (\rho_1 \alpha_1 \boldsymbol{u}_1) = 0 \tag{10.48}$$

（2）动量守恒方程（运动方程）

气相:

$$\nabla \cdot (\rho_g \alpha_g \boldsymbol{u}_g \boldsymbol{u}_g) = -\alpha_g \nabla P' + \nabla [\alpha_g \mu_{\mathrm{eff},g} (\nabla \boldsymbol{u}_g + \nabla \boldsymbol{u}_g^{\mathrm{T}})] + \boldsymbol{F}_{g,1} + \rho_g \alpha_g \boldsymbol{g} \tag{10.49}$$

液相:

$$\nabla \cdot (\rho_1 \alpha_1 \boldsymbol{u}_1 \boldsymbol{u}_1) = -\alpha_1 \nabla P' + \nabla [\alpha_1 \mu_{\mathrm{eff},g} (\nabla \boldsymbol{u}_1 + \nabla \boldsymbol{u}_1^{\mathrm{T}})] - \boldsymbol{F}_{g,1} + \rho_1 \alpha_1 \boldsymbol{g} \tag{10.50}$$

式中,$P'$ 为修正压力,定义为

$$P' = P + \frac{2}{3} \mu_{\mathrm{eff},1} \nabla \boldsymbol{u}_1 + \frac{2}{3} \rho_1 k_1 \tag{10.51}$$

$\mu_{\mathrm{eff},1}$ 为液相有效黏度,由下式进行计算:

$$\mu_{\mathrm{eff},1} = \mu_{\mathrm{lam},1} + \mu_{t,1} + \mu_{tb} \tag{10.52}$$

$$\mu_{tb} = C_{\mu b} \rho_1 \alpha_g d_{bs} |\boldsymbol{u}_g - \boldsymbol{u}_1| \tag{10.53}$$

**2. 群体平衡方程**

在气液体系中,如果忽略压力变化和气液传质对气泡大小的影响,则描述气泡大小分布的群体平衡模型的离散方程为

$$\underbrace{\frac{\mathrm{d}N_i(t)}{\mathrm{d}t}}_{\mathrm{I}} + \underbrace{\nabla \cdot [\boldsymbol{u}_\mathrm{b} N_i(t)]}_{\mathrm{II}} = \underbrace{\sum_{\substack{j,k \\ g_{i-1} \leqslant (g_j+g_k) \leqslant g_{i+1}}}^{j>k} \left(1 - \frac{1}{2}\delta_{j,k}\right) \eta_{i,j,k} c(g_j,g_k) N_j(t) N_k(t) -}_{\mathrm{III}}$$

$$\underbrace{N_i(t) \sum_{k=1}^{M} c(g_i,g_j) N_k(t)}_{\mathrm{IV}} + \underbrace{\sum_{k=i}^{M} \gamma_{i,k} b(g_k) N_k(t)}_{\mathrm{V}} - \underbrace{b(g_i) N_i(t)}_{\mathrm{VI}} \tag{10.54}$$

双流体模型中对流-扩散方程的一般形式为

$$\frac{\partial}{\partial t}(\rho\alpha\varphi)_k + \nabla \cdot (\rho\alpha\varphi\boldsymbol{u})_k = \nabla \cdot (\Gamma_\varphi\alpha\,\nabla\varphi)_k + S_{\varphi,k} \tag{10.55}$$

要将群体平衡模型加入 CFX 或 FLUENT 多相流模型中,需要对群体平衡模型进行变形。气泡个数密度和气含率之间存在如下的关系:

$$\alpha_\mathrm{g} f_i = N_i v_{\mathrm{b}i} \tag{10.56}$$

式中,$f_i$ 为第 $i$ 组气泡在气相中所占的体积分率;$v_{\mathrm{b}i}$ 为直径为 $d_{\mathrm{b}i}$ 的气泡的体积。

将式(10.56)代入式(10.55)中,整理得

$$\underbrace{\frac{\partial}{\partial t}(\alpha_\mathrm{g} f_i)}_{\mathrm{I}''} + \underbrace{\nabla \cdot (\alpha_\mathrm{g}\boldsymbol{u}_\mathrm{b} f_i)}_{\mathrm{II}''} = \underbrace{\sum_{\substack{j,k \\ g_{i-1} \leqslant (g_i+g_k) \leqslant g_{i+1}}}^{j>k} \left(1 - \frac{1}{2}\delta_{j,k}\right) \eta c_{j,k} \alpha_\mathrm{g} f_j \alpha_\mathrm{g} f_k V_{\mathrm{b}i}/V_{\mathrm{b}j}/V_{\mathrm{b}k} -}_{\mathrm{III}''}$$

$$\underbrace{\alpha_\mathrm{g} f_i \sum_{k=1}^{M} c_{i,j} \alpha_\mathrm{g} f_k/V_{bk}}_{\mathrm{IV}''} + \underbrace{\sum_{k=i}^{M} n_{i,k} b_k \alpha_\mathrm{g} f_k V_{\mathrm{b}i}/V_{bk}}_{\mathrm{V}''} - \underbrace{b_i \alpha_\mathrm{g} f_i}_{\mathrm{VI}''} \tag{10.57}$$

**3. 相间作用力**

**(1) 曳力**

文献中所报道的气液(浆)体系 CFD 模拟中,对气泡曳力的处理有两种方式:第一种方式直接采用单气泡曳力模型;第二种方式考虑了气泡之间的相互作用,通常基于气含率对曳力系数进行修正。在 CFD-PBM 耦合模型中,可以基于气泡大小分布计算曳力:

$$F_\mathrm{D} = \sum_{i=1}^{M} k_{\mathrm{b.large}} f_i \alpha_\mathrm{g} \rho_1 \frac{3C_{\mathrm{D}i}}{4d_{\mathrm{b}i}} (u_\mathrm{g}-u_1) |u_\mathrm{g}-u_1| \tag{10.58}$$

$$C_{\mathrm{D}i} = \max\left[\frac{24}{Re_i}(1+0.15\,Re_i^{0.687}), \frac{8}{3} \times \frac{Eo}{Eo+4} fC_\mathrm{D}\right] \tag{10.59}$$

式(10.58)中,系数 $k_{\mathrm{b.large}}$ 代表大气泡尾涡引起的加速效应。在不均匀鼓泡区内,大气泡尾涡对其他气泡有明显的加速作用,因此单纯考虑气泡大小对曳力的影响不能完全反映出不均匀鼓泡区气泡群曳力系数和单气泡曳力系数的差别。系数 $k_{\mathrm{b.large}}$ 和大气泡所占的体积分率有关,由以下关联式进行计算:

$$k_{\mathrm{b.large}} = \max(1.0, 50.0\alpha_\mathrm{g} f_{\mathrm{b.large}}) \tag{10.60}$$

式中,$f_{\mathrm{b.large}}$ 为大气泡的体积分率。

（2）附加质量力

$$F_{VM} = \alpha_g \rho_1 C_{VM} \frac{D}{Dt}(u_g - u_1) \qquad (10.61)$$

式中，$C_{VW}$ 为附加质量系数，一般可取值为 0.5。

（3）升力

基于 PBM 计算的气泡大小分布对升力进行计算：

$$F_L = -\sum_{i=1}^{M} f_i C_{Li} \alpha_g \rho_1 (u_g - u_1) \frac{\partial u_1}{\partial r} \qquad (10.62)$$

$$C_{Li} = \begin{cases} \min[0.288\tanh(0.121Re_i), f(Eo_i)], & Eo_i < 3.4 \\ f(Eo_i), & 3.4 \leqslant Eo_i < 5.3 \\ -0.29, & Eo_i \geqslant 5.3 \end{cases} \qquad (10.63)$$

$$f(Eo_i) = 0.009\,52 Eo_i^3 - 0.099\,5 Eo_i^2 + 1.088 \qquad (10.64)$$

（4）湍动扩散力

$$F_{TD} = -C_{TD} \alpha_g \rho_1 k_1 \frac{\partial \alpha}{\partial r} \qquad (10.65)$$

式中，$C_{TD}$ 为湍动扩散力系数，取值为 1.0。

（5）壁面润滑力

$$F_W = -\sum_{i=1}^{M} f_i C_{Wi} \alpha_g \frac{d_{bi}}{2}\left[\frac{1}{(R-r)^2} - \frac{1}{(R-r)^3}\right]\rho_1 (u_g - u_1)^2 \qquad (10.66)$$

式中，$C_W$ 为壁面润滑力系数，取值为 0.1。

**4. 湍流模型**

（1）湍流黏度

$$\mu_{t,1} = C_\mu (\rho_1 k_1^2/\varepsilon_1) \qquad (10.67)$$

（2）$k$-$\varepsilon$ 方程

$$\nabla \cdot (\rho_1 \alpha_1 k_1 \boldsymbol{u}_1) = \nabla \cdot \{\alpha_1[\mu_{\text{lam},1} + (\mu_{t,1} + \mu_{tb})/\sigma_k]\nabla k_1\} + \alpha_1(G_{k,1} - \rho_1 \varepsilon_1) + \alpha_1 S_{k,1}$$
$$(10.68)$$

$$\nabla \cdot (\rho_1 \alpha_1 k_1 \boldsymbol{u}_1) = \nabla \cdot \{\alpha_1[\mu_{\text{lam},1} + (\mu_{t,1} + \mu_{tb})/\sigma_\varepsilon]\nabla \varepsilon_1\} + \alpha_1 \frac{\varepsilon_1}{k_1}(C_{\varepsilon,1}G_{k,1} - C_{\varepsilon,2}\rho_1 \varepsilon_1) + \alpha_1 S_{\varepsilon,1}$$
$$(10.69)$$

$$G_{k,1} = \mu_{\text{eff},1} \nabla \boldsymbol{u}_1 \cdot [\nabla \boldsymbol{u}_1 + (\nabla \boldsymbol{u}_1)^T] - \frac{2}{3}\nabla \boldsymbol{u}_1(\mu_{\text{eff},1}\nabla \boldsymbol{u}_1 + \rho_1 k_1) \qquad (10.70)$$

采用 Lopez de Bertodano 等（1994）提出的双时间常数模型进行液相湍能修正，即

$$k_{1,t} = k_1 + k_{1,g} \qquad (10.71)$$

$$\varepsilon_{1,t} = \varepsilon_1 + \varepsilon_{1,g} \qquad (10.72)$$

式中，$k_{1,t}$ 和 $\varepsilon_{1,t}$ 分别为液相总的湍动能和耗散速率；$k_1$ 和 $\varepsilon_1$ 为 $k$-$\varepsilon$ 标准模型的计算值；$k_{1,g}$ 和 $\varepsilon_{1,g}$ 分别为气泡引起的附加湍动和耗散速率，可采用以下公式计算：

$$k_{1,g} = \frac{1}{2}\alpha_g C_{VM} u_{\text{slip}}^2 \qquad (10.73)$$

$$\varepsilon_{1.g} = \frac{M_{1.g}}{\rho_1} u_{slip} = \alpha_g g u_{slip} \tag{10.74}$$

气相表观黏度可由下式计算：

$$\mu_{t,g} = \frac{\rho_g}{\rho_1} \mu_{t,1} \tag{10.75}$$

以上方程组成了 CFD-PBM 耦合模型，其中所包含的群体平衡模型及气泡聚并和破碎模型将在下面进行详细描述。

### 10.2.2 群体平衡模型

Ramkrishna(2000)对群体平衡模型进行了详细讨论，如含有气泡的气液体系、含有粒子的气固或液固体系，以及含有液滴的液液体系等。多相流体系中用来描述粒子的变量通常可以分为两类：一类是描述粒子(气泡、液滴或颗粒)本身性质的内基变量，如粒子大小 $d_p$、粒子寿命 $\tau_p$ 等，所有的内基变量可用内基矢量 $x$ 表示，即 $x=(d_p,\tau_p,\cdots)$，其定义域为 $\Omega_x$；另一类是描述粒子空间位置的外基变量，用外基矢量 $r$ 表示，在三维直角坐标中，$r=(x,y,z)$，其定义域为 $\Omega_r$。内基变量和外基变量共同构成粒子的状态空间，定义基于粒子状态空间的粒子个数密度函数为 $n(x,r,t)$，则单位体积内状态位于 $x$ 周围 $dV_x$ 体积内的粒子数为 $n(x,r,t)\cdot dV_x$，单位体积内位于状态子空间 $A_x(A_x\subseteq\Omega_x)$ 内的粒子数为

$$N_{A_x}(x,r,t) = \int_{A_x} n(x,r,t)dV_x \tag{10.76}$$

位于状态子空间 $A_r(A_r\subseteq\Omega_r)$ 内所有粒子的个数为

$$N_{A_r}(r,t) = \int_{A_r} n(x,r,t)dV_r \tag{10.77}$$

描述 $t$ 时刻粒子状态的变量可表示为 $[x(t,x_0,r_0),r(t,x_0,r_0)]$，因此粒子个数密度函数变化的因素可分为两类：一类是使内基矢量 $x$ 随时间发生变化，另一类是使外基矢量 $r$ 随时间发生变化。定义表征这两种变化快慢的内基速度和外基速度分别为

$$\frac{dx}{dt} = \dot{x}(x,r,y,t) \tag{10.78}$$

$$\frac{dr}{dt} = \dot{r}(x,r,y,t) \tag{10.79}$$

式中，向量 $y$ 是描述连续相性质的矢量，与位置 $r$ 和时间 $t$ 有关。连续相的性质包括流动速度、温度、浓度和 pH 值等，即 $y=(u_c,T,c,pH,\cdots)$。

将雷诺输运定理应用于粒子状态空间以推导群体平衡模型的一般形式。任意取一个时间点作为 0 时刻，任意取该时刻的粒子状态子空间 $A_0=(A_{x0}\subseteq\Omega_x,A_{r0}\subseteq\Omega_r)$，该子空间 $A_0$ 随时间发生形变，记 $t$ 时刻该状态子空间为 $A(t)$，对于容积量 $\psi$，在粒子状态子空间中该量的总和 $\Psi(t)$ 可通过下式计算：

$$\Psi(t) = \int_{A_x(t)}\int_{A_r(t)} \psi(x,r)n(x,r,t)dV_r dV_x \tag{10.80}$$

将雷诺输运定理应用于式(10.80)，可得

$$\frac{d}{dt}\Psi(t) = \int_{A_x(t)}\int_{A_r(t)} \left(\frac{\partial}{\partial t}n\,\psi + \nabla_x\cdot\dot{x}n\,\psi + \nabla_r\cdot\dot{r}n\,\psi\right)dV_r dV_x \tag{10.81}$$

在粒子状态子空间 $A(t)$ 内引起粒子数发生变化的唯一因素是粒子的生成和消亡过程。假设在粒子状态空间单位"体积"内粒子的净生成速率为 $h(\boldsymbol{x},\boldsymbol{r},\boldsymbol{y},t)$，则粒子个数守恒的关系式为

$$\frac{\mathrm{d}}{\mathrm{d}t}\int_{A_x(t)}\int_{A_r(t)}n\,\mathrm{d}V_r\mathrm{d}V_x=\int_{A_x(t)}\int_{A_r(t)}h(\boldsymbol{x},\boldsymbol{r},\boldsymbol{y},t)\mathrm{d}V_r\mathrm{d}V_x \tag{10.82}$$

合并式(10.81)和式(10.82)，可得

$$\int_{A_x(t)}\int_{A_r(t)}\left(\frac{\partial}{\partial t}n+\nabla_x\cdot\dot{\boldsymbol{x}}n+\nabla_r\cdot\dot{\boldsymbol{r}}n-h\right)\mathrm{d}V_r\mathrm{d}V_x=0 \tag{10.83}$$

由于上式中积分空间是任意选取的，因此积分函数为零，即

$$\frac{\partial}{\partial t}n(\boldsymbol{x},\boldsymbol{r},t)+\nabla_r\cdot\dot{\boldsymbol{r}}(\boldsymbol{x},\boldsymbol{r},\boldsymbol{y},t)n(\boldsymbol{x},\boldsymbol{r},t)+\nabla_x\cdot\dot{\boldsymbol{x}}(\boldsymbol{x},\boldsymbol{r},\boldsymbol{y},t)n(\boldsymbol{x},\boldsymbol{r},t)=h(\boldsymbol{x},\boldsymbol{r},\boldsymbol{y},t)$$

$$\tag{10.84}$$

式中，$\dot{\boldsymbol{x}}(\boldsymbol{x},\boldsymbol{r},\boldsymbol{y},t)$ 为粒子状态变量随时间的变化速率，如粒子大小随时间的变化速率(不包括粒子破碎和聚并等引起的粒子大小的突变)；$\dot{\boldsymbol{r}}(\boldsymbol{x},\boldsymbol{r},\boldsymbol{y},t)$ 为粒子的空间位置随时间的变化速率，即粒子运动速度；$h(\boldsymbol{x},\boldsymbol{r},\boldsymbol{y},t)$ 为聚并破碎等作用引起的粒子净生成速率。求解式(10.84)还必须给定边界和初始条件。

将式(10.84)表示的一般形式的群体平衡模型应用于气液体系，在只考察气泡大小 1 个内基变量时有

$$\dot{x}=\frac{\mathrm{d}V_b}{\mathrm{d}t} \tag{10.85}$$

$$\dot{\boldsymbol{r}}=\boldsymbol{u}_b \tag{10.86}$$

引起气泡体积改变的因素有压力变化和相间传质，可表示为

$$\frac{\mathrm{d}V_b}{\mathrm{d}t}=\frac{A_b\dot{m}_{gl}}{\rho_g}+\frac{1}{\rho_g}\frac{\mathrm{D}\rho_g}{\mathrm{D}t}V_b \tag{10.87}$$

式中，$A_b$ 为气泡表面积；$\dot{m}_{gl}$ 为气液之间的传质速率。引起气泡生成和消亡的过程为气泡聚并和破碎，因此描述气泡大小分布变化的 PBM 可表示为

$$\underbrace{\frac{\partial n(\boldsymbol{r},V,t)}{\partial t}}_{①}+\underbrace{\nabla[n(\boldsymbol{r},V,t)\boldsymbol{u}_b(\boldsymbol{r},V,t)]}_{②}+\underbrace{\frac{\partial}{\partial V}\left[\left(\frac{A_b\dot{m}_{gl}}{\rho_g}+\frac{1}{\rho_g}\frac{\mathrm{D}\rho_g}{\mathrm{D}t}V\right)n(\boldsymbol{r},V,t)\right]}_{③}=$$

$$\underbrace{\frac{1}{2}\int_0^\infty n(\boldsymbol{r},V-V',t)n(\boldsymbol{r},V',t)c(\boldsymbol{r},V-V',V')\mathrm{d}V'}_{④}-\underbrace{\int_0^\infty n(\boldsymbol{r},V,t)n(\boldsymbol{r},V',t)c(\boldsymbol{r},V',V')\mathrm{d}V'}_{⑤}+$$

$$\underbrace{\int_0^\infty \beta(\boldsymbol{r},V,V')b(\boldsymbol{r},V')n(\boldsymbol{r},V',t)\mathrm{d}V'}_{⑥}-\underbrace{b(\boldsymbol{r},V)n(\boldsymbol{r},V,t)}_{⑦} \tag{10.88}$$

为简单起见，省略上式中各变量的 $\boldsymbol{r}$ 坐标，$n(V,t)$ 为气泡大小分布函数，表示在 $t$ 时刻体积位于 $V$ 和 $V+\mathrm{d}V$ 之间的气泡个数为 $n(V,t)\mathrm{d}V$；$c(V_1,V_2)$ 为气泡聚并速率函数；$b(v)$ 为气泡破碎速率函数。式中各项的意义分别为：① 时间项；② 对流项；③ 传质和压力变化的影响项；④ 聚并引起的源项；⑤ 聚并引起的汇项；⑥ 破碎引起的源项；⑦ 破碎引起的汇项。③~⑦项的物理意义如图 10.3 所示，表示了各种影响因素对气泡个数的影响。

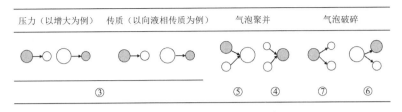

图 10.3 影响气泡大小分布的几种因素

### 10.2.3 PBM 求解方法

求解 PBM(群体平衡模型)的方法有离散区间法、矩量法、Monte Carlo 模拟法和有限元法等,其中 Kumar 和 Ramkrishna(1996)提出的离散区间法具有计算量较小、计算精度高、气泡子区间划分灵活、容易实现 PBM 和双流体模型控制方程耦合求解等优点,因此本书选用离散区间法对 PBM 进行求解。

在离散区间法中,将气泡大小分为若干个子区间(图 10.4),并认为每个子区间内所有的气泡大小相等且等于该区间的节点值 $g_i$,则气泡大小分布函数可近似为

$$n(V,t) = \sum_{k=1}^{N-1} N_k(t)\delta(V - g_k) \tag{10.89}$$

式中,$N_i$ 为体积位于 $(V_i, V_{i+1})$ 区间的气泡个数,即

$$N_i(t) = \int_{V_i}^{V_{i+1}} n(V,t)\mathrm{d}V \tag{10.90}$$

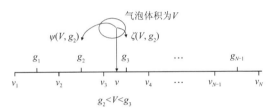

图 10.4 气泡大小的分区及气泡的再分配

在每个子区间上对式(10.88)进行积分,忽略压力和传质的影响可得

$$\underbrace{\frac{\partial N_i(t)}{\partial t}}_{\text{I}} + \underbrace{\nabla \cdot (u_b N_i(t))}_{\text{II}} = \underbrace{\frac{1}{2}\int_{V_i}^{V_{i+1}}\mathrm{d}V\int_0^V n(V-V',t)n(V',t)c(V-V',V')\mathrm{d}V'}_{\text{III}} -$$

$$\underbrace{\int_{V_i}^{V_{i+1}} n(V,t)\mathrm{d}V\int_0^\infty n(V',t)c(V,V')\mathrm{d}V'}_{\text{IV}} + \underbrace{\int_{V_i}^{V_{i+1}}\mathrm{d}V\int_0^\infty \beta(V,V')b(V')n(V',t)\mathrm{d}V'}_{\text{V}} -$$

$$\underbrace{\int_{V_i}^{V_{i+1}} b(V)n(V,t)\mathrm{d}V}_{\text{VI}} \tag{10.91}$$

分析式(10.91)可以发现,待求的变量 $n(V,t)$ 出现在右端的积分项中,方程仍不封闭。解决的办法是引入限定性条件,将右端的积分项用积分量 $N_i(t)$ 表示。当聚并和破碎产生的气泡的大小不与子区间节点吻合时,需要将气泡进行再分配,即将不位于子区间节点的气

泡按某种比例分配到相邻的节点上,如图 10.4 所示。以生成气泡的体积 $V$ 介于节点 $g_2$ 和 $g_3$ 之间为例,再分配的目的是将该气泡按一定比例分配到节点 $g_2$ 和 $g_3$。Kumar 和 Ramkrishna(1996)提出的气泡再分配方法可以保证气泡总质量守恒和个数守恒。当新生成的气泡体积在 $(g_i,g_{i+1})$ 内时,气泡分配到节点 $g_i$ 和 $g_{i+1}$ 的比例分别为 $\psi(V,g_i)$ 和 $\zeta(V,g_{i+1})$,若要保证气泡质量和个数守恒,则需要满足:

$$\psi(V,g_i)g_i+\zeta(V,g_{i+1})g_{i+1}=V \tag{10.92}$$
$$\psi(V,g_i)+\zeta(V,g_{i+1})=V \tag{10.93}$$

由式(10.92)和式(10.93)即可计算出分配系数 $\psi$ 和 $\zeta$。

利用以上算法对式(10.91)右端各项进行重构处理,以聚并源项为例:

$$\frac{1}{2}\int_{V_i}^{V_{i+1}}\mathrm{d}V\int_0^V n(V-V',t)n(V',t)c(V-V',V')\mathrm{d}V'$$
$$=\frac{1}{2}\int_{g_i}^{g_{i+1}}\psi(V,x_i)\mathrm{d}V\int_0^V n(V-V',t)n(V',t)c(V-V',V')\mathrm{d}V'+ \tag{10.94}$$
$$\frac{1}{2}\int_{g_{i-1}}^{g_i}\zeta(V,x_i)\mathrm{d}V\int_0^V n(V-V',t)n(V',t)c(V-V',V')\mathrm{d}V'$$

将式(10.89)代入式(10.94),可得

$$\frac{1}{2}\int_{V_i}^{V_{i+1}}\mathrm{d}V\int_0^V n(V-V',t)n(V',t)c(V-V',V')\mathrm{d}V'=\sum_{j,k}^{j\geq k}\left(1-\frac{1}{2}\delta_{j,k}\right)\eta_{i,j,k}c_{j,k}N_j(t)N_k(t) \tag{10.95}$$

式中,

$$\eta_{i,j,k}=\begin{cases}\dfrac{g_{i+1}-V}{g_{i+1}-g_i}, & g_i\leqslant V\leqslant g_{i+1}\\[2mm]\dfrac{V-g_{i-1}}{g_i-g_{i-1}}, & g_{i-1}\leqslant V\leqslant g_i \quad(i=1,2,\cdots,M-2;V=V_j+V_k)\\[2mm]0, & 其他\end{cases} \tag{10.96}$$

$$\eta_{M-1,j,k}=\begin{cases}\dfrac{V}{g_{M-1}}, & g_{M-1}\leqslant V\leqslant V_M\\[2mm]\dfrac{V-g_{M-2}}{g_{M-1}-g_{M-2}}, & g_{M-2}\leqslant V\leqslant g_{M-1}\\[2mm]0, & 其他\end{cases} \tag{10.97}$$

对式(10.91)中其他积分项进行类似处理可得到离散的群体平衡模型为

$$\underbrace{\frac{\mathrm{d}N_i(t)}{\mathrm{d}t}}_{I'}+\underbrace{\nabla\cdot[\boldsymbol{u}_\mathrm{b}N_i(t)]}_{II'}=\underbrace{\sum_{j,k}^{j\geq k}\left(1-\frac{1}{2}\delta_{j,k}\right)\eta_{i,j,k}c(g_j,g_k)N_j(t)N_k(t)}_{III'}-$$
$$\underbrace{N_i(t)\sum_{k=1}^M c(g_i,g_j)N_k(t)}_{IV'}+\underbrace{\sum_{k=i}^M\gamma_{i,k}b(g_k)N_k(t)}_{V'}-\underbrace{b(g_i)N_i(t)}_{VI'} \tag{10.98}$$

式中,$\gamma_{i,k}$ 表示气泡破碎后在各气泡子区间的分配比例,由下式计算:

$$\gamma_{i,k}=\int_{g_i}^{g_{i+1}}\frac{g_{i+1}-V}{g_{i+1}-g_i}\beta(V,g_k)\mathrm{d}V+\int_{g_{i-1}}^{g_i}\frac{V-g_{i-1}}{g_i-g_{i-1}}\beta(V,g_k)\mathrm{d}V\quad(i=2,\cdots,M-1)$$

$$(10.99)$$

$$\gamma_{1,k}=\int_{g_1}^{g_2}\frac{g_2-V}{g_2-g_1}\beta(V,g_k)\mathrm{d}V+\int_{V_1}^{g_1}\frac{V}{g_1}\beta(V,g_k)\mathrm{d}V\tag{10.100}$$

式中,$\beta(V,g_k)$ 为子气泡大小分布函数。

式(10.98)为一阶线性微分方程组,给定 $c(g_j,g_k)$,$b(g_i)$ 和 $\beta(V,g_k)$ 后很容易求解。群体平衡模型能否较好地预测气泡大小分布,关键在于是否能够建立正确的气泡聚并和破碎模型。

### 10.2.4  气泡聚并模型

在气液体系中,液相的湍动和气泡本身的摆动使气泡具有一定的湍动速度,气泡之间由于瞬时的运动速度不同而相互发生碰撞,气泡聚并速率函数可以表示为

$$c(d_i,d_j)=\omega_c(d_i,d_j)P_c(d_i,d_j)\tag{10.101}$$

式中,$\omega_c$ 和 $P_c$ 分别为气泡碰撞频率和聚并效率。

一般认为,气泡可以通过以下三种机制发生聚并:湍流涡体机制、气泡尾涡机制和气泡上升速度差机制。气泡聚并总速率近似为以上三种机制引起的聚并速率的代数和。

1. 由湍流涡体引起的聚并

由湍流理论可知,在湍流液相中存在大小不同的湍流涡体,湍流涡体携带气泡一起湍动使气泡发生碰撞,碰撞的气泡以一定的概率发生聚并。下面分别就气泡碰撞频率和气泡聚并效率进行讨论。

气泡碰撞频率可以类比理想气体分子碰撞的规律进行计算,即

$$\overline{\omega}_c(d_i,d_j)=\frac{\pi}{4}(d_i+d_j)^2(\overline{u}_i^2+\overline{u}_j^2)^{1/2}\tag{10.102}$$

式中,$\overline{u}_i$ 为直径为 $d_i$ 的气泡的平均湍动速度。考虑到气泡的湍动主要由湍流涡体的运动产生,因此用相同大小的湍流涡体的平均湍动速度来近似 $\overline{u}_i$。根据湍流理论,尺寸为 $\lambda$ 的湍流涡体的平均湍动速度为

$$\overline{u}_\lambda=\sqrt{2}\,(\varepsilon\lambda)^{1/3}\tag{10.103}$$

以上推导中认为气泡平均湍动距离大于气泡间距,且没有考虑气泡所占体积对气泡碰撞频率的影响。实际上,在气含率较低时,气泡之间的距离较大,当该距离大于气泡平均湍动距离时,实际的气泡碰撞频率小于式(10.102)的计算值;另外,由于气泡占有一定的体积,会使气泡自由运动的空间减小,从而使气泡碰撞频率增大。

碰撞的气泡一部分会发生聚并,定义发生聚并的碰撞数和总的碰撞数之比为气泡聚并效率。由于气泡的聚并行为非常复杂,现有的模型主要是半理论半经验模型。实验研究表明,当气泡发生碰撞后,在两气泡间会形成一层液膜,此液膜的厚度由于液体流出而逐渐变薄,当液膜厚度减小到某一临界厚度时,气泡发生聚并。如果气泡碰撞后的接触时间小于气泡聚并所需时间,则气泡不发生聚并。因此,气泡接触时间和气泡聚并所需时间的比值是衡量气泡是否发生聚并的关键参数。

**2. 由气泡尾涡引起的聚并**

气泡在尺寸较大时一般为球帽形,具有明显的尾涡区。当其他气泡进入该气泡尾涡区时,由于受到气泡尾涡内流场的影响而加速上升,部分气泡发生聚并。Otake 等(1977)研究发现气泡尾涡的有效影响范围为气泡直径的 3~5 倍,其他气泡进入该范围内运动会受到明显影响。由于小气泡的尾涡不明显,对气泡聚并的影响可以忽略,所以大气泡和小气泡的划分界限可以通过下式进行估算:

$$d_c = 4\sqrt{\frac{\sigma}{g\Delta\rho}} \tag{10.104}$$

式中,$\sigma$ 为表面张力;$\rho$ 为密度;对于水-空气体系,$d_c \approx 10$ mm。

由大气泡尾涡作用引起的气泡聚并速率与大气泡尾涡内的气泡个数及气泡在大气泡尾涡内的上升速度有关。

**3. 由气泡上升速度差引起的聚并**

由气泡上升速度差引起的气泡聚并模型和湍流涡体引起的气泡聚并模型类似,只是将式(10.102)中的特征速度 $(\overline{u_i}^2 + \overline{u_j}^2)^{1/2}$ 采用气泡上升速度差代替。由于气泡上升速度沿竖直方向,因此不需要对气含率的影响进行修正,为简单起见,气泡上升速度差引起的聚并效率取值为 0.5。

### 10.2.5　气泡破碎模型

完整的气泡破碎模型包含气泡破碎速率和子气泡大小分布。气泡破碎模型大致可分为两类:基于算法的模型和基于现象的模型。对上述气泡破碎模型进行比较,发现模型之间在以下方面存在明显的不一致性:① 等大小破碎的概率是较大还是较小;② 气泡破碎是否和液相的湍能耗散速率有关;③ 破碎生成极小的子气泡的概率是否为零;④ 破碎是否和母气泡大小有关;⑤ 等大小破碎的概率是否为零。文献中已有模型在以上方面明显不一致,说明需要对气泡破碎过程进行更深入的研究。

基于已有的实验数据,对气泡破碎过程进行分析可以得出,子气泡大小分布应该满足以下特征:

① 由于气泡等大小破碎引起的表面能增量比气泡不均匀破碎时大,因此气泡等大小破碎的概率应为极小值。一方面,文献中假设气泡等概率破碎或截断正态分布的处理和实际的物理过程不符(Nambiar 等,1992);另一方面,从概率的角度讲,气泡等大小破碎的概率虽为极小值,但不应为 0。以上观点得到了 Hesketh 等(1991)实验研究结果的验证。

② 子气泡大小分布和母气泡大小与液相的湍能耗散速率有关。湍流中气泡的破碎与湍流涡体的动能和动压有关,同时也与气泡的表面张力有关。这些量与母气泡大小以及液相湍能耗散速率有关,因此子气泡大小分布与母气泡大小和液相湍能耗散速率有关。

③ 当破碎比 $f_v$(较小子气泡和母气泡体积之比)趋于 0 时,子气泡大小分布函数也应趋于 0,因为气泡要破碎,湍流涡体的动压 $0.5\rho_l u_n^2$ 必须克服气泡由表面张力引起的附加压力 $\sigma/r$,表面张力引起的附加压力和曲率半径成反比,当子气泡大小分布函数趋于 0 时,其附加压力趋于无限大。因此,很小的母气泡基本上不破碎,同时,一个气泡破碎时也基本上不形成很小的子气泡。

④ 子气泡大小分布还应该具备一些其他的特征,如没有突变点、不含有不易确定的参数等。

在充分发展的湍流中,气泡破碎主要由湍流涡体的碰撞引起,在建立气泡破碎模型中,作了以下几点假设:

① 只考虑气泡和湍流涡体的两两碰撞,多个湍流涡体同时和气泡碰撞的情况可以忽略。Hesketh 等(1991)对气泡破碎的实验研究也证实了这一点。

② 只有其尺寸等于或小于气泡尺寸且具有足够动能的湍流涡体才对气泡破碎有贡献。因为当湍流涡体尺寸大于气泡尺寸时,湍流涡体只是对气泡起到输运的作用。

③ 由于湍流涡体的湍动,尺寸为 $\lambda$ 的湍流涡体具有一定的能量分布,可以用能量谱来表示。

④ 当尺寸为 $\lambda$ 的湍流涡体具有的动能为 $e(\lambda)$ 时,子气泡尺寸受两个制约因素控制:第一个制约因素为湍流涡体的动压 $0.5\rho_1 u_\lambda^2$ 必须大于表面张力引起的附加压力 $\sigma/r$,这一制约因素决定了气泡的最小破碎比 $f_{v,\min}$;第二个制约因素为湍流涡体的动能必须大于气泡破碎引起的表面能增量,这一制约因素决定了气泡的最大破碎比 $f_{v,\max}$。

⑤ 当尺寸为 $\lambda$ 的湍流涡体具有的动能为 $e(\lambda)$ 时,体积为 $V$ 的气泡破碎成体积为 $Vf_v$ 和 $V(1-f_v)$ 的两个子气泡的概率在破碎比 $f_{v,\min}[d,e(\lambda)]$ 和 $f_{v,\max}[d,e(\lambda)]$ 之间均匀分布。

气泡破碎速率函数可以表示为

$$b(f_v,d) = \int_{\lambda_{\min}}^{d} P_b(f_v \mid d,\lambda)\,\overline{\omega}_\lambda(d)\,\mathrm{d}\lambda \tag{10.105}$$

式中,$P_b(f_v \mid d,\lambda)$ 表示尺寸为 $d$ 的气泡和尺寸为 $\lambda$ 的湍流涡体碰撞后以破碎比 $f_v$ 破碎的概率密度函数;$\overline{\omega}_\lambda(d)$ 表示尺寸位于 $\lambda$ 和 $\lambda+\mathrm{d}\lambda$ 之间的湍流涡体和大小为 $d$ 的气泡之间的碰撞频率。

(1) 气泡和湍流涡体的碰撞频率

气泡和湍流涡体碰撞频率密度函数可以类比气体分子运动论计算:

$$\overline{\omega}_\lambda(d) = \frac{\pi}{4}(d+\lambda)^2\,\overline{u}_\lambda n_\lambda n \tag{10.106}$$

考虑到对气泡破碎有效的湍流涡体的尺寸位于惯性子区,采用各向同性湍流理论,对于气液体系,虽然整体上不是各向同性,但是局部可以用各向同性假设近似,直径为 $d$ 的气泡的湍动速度和等大小的湍流涡体的湍动速度相等,湍流涡体的平均湍动速度可以表示为

$$\overline{u}_\lambda = \sqrt{2}\,(\varepsilon\lambda)^{1/3} \tag{10.107}$$

能量谱和湍流涡体个数密度函数之间的关系为

$$n_\lambda \rho_l \frac{\pi}{6}\lambda^3 \frac{u_\lambda^2}{2}\mathrm{d}\lambda = E(k)\rho_1(1-\alpha_g)(-\mathrm{d}k) \tag{10.108}$$

湍流的能量谱为

$$E(k) = \alpha\varepsilon^{2/3}k^{-5/3} \tag{10.109}$$

尺寸为 $\lambda$ 的湍流涡体的个数密度为

$$n_\lambda = \frac{0.822(1-\alpha_g)}{\lambda^4}\exp\left[-\frac{2}{3}\pi\beta\alpha^{1/2}\left(\frac{2\pi}{\lambda}l\right)^{-4/3}\right] \tag{10.110}$$

（2）破碎概率

大多数基于表面能的气泡破碎模型只考虑了能量约束条件，因此模型结果表明，在破碎比 $f_v$ 趋于 0 时气泡破碎概率最大，这与实际的物理过程和实验观察都不符合。若同时考虑能量约束条件和压力约束条件，则当尺寸为 $d$ 的气泡和尺寸为 $\lambda$ 并且湍动能为 $e(\lambda)$ 的湍流涡体碰撞时，子气泡尺寸的最大值受表面能增量的限制，最小值受表面张力引起的附加压力的限制。

当气泡和湍流涡体碰撞时，如果湍流涡体的动压 $0.5\rho_l u_\lambda^2$ 大于气泡的附加压力 $\sigma/r$，气泡就会发生变形并最终破碎。在气泡破碎过程中，曲率半径随时间和气泡表面位置的变化而变化，最小曲率半径近似和较小子气泡的曲率半径相等。因此，当气泡破碎最终发生时，湍流涡体的动压需要满足以下约束条件：

$$\frac{\rho_c u_\lambda^2}{2} \geqslant \frac{\sigma}{d_1} \tag{10.111}$$

即

$$d_1 \geqslant \frac{\sigma V_\lambda}{e(\lambda)}, f_{v,min} = \left[\frac{\pi\lambda^3\sigma}{6e(\lambda)d}\right]^3 \tag{10.112}$$

式中，$d$ 为母气泡的直径；$d_1$ 为较小子气泡的直径；$e(\lambda)$ 和 $V_\lambda$ 分别为尺寸为 $\lambda$ 的湍流涡体的动能和体积。

当直径为 $d$ 的气泡以破碎比 $f_v$ 发生破碎，亦即破碎成体积分别为 $Vf_v$ 和 $V(1-f_v)$ 的两个子气泡时表面能的增量为

$$\Delta e_i(f_v,d) = [f_v^{2/3} + (1-f_v)^{2/3} - 1]\pi d^2\sigma = c_f\pi d^2\sigma \tag{10.113}$$

要导致气泡破碎，湍流涡体湍动能 $e(\lambda)$ 需要满足等于或大于表面能增量 $\Delta e_i(f_v,d)$：

$$e(\lambda) \geqslant c_f\pi d^2\sigma \tag{10.114}$$

$$c_{f,max} = \min\left[(2^{1/3}-1), \frac{e(\lambda)}{\pi d^2\sigma}\right] \tag{10.115}$$

气泡最大破碎比 $f_{v,max}$ 可由式（10.113）和式（10.115）计算求得。

在尺寸为 $d$ 的气泡和尺寸为 $\lambda$ 的湍流涡体碰撞后发生破碎时，可能的破碎比位于 $f_{v,min}$ 和 $f_{v,max}$ 之间。由于目前对该过程缺乏实验数据以及更深入的认识，所以假设气泡破碎比在 $f_{v,min}$ 和 $f_{v,max}$ 之间均匀分布：

$$P_b[f_v|d,e(\lambda),\lambda] = \begin{cases} \dfrac{1}{f_{v,max}-f_{v,min}}, & f_{v,max}-f_{v,min} \geqslant \delta \\ 0, & f_{v,min} < f_v < f_{v,max} \end{cases} \tag{10.116}$$

式中，$\delta$ 可取为 0.01。引入 $\delta$ 是为了避免 $f_{v,min}$ 和 $f_{v,max}$ 相等时出现奇异值，也是为了考察该参数取值对子气泡大小分布的影响。

要计算 $P_b(f_v|d,\lambda)$，需要给出湍流涡体的能量分布。Angelidou 等（1979）提出了液液体系液滴的能量分布密度函数。Luo 和 Svendsen（1996b）采用这一函数表征气液体系中湍流涡体的能量分布，该模型的表达式为

$$P_e[e(\lambda)] = \frac{1}{\bar{e}(\lambda)}\exp[-e(\lambda)/\bar{e}(\lambda)] \tag{10.117}$$

式中，$\bar{e}(\lambda)$ 为湍流涡体的平均湍动能，表达式为

$$\bar{e}(\lambda)=\frac{\pi}{6}\lambda^{3}\rho_{1}\frac{\bar{u}_{\lambda}^{2}}{2} \tag{10.118}$$

尺寸为 $d$ 的气泡和尺寸为 $\lambda$ 的湍流涡体碰撞后以破碎比 $f_{v}$ 发生破碎的概率可以通过下式进算：

$$P_{b}(f_{v}\mid d,\lambda)=\int_{0}^{\infty}P_{b}\big[f_{v}\mid d,e(\lambda),\lambda\big]P_{c}\big[e(\lambda)\big]\mathrm{d}e(\lambda) \tag{10.119}$$

（3）破碎速率和子气泡大小分布

计算尺寸为 $d$ 的气泡以破碎比 $f_{v}$ 发生破碎的速率密度函数 $b(f_{v},d)$ 时,其中惯性子区湍流涡尺寸下限 $\lambda_{\min}$ 取值为 Kolmogorow 尺度的 $11.4\sim31.4$ 倍(Tennekes,Lumley,1973)。

尺寸为 $d$ 的气泡的破碎速率可通过 $b(f_{v},d)$ 对 $f_{v}$ 进行积分得到:

$$b(d)=\int_{0}^{0.5}b(f_{v}\mid d)\mathrm{d}f_{v} \tag{10.120}$$

子气泡大小分布为

$$\beta(f_{v},d)=\frac{2b(f_{v}\mid d)}{\int_{0}^{1}b(f_{v}\mid d)\mathrm{d}f_{v}} \tag{10.121}$$

## 10.3　CFD-DEM 模型

### 10.3.1　DEM 原理及其应用

将 CFD 和拉格朗日方法结合起来模拟流固两相运动是多相流数值模拟中的经典算法,CFD-DEM (computational fluid dynamics-discrete element method)耦合算法就是其中的一种。与传统的拉格朗日方法不同,DEM 方法中考虑了颗粒之间的碰撞,因此可以对密相的流固运动进行模拟。在 CFD-DEM 模型中,流体的运动规律用两相耦合的 Navier-Stokes 方程进行描述,而颗粒的运动则通过求解牛顿第二定律获得,流固两相间的耦合通过直接应用牛顿第三定律实现。与双流体模型相比,CFD-DEM 模型需要的经验参数少,可方便地考虑颗粒尺寸分布,能够获得颗粒尺度的微观信息,可以精确地预测各种流固两相体系。

颗粒体系在自然界中随处可见,对这些体系的研究不仅具有重大的应用前景,同时也具有重要的科学意义,因为在一般的颗粒体系中,往往存在流体的作用,比如空气和水的作用,从而形成颗粒流体相互作用体系。颗粒流体系统是流体和颗粒两种介质既有独立运动又有相互作用的复杂系统。作为自然界中非常普遍的存在形式,颗粒流体系统已经渗透到人们的日常生活、工业过程和自然环境等多个方面,与人类的生活生产密切相关。大到气候地质过程和工业生产,小到微尺度颗粒运动,无不涉及颗粒流体系统的研究范畴。比如沙尘暴、泥石流、雪崩等自然现象,装填、堆积、混合、粉碎、仓储、管道气固两相流及流化床、燃烧等工业过程,以及人体呼吸和血液流动等,都是颗粒流动系统的具体现象。

颗粒系统的研究涉及众多领域,属于跨学科、跨领域的交叉研究范畴。传统研究方法包括实验研究和理论研究。实验研究由于耗时多、经费高而受到经济和时间的限制;理论研究则更多涉及数学公式推导和计算,且理论只有满足若干假设条件才能成立,适用范围比较窄。鉴于颗粒流体系统的复杂性和计算机水平的飞速发展,目前数值模拟已成为颗粒流体系统研究的有力工具,并且通过与实验研究相结合,在颗粒流体系统中有广阔的应用前景。

在颗粒系统的模拟中,人们建立了各种各样的数值模型,用计算机模拟复现、研究颗粒系统中的复杂结构。其中,基于颗粒轨道方法的计算颗粒动力学模型可直接对颗粒进行跟踪,从而确定离散颗粒运动的详细信息,现已取得许多具有特色的研究成果,成为颗粒系统数值模拟领域备受关注的模型。当前模拟颗粒的模型主要包括两种,分别为硬球模型和软球模型。

硬球模型最初由 Alder 和 Wainwright(1957)提出,目的是通过数值模拟来研究分子系统中的相转变行为。在硬球模型中,假设颗粒硬度为无限大,并假设颗粒之间的相互作用为瞬时的二体碰撞,且颗粒发生碰撞时不发生形变。当颗粒体系发生一系列碰撞时,假设这些碰撞依次发生,每次只考虑两个颗粒发生碰撞的情况。硬球模型对颗粒间的相互作用的处理较为简单,只需引入弹性恢复系数和颗粒间的摩擦系数这两个参数就可以对两个颗粒发生碰撞时的相互作用过程进行描述。硬球模型采用事件驱动算法,即当有两个颗粒发生碰撞(事件)时就重新计算一次颗粒间的相互作用力,随后通过积分计算颗粒速度和位移。因为颗粒碰撞时间相对于颗粒的自由运动时间比较短,系统计算时间的推进依赖碰撞发生的次数,这意味着对碰撞次数较少的系统能够进行较快的模拟,对颗粒间碰撞行为的处理成为硬球模型计算的关键。不同研究者在采用硬球模型模拟气固流动体系时,采用的方法有所不同。

Cundall 和 Strack(1979)首次提出颗粒轨道模型时采用的是软球模型。软球模型的最大特点是颗粒在相互作用中允许发生轻微的形变和重叠,当颗粒发生碰撞并相互接触后,相互作用力可采用线性弹簧/缓冲器模型进行计算。软球模型在处理颗粒碰撞时认为颗粒会发生微小形变,这比较符合颗粒的实际特性。软球模型应用时间驱动算法,每隔固定的时间步长搜索一次各颗粒的位置,当两个颗粒质心的距离小于颗粒半径之和时即认为两个颗粒发生碰撞,这样通过受力分析可以确定颗粒下一步的运动速度和单位时间步长内的位移,如此循环,即可确定颗粒运动的轨迹,当选用较小的时间步长时,即可精确量化颗粒之间的碰撞。软球模型的优势在于其考虑了颗粒之间相互作用的细节,同时可以考虑某一时刻的多个颗粒的碰撞。与硬球模型相比,软球模型的计算时间不依赖碰撞发生的次数,当选定恰当的时间步长后,其计算时间相对固定,特别适合于稠密气固流态化体系。软球模型在时间步长的选择上需要特别注意,尤其是时间步长不宜选得过大,以避免颗粒间产生过大的重叠,影响模拟的真实性。

软球模型是将颗粒处理为有弹性的球,允许一个颗粒与多个颗粒同时碰撞,且颗粒间的相互作用有一定的接触时间。该方法用弹簧、阻尼器、摩擦滑动器进行碰撞时的受力分析,从而可以考虑颗粒运动过程中的受力细节。软球模型理论上可以处理任何刚性的颗粒,但当颗粒刚性系数较大时,时间步长就会较小,从而导致计算量迅速增大,因此人为假设的刚性系数通常比实际值小。在硬球模型中,颗粒的碰撞被处理为瞬时的二体碰撞,颗粒在碰撞过程中不发生变形,且两个颗粒之间的碰撞满足动量定理。该方法能够得到颗粒较详细的运动信息,但是无法得到颗粒运动过程中的受力细节。相对软球模型来说,硬球模型中的各个参数均为真实值,硬球模型只能处理二体之间的碰撞,对二体以上的碰撞无法处理,对于密相流,有可能产生错误。由于硬球模型处理的是颗粒的二体瞬时碰撞,当搜索最先碰撞的颗粒对时,需要的计算量与颗粒数的平方成正比。虽然近年来计算机硬件的发展非常迅速,但对于密相多颗粒系统,计算量还是很惊人的,故模拟系统的颗粒数不能太大。由于在化工过程中的流固两相体系中间颗粒相的浓度通常情况下都很高,因此本书将以软球模型为例介绍离散单元法的原理和应用。

自从 Cundall 和 Strack(1979)首次提出离散单元法(DEM,也称软球模型),很多科学研究者又提出了众多的 DEM 改进模型,但是在这些模型中,绝大多数模型还不完善。离散单元法模型有很多的先天缺陷,这些缺陷阻碍了该方法的发展,然而现存模型中的后天不足,也在不同程度上降低了该方法的准确性,比如在绝大多数模型中没有考虑滚动摩擦力的影响。直到最近滚动摩擦力才被引入 DEM 模型中,其重要性也得到充分的证实。在新模型中,颗粒间的作用力被充分考虑,包括法向接触力、切向接触力及其力矩,可称为三方程模型。三方程模型是一种相对完善的模型,但仍可进一步细化,将颗粒间的力矩分为法向力矩和切向力矩,这样三方程模型进一步演化为四方程模型,该模型是离散单元法中最精确的模型之一。

根据弹性阻尼的性质,一般情况下软球模型可分为两种,即线性模型和非线性模型,其中线性模型是最简单也是应用最广泛的模型。下面将以四方程线性模型为基础对离散单元法进行详细介绍。

离散单元法是一种处理球形颗粒体系的数值方法,一个球形颗粒 $i$ 在运动过程中主要受到两种力的作用,即自身重力 $m_i\boldsymbol{g}$ 以及颗粒间的法向及切向碰撞接触力 $\boldsymbol{F}_{n,ij}$,$\boldsymbol{F}_{t,ij}$。如果还存在某些内聚力(cohesive force)$\boldsymbol{F}_c$,如范德华力、液桥力、静电力等,也会对颗粒的运动造成重要影响。根据牛顿第二定律,每个颗粒的平动运动方程为

$$m_i\frac{\mathrm{d}\boldsymbol{v}_i}{\mathrm{d}t}=m_i\boldsymbol{g}+\sum_{j=1}^{n_i}(\boldsymbol{F}_{n,ij}+\boldsymbol{F}_{t,ij})+\boldsymbol{F}_c \tag{10.122}$$

此外,颗粒还会受到两种力矩的作用,即切向力造成的力矩和滚动摩擦力矩 $\boldsymbol{T}_{t,ij}$,$\boldsymbol{T}_{r,ij}$:

$$I_i\frac{\mathrm{d}\boldsymbol{\omega}_i}{\mathrm{d}t}=\sum_{j=1}^{n_i}(\boldsymbol{T}_{t,ij}+\boldsymbol{T}_{r,ij}) \tag{10.123}$$

式中,$m$ 和 $I$ 分别为颗粒的质量和转动惯量;$n_i$ 为与颗粒 $i$ 接触的颗粒总数;$v$ 为移动速度;$\boldsymbol{\omega}$ 为角速度;$t$ 为时间;$\boldsymbol{g}$ 为重力加速度。

滚动摩擦力矩由法向滚动摩擦力矩和切向滚动摩擦力矩两部分组成,表达式为

$$\boldsymbol{T}_{r,ij}=\boldsymbol{T}_{r,n,ij}+\boldsymbol{T}_{r,t,ij} \tag{10.124}$$

在上述力和力矩的作用下,颗粒发生移动和滚动。当两个球形颗粒发生碰撞时,首先在接触点处发生弹性变形,颗粒在前进方向受到阻力,该阻力的大小与法向变形、位移、颗粒硬度成正比,达到最大位移变形时,颗粒停止运动,沿原来运动的方向反弹,碰撞后颗粒的动能会产生一定的损失,损失的大小与颗粒的弹性阻尼系数及颗粒间的相对速度有关。当两个颗粒发生偏心碰撞时,相撞点处的接触力可分解为法向分力和切向分力,同时颗粒间还存在着滚动摩擦力矩,它也可分解为法向分力矩和切向分力矩两部分。

DEM 模型考虑了法向接触力、切向接触力(包括了滑动摩擦力)以及法向滚动摩擦力矩和切向滚动摩擦力矩,将颗粒简化为刚性球体,碰撞时用颗粒间的叠加量表示弹性变形量,

每种作用力和力矩都可以简化为一个弹簧、一个阻尼以及一个滑动器。该模型可用四组弹性阻尼方程式来描述,称为四方程线性弹性阻尼离散单元模型,这是三方程线性弹性阻尼模型的一种改进。颗粒间的作用力和变形之间的关系如图 10.5 所示,法向接触力的值与法向变形量成正比,切向力和滚动摩擦力矩(含法向和切向)的值分别与切向变形量和扭曲变形量成正比,但其最大值分别受到滑动摩擦系数和滚动摩擦系数(含法向和切向)与法向乘积的限制。

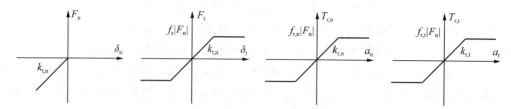

**图 10.5　颗粒间的作用力(矩)和变形之间的关系**

在线性弹性阻尼模型中,颗粒间的法向作用力可按下式计算:

$$\boldsymbol{F}_{\mathrm{n},ij} = -k_{\mathrm{t,n}}\boldsymbol{\delta}_{\mathrm{n},ij} - \eta_{\mathrm{t,n}}\boldsymbol{v}_{\mathrm{n},ij} \tag{10.125}$$

式中,$k_{\mathrm{t,n}}$ 为材料的法向位移刚度,N/m;$\eta_{\mathrm{t,n}}$ 为颗粒碰撞过程中的法向碰撞阻尼系数,kg/s;$\boldsymbol{\delta}_{\mathrm{n},ij}$ 为颗粒间法向变形量,在离散单元模型中该变形量为两球间的叠加量;$\boldsymbol{v}_{\mathrm{n},ij}$ 为两球间的法向相对运动速度。$\boldsymbol{\delta}_{\mathrm{n},ij}$ 和 $\boldsymbol{v}_{\mathrm{n},ij}$ 可按下列公式计算:

$$\boldsymbol{\delta}_{\mathrm{n},ij} = \delta_{\mathrm{n},ij}\boldsymbol{n}_{ij} \tag{10.126}$$

式中,$\boldsymbol{n}_{ij}$ 为颗粒间法向单位矢量;$\delta_{\mathrm{n},ij}$ 为叠加量的值。

$$\boldsymbol{n}_{ij} = \frac{\boldsymbol{p}_j - \boldsymbol{p}_i}{|\boldsymbol{p}_j - \boldsymbol{p}_i|} \tag{10.127}$$

$$\delta_{\mathrm{n},ij} = r_i + r_j - |\boldsymbol{p}_j - \boldsymbol{p}_i| \tag{10.128}$$

式中,$\boldsymbol{p}_i$、$\boldsymbol{p}_j$ 分别为颗粒 $i$ 和颗粒 $j$ 的位置;$r_i$、$r_j$ 分别为颗粒 $i$ 和颗粒 $j$ 的半径。

$$\boldsymbol{v}_{\mathrm{n},ij} = (\boldsymbol{v}_{ij}\boldsymbol{n}_{ij})\boldsymbol{n}_{ij} \tag{10.129}$$

$$\boldsymbol{v}_{ij} = \boldsymbol{v}_i - \boldsymbol{v}_j \tag{10.130}$$

式中,$\boldsymbol{v}_i$、$\boldsymbol{v}_j$ 分别为颗粒 $i$ 和颗粒 $j$ 的运动速度。

在线性弹性阻尼模型中,颗粒间的切向作用力可按下式计算:

$$\boldsymbol{F}_{\mathrm{t},ij} = -k_{\mathrm{t,t}}\boldsymbol{\delta}_{\mathrm{t},ij} - \eta_{\mathrm{t,t}}\boldsymbol{v}_{\mathrm{t},ij} \tag{10.131}$$

式中,$k_{\mathrm{t,t}}$ 为材料的切向刚度,N/m;$\eta_{\mathrm{t,t}}$ 为颗粒碰撞过程中的切向阻尼系数,kg/s;$\boldsymbol{\delta}_{\mathrm{t},ij}$ 为颗粒间的切向变形;$\boldsymbol{v}_{\mathrm{t},ij}$ 为两球间的切向相对运动速度。$\boldsymbol{v}_{\mathrm{t},ij}$ 和 $\boldsymbol{\delta}_{\mathrm{t},ij}$ 可按下式计算:

$$\boldsymbol{v}_{\mathrm{t},ij} = \boldsymbol{v}_{ij} - \boldsymbol{v}_{\mathrm{n},ij} + (l_i\boldsymbol{\omega}_i + l_j\boldsymbol{\omega}_j)\times\boldsymbol{n}_{ij} \tag{10.132}$$

$$\boldsymbol{\delta}_{\mathrm{t},ij}(t) = \int_{t_0}^{t} \boldsymbol{v}_{\mathrm{t},ij}\,\mathrm{d}t \tag{10.133}$$

式中,$t_0$ 为两颗粒开始碰撞的时刻;$t$ 为当前时刻;$\boldsymbol{\omega}_i$、$\boldsymbol{\omega}_j$ 分别为颗粒 $i$ 和颗粒 $j$ 的旋转速度;$l_i$、$l_j$ 可按下式计算:

$$l_i = \frac{|\boldsymbol{p}_j - \boldsymbol{p}_i|^2 + r_i^2 - r_j^2}{2|\boldsymbol{p}_j - \boldsymbol{p}_i|} \tag{10.134}$$

$$l_j = |\boldsymbol{p}_j - \boldsymbol{p}_i| - l_i \tag{10.135}$$

当颗粒间的切向力达到一定的值后,颗粒之间便发生滑动,此时切向力的最大值跟法向接触力及滑动摩擦系数 $f_s$ 有关,其值为

$$\boldsymbol{F}_{t,ij} = -f_s |\boldsymbol{F}_{n,ij}| \boldsymbol{v}_{t,ij} / |\boldsymbol{v}_{t,ij}| \tag{10.136}$$

一旦发生滑动,两颗粒之间的切向变形便不再增加,即如果

$$|\boldsymbol{F}_{t,ij}| > f_s |\boldsymbol{F}_{n,ij}| \tag{10.137}$$

那么

$$\delta_{t,ij} = -\boldsymbol{F}_{t,ij} / k_{t,t} \tag{10.138}$$

颗粒间除作用力外还存在着作用力矩,其中很重要的一部分是由颗粒间的切向力造成的力矩:

$$T_{t,ij} = l_i \boldsymbol{n}_{ij} \times \boldsymbol{F}_{t,ij} \tag{10.139}$$

另一重要组成部分是由滚动摩擦造成的滚动摩擦力矩。在四方程线性弹性阻尼模型中,滚动摩擦力矩可分解为法向滚动摩擦力矩和切向滚动摩擦力矩两部分,其计算公式如下:

$$\boldsymbol{T}_{r,n,ij} = -k_{r,n} \boldsymbol{\alpha}_{n,ij} - \eta_{r,n} \boldsymbol{\omega}_{n,ij} \tag{10.140}$$

$$\boldsymbol{T}_{r,t,ij} = -k_{r,t} \boldsymbol{\alpha}_{t,ij} - \eta_{r,t} \boldsymbol{\omega}_{t,ij} \tag{10.141}$$

式中,$k_{r,n}$、$k_{r,t}$ 分别为法向和切向旋转刚度,N/m;$\eta_{r,n}$、$\eta_{r,t}$ 分别为颗粒间的法向和切向旋转阻尼系数,kg·m²/s;$\boldsymbol{\alpha}_{n,ij}$、$\boldsymbol{\alpha}_{t,ij}$ 分别为法向旋转变形和切向旋转变形;$\boldsymbol{\omega}_{n,ij}$、$\boldsymbol{\omega}_{t,ij}$ 分别为两球间的法向和切向旋转相对运动速度。$\boldsymbol{\alpha}$ 和 $\boldsymbol{\omega}$ 可按下式计算:

$$\boldsymbol{\omega}_{n,ij} = (\boldsymbol{\omega}_{ij} \cdot \boldsymbol{n}_{ij}) \boldsymbol{n}_{ij} \tag{10.142}$$

$$\boldsymbol{\omega}_{t,ij} = \boldsymbol{\omega}_{ij} - \boldsymbol{\omega}_{n,ij} \tag{10.143}$$

式中,$\boldsymbol{\omega}_{ij}$ 为两球间的旋转相对运动速度。

$$\boldsymbol{\omega}_{ij} = \boldsymbol{\omega}_i - \boldsymbol{\omega}_j \tag{10.144}$$

$\boldsymbol{\alpha}$ 的计算公式为

$$\boldsymbol{\alpha}_{n,ij} = (\boldsymbol{\alpha}_{ij} \cdot \boldsymbol{n}_{ij}) \boldsymbol{n}_{ij} \tag{10.145}$$

$$\boldsymbol{\alpha}_{t,ij} = \boldsymbol{\alpha}_{ij} - \boldsymbol{\alpha}_{n,ij} \tag{10.146}$$

当颗粒间的滚动摩擦力矩达到一定的值后,颗粒之间便发生滚动,此时滚动摩擦力矩的最大值跟法向接触力及滑动摩擦系数有关,其值为

$$\boldsymbol{T}_{r,n,ij} = -f_{r,n} |\boldsymbol{F}_{n,ij}| \boldsymbol{\omega}_{n,ij} / |\boldsymbol{\omega}_{n,ij}| \tag{10.147}$$

$$\boldsymbol{T}_{r,t,ij} = -f_{r,t} |\boldsymbol{F}_{n,ij}| \boldsymbol{\omega}_{t,ij} / |\boldsymbol{\omega}_{t,ij}| \tag{10.148}$$

一旦发生滚动,两颗粒之间的扭曲变形不再增加,即如果

$$|\boldsymbol{T}_{r,n,ij}| > f_{r,n} |\boldsymbol{F}_{n,ij}| \tag{10.149}$$

那么

$$\boldsymbol{\alpha}_{n,ij} = -\boldsymbol{T}_{r,n,ij} / k_{r,n} \tag{10.150}$$

如果

$$|\boldsymbol{T}_{r,t,ij}| > f_{r,t} |\boldsymbol{F}_{n,ij}| \tag{10.151}$$

那么

$$\boldsymbol{\alpha}_{t,ij} = -\boldsymbol{T}_{r,t,ij} / k_{r,t} \tag{10.152}$$

在离散单元法中,颗粒的碰撞参数主要包括材料的刚度、阻尼系数和摩擦系数等。理论

上讲,这些参数应该根据实验来确定,但由于受到计算能力和实验手段的限制,这些参数往往跟材料的真实性质不一致。因为这些参数的选择会直接影响模型的精度,所以下面重点介绍这些参数的确定。

① 阻尼系数的确定:碰撞包括两种极端的情况,即完全弹性碰撞和完全非弹性碰撞。完全弹性碰撞是指在碰撞过程中没有任何能量损失,而完全非弹性碰撞则意味着碰撞过程中会有能量的显著损耗,部分动能转化为其他形式的能量。在真实的碰撞过程中,这两种情况都很少发生,因为能量不可能没有任何损失,也很少会全部损失,只会部分损失。颗粒之间碰撞的能量损失可由阻尼系数的值来确定,而在弹性阻尼模型中阻尼系数可通过碰撞恢复系数求得。根据 Ting 和 Corkum(1992)的建议,线性弹性阻尼模型阻尼系数可由表 10.2 中的方程求得。

**表 10.2    颗粒-颗粒及颗粒-壁面碰撞的阻尼系数表达式**

| 阻尼系数名称 | 符号 | 表达式 | | 颗粒-颗粒 | 颗粒-壁面 |
| --- | --- | --- | --- | --- | --- |
| | | $e \neq 0$ | $e = 0$ | | |
| 法向碰撞阻尼系数 | $\eta_{t,n}$ | $2\sqrt{mk_{t,n}}\dfrac{\ln(1/e_{t,n})}{\sqrt{\pi^2 + [\ln(1/e_{t,n})]^2}}$ | $2\sqrt{mk_{t,n}}$ | $m = \dfrac{m_i m_j}{m_i + m_j}$ | $m = m_i$ |
| 切向碰撞阻尼系数 | $\eta_{t,t}$ | $2\sqrt{mk_{t,t}}\dfrac{\ln(1/e_{t,t})}{\sqrt{\pi^2 + [\ln(1/e_{t,t})]^2}}$ | $2\sqrt{mk_{t,t}}$ | $m = \dfrac{2}{7}\dfrac{m_i m_j}{m_i + m_j}$ | $m = \dfrac{2}{7}m_i$ |
| 法向扭转阻尼系数 | $\eta_{r,n}$ | $2\sqrt{mk_{r,n}}\dfrac{\ln(1/e_{r,n})}{\sqrt{\pi^2 + [\ln(1/e_{r,n})]^2}}$ | $2\sqrt{Ik_{r,n}}$ | $I = \dfrac{I_i I_j}{I_i + I_j}$ | $I = I_i$ |
| 切向扭转阻尼系数 | $\eta_{r,t}$ | $2\sqrt{mk_{r,t}}\dfrac{\ln(1/e_{r,t})}{\sqrt{\pi^2 + [\ln(1/e_{r,t})]^2}}$ | $2\sqrt{mk_{r,t}}$ | $I = \dfrac{I_i I_j}{I_i + I_j}$ | $I = I_i$ |

注:$m_i$、$m_j$ 分别为颗粒 $i$ 和颗粒 $j$ 的质量;$I_i$、$I_j$ 分别为颗粒 $i$ 和颗粒 $j$ 的转动惯量;$e_{t,n}$、$e_{t,t}$、$e_{r,n}$、$e_{r,t}$ 分别为颗粒之间法向碰撞、切向碰撞、法向扭转、切向扭转弹性恢复系数。

② 刚度的确定:刚度是决定颗粒运动的关键参数之一。在 DEM 模型中,确定刚度数值的主要依据是要保证在碰撞时颗粒间发生的变形量(即叠加量)远小于颗粒的直径,在软球模型中,计算时的时间步长 $\Delta t$ 一般要小于一个临界时间步长 $\Delta t_{cr}$,为了保证算法的稳定性和精确性,临界步长的值取决于弹性碰撞系统的碰撞周期。根据线性弹性系统的特性,碰撞周期可由下式求出:

$$T = 2\sqrt{\pi^2 + (\ln e)^2}\sqrt{m/k} \tag{10.153}$$

式中,$m$ 和 $k$ 分别为颗粒系统的有效质量和刚度。一般情况下,临界时间步长 $\Delta t_{cr}$ 取为弹性碰撞周期的 $1/10$,即

$$\Delta t_{cr} = 0.2\sqrt{\pi^2 + (\ln e)^2}\sqrt{m/k} \tag{10.154}$$

可以看到,颗粒系统的刚度受限于临界时间步长。如果刚度的取值过大,临界时间步长就会很小,当系统中颗粒数量很大时,过小的时间步长就会使模拟计算量大大增加。因此,在 DEM 模拟中采用的刚度的值都远小于实际材料的真实刚度值,小的刚度值会使计算量降到

最小,并且不会对计算结果产生大的影响。

真实的颗粒系统中会同时发生法向、切向碰撞和法向、切向扭转,临界时间步长的值取决于四种碰撞周期中的最小值,系统中各种碰撞周期见表 10.3。

表 10.3　颗粒-颗粒和颗粒-壁面弹性系统的碰撞周期

| 碰撞周期名称 | 符号 | 表达式 | 颗粒-颗粒 | 颗粒-壁面 |
|---|---|---|---|---|
| 法向碰撞周期 | $T_{t,n}$ | $2\sqrt{\pi^2+(\ln e_{t,n})^2}\sqrt{m/k_{t,n}}$ | $m=\dfrac{m_i m_j}{m_i+m_j}$ | $m=m_i$ |
| 切向碰撞周期 | $T_{t,t}$ | $2\sqrt{\pi^2+(\ln e_{t,t})^2}\sqrt{m/k_{t,t}}$ | $m=\dfrac{2}{7}\dfrac{m_i m_j}{m_i+m_j}$ | $m=\dfrac{2}{7}m_i$ |
| 法向扭转碰撞周期 | $T_{r,n}$ | $2\sqrt{\pi^2+(\ln e_{r,n})^2}\sqrt{I/k_{r,n}}$ | $I=\dfrac{I_i I_j}{I_i+I_j}$ | $I=I_i$ |
| 切向扭转碰撞周期 | $T_{r,t}$ | $2\sqrt{\pi^2+(\ln e_{r,t})^2}\sqrt{I/k_{r,t}}$ | $I=\dfrac{I_i I_j}{I_i+I_j}$ | $I=I_i$ |

③ 摩擦系数的确定:摩擦系数是很难测量的,特别是颗粒之间的摩擦系数。在 DEM 模型中,一般根据颗粒或壁面的粗糙程度确定滑动摩擦系数的值,其取值范围为 0~1。

在颗粒运动时,除重力外,颗粒之间还有着相互作用力,这些作用力可以改变颗粒的运动状态。其中,范德华力就是一种颗粒间的内聚力,当颗粒粒径较大时,该力的数值远小于颗粒间的接触力和颗粒所受重力,因此在进行颗粒体系的数值模拟时往往忽略该力的影响。但在有些情况下,范德华力对改变颗粒运动状态有非常重要的影响,如纳米尺度、微米尺度的颗粒运动。

由于颗粒是由原子或分子构成,所以其中的电子运动会使颗粒产生极性。当两颗粒相互靠近接触时,由于颗粒极性的作用,两颗粒之间将产生相互吸引的作用力,此作用力就是颗粒间的范德华力。根据 Hamaker 理论,颗粒周围的气体、颗粒的接触变形、颗粒的表面粗糙度等因素都会影响颗粒间的范德华力。

### 10.3.2　CFD-DEM 耦合方法及其在多相流领域的应用

CFD-DEM 模型可分为三大部分:第一部分为离散相模型,即 DEM 模型;第二部分是连续相模型,即 CFD 模型;第三部分是 CFD 和 DEM 的耦合模型。

1. 离散相模型

在流固两相流动系统中,若忽略弱小力的影响,则颗粒主要受四种力的作用,分别是自身的重力 $mg$、颗粒间的碰撞力(包括法向碰撞力 $F_{n,ij}$ 和切向碰撞力 $F_{t,ij}$)、可能的内聚力 $F_c$,以及流体的电力 $F_d$ 及浮力 $F_b$。根据牛顿第二定律,颗粒的运动方程为

$$m_i\frac{\mathrm{d}\boldsymbol{v}_i}{\mathrm{d}t}=m_i g+\sum_{j=1}^{n_i}(F_{n,ij}+F_{t,ij})+F_c+F_d+F_b \tag{10.155}$$

在气固两相流中,往往伴随着传热和化学反应,因此精确的传热模型和反应模型是非常必要的。

迄今为止，对气固两相流中传热规律的研究有很多，但在颗粒尺度上的研究却很少见。在气固两相流中，热量可通过三种经典的传热方式进行传递，即导热、对流和热辐射。当所研究的体系内温度较低（低于 400 ℃）时，可忽略热辐射的影响，主要通过导热和对流两种方式进行换热。据此，设备内的传热方式主要有五种，分别为颗粒间的热传递、颗粒与壁面间的热传递、颗粒与气体间的热传递、气体间的热传递以及气体与壁面间的热传递。其中，前三种传热与固相相关，颗粒与颗粒之间以及颗粒与壁面之间的接触传热方式属于热传导，而颗粒与气体之间的传热则以对流方式进行。通过上述分析可以得到颗粒能量方程的表达式：

$$mc_p \frac{dT}{dt} = \varepsilon q_{pf} + \sum q_{pp} + \sum q_{pw} \tag{10.156}$$

式中，$c_p$ 为颗粒材料的比热容；$T$ 为温度；$t$ 为时间；$q_{pf}$、$q_{pp}$、$q_{pw}$ 分别为颗粒与流体之间、颗粒与颗粒之间以及颗粒与壁面之间的传热率。

两个接触颗粒间的传热形式非常简单，但能精确描述其间传热量的模型却很难建立，因为其间的传热量跟颗粒接触时的变形有很大的关系，而碰撞颗粒间的变形很难精确确定。迄今为止，可从文献中查到的多种数学模型都有一定的应用实例，其中将颗粒间碰撞时的接触面积与传热率进行关联的模型应用最为广泛，经实验验证具有较高的准确度。在该模型中，颗粒 $i$ 与颗粒 $j$ 之间的传热率可用下式表示：

$$q_{pp} = H_{pp}(T_{p,j} - T_{p,i}) \tag{10.157}$$

式中，传热系数 $H_{pp}$ 与颗粒间接触面半径 $a$ 及热传导系数 $k_{pp}$ 成正比：

$$H_{pp} = 2ak_{pp} \tag{10.158}$$

Batchelor 和 O'Brien（1977）指出以上公式在下面的条件下适用：

$$\frac{k_{pp}a}{k_f r} \gg 1 \tag{10.159}$$

式中，$k_f$ 为气体热导率；$r$ 为颗粒半径。上述条件表示颗粒间的热传导系数要远大于流体的热导率，对于气固体系，由于空气的热导率很小，因此上述模型是适用的。

同样，颗粒与壁面间的传热可采用相同的模型：

$$q_{pw} = H_{pw}(T_w - T_p) \tag{10.160}$$
$$H_{pw} = 2ak_{pw} \tag{10.161}$$

其适用范围与颗粒间的接触导热相同，即

$$\frac{k_{pw}a}{k_f r} \gg 1 \tag{10.162}$$

式中，下标 p 和 w 分别表示颗粒与壁面；pw 表示颗粒与壁面之间。

2. 连续相模型

气体的流动规律可用气固两相耦合的 Navier-stokes 方程描述。其中，连续性方程为

$$\frac{\partial}{\partial t}(\alpha_f \rho_f) + \frac{\partial}{\partial x_j}(\alpha_f \rho_f u_j) = 0 \tag{10.163}$$

动量方程为

$$\frac{\partial}{\partial t}(\alpha_f \rho_f u_i) + \frac{\partial}{\partial x_j}(\alpha_f \rho_f u_i u_j) = -\frac{\partial p}{\partial x_i} + \frac{\partial}{\partial x_j}\left[\alpha_f \mu_{eff}\left(\frac{\partial u_i}{\partial x_j} + \frac{\partial u_j}{\partial x_i}\right)\right] + F_s \tag{10.164}$$

式中，$\alpha_f$ 表示气体分率；$\rho_f$ 表示气体的密度；$p$ 表示压力；$u$ 表示速度；$F_s$ 为颗粒相对流体相的作用力。

如果需要考虑湍流，可采用标准 $k$-$\varepsilon$ 模型进行描述。式(10.164)中，包含湍流作用的有效黏性等于分子黏性和湍流黏性之和，即 $\mu_{\text{eff}} = \mu + \mu_t$，湍流黏性则通过湍动能 $k$ 及其耗散率 $\varepsilon$ 求出，即 $\mu_t = \rho_f c_\mu k^2 / \varepsilon$，其中 $c_\mu = 0.09$。湍动能 $k$ 及其耗散率 $\varepsilon$ 的控制方程如下：

$$\frac{\partial}{\partial t}(\alpha_f \rho_f k) + \frac{\partial}{\partial x_j}(\alpha_f \rho_f u_j k) = \frac{\partial}{\partial x_j}\left[\alpha_f\left(\mu + \frac{\mu_t}{\sigma_k}\right)\frac{\partial k}{\partial x_j}\right] + \alpha_f G_k - \alpha_f \rho_f \varepsilon \tag{10.165}$$

$$\frac{\partial}{\partial t}(\alpha_f \rho_f \varepsilon) + \frac{\partial}{\partial x_j}(\alpha_f \rho_f u_j \varepsilon) = \frac{\partial}{\partial x_j}\left[\alpha_f\left(\mu + \frac{\mu_t}{\sigma_\varepsilon}\right)\frac{\partial \varepsilon}{\partial x_j}\right] + \alpha_f \frac{\varepsilon}{k} c_1 G_k - \alpha_f c_2 \rho_f \frac{\varepsilon^2}{k} \tag{10.166}$$

式中，$G_k = \mu_t S^2$；$S \equiv \sqrt{2 S_{ij} S_{ij}}$，$S_{ij} = \frac{1}{2}\left(\frac{\partial u_j}{\partial x_i} + \frac{\partial u_i}{\partial x_j}\right)$；$c_1$ 和 $c_2$ 为常数，$c_1 = 1.44$，$c_2 = 1.92$；$\sigma_k$、$\sigma_\varepsilon$ 分别为湍动能及端动能耗散率普朗特数，在标准 $k$-$\varepsilon$ 模型中，$\sigma_k = 1.0$，$\sigma_\varepsilon = 1.3$。

气体的传热规律由气固两相耦合的温度标量方程进行求解：

$$\rho_f \frac{\partial(\alpha_f T_f)}{\partial t} + \rho_f \frac{\partial(\alpha_f u_j T_f)}{\partial x_j} = \frac{\partial}{\partial x_j}\left[\left(\alpha_f \frac{k_f}{c_f} + \alpha_f \frac{\mu_t}{Pr_t}\right)\left(\frac{\partial T_f}{\partial x_j}\right)\right] + Q_{fp} \tag{10.167}$$

式中，$T_f$ 为气体温度；$k_f$ 为气体热导率；$c_f$ 为空气的比热容；$Q_{fp}$ 为颗粒相与流体相之间的热交换；湍流普朗特数 $Pr_t$ 通常取值为 0.85。

3. 两相间耦合模型

气体对颗粒的作用力很复杂，包括曳力、浮力、Saffman 力、虚拟质量力等。但大多数情况下，除曳力、浮力外的其他力都很小，可以忽略，一般只考虑曳力和浮力。根据 Di Felice (1994)总结的公式，曳力可以用下式表示：

$$F_d = F_{d0} \alpha_f^{-(\gamma+1)} \tag{10.168}$$

式中，

$$F_{d0} = \frac{1}{2} \rho_f C_D \frac{\pi d_p^2}{4} \alpha_f^2 |u - v|(u - v) \tag{10.169}$$

$$\gamma = 3.7 - 0.65 \exp\left[-\frac{(1.5 - \lg Re_p)^2}{2}\right] \tag{10.170}$$

式中，$d_p$ 为颗粒直径；$u$ 为气体速度；$v$ 为颗粒速度；$C_D$ 为电曳力系数；$Re_p$ 为颗粒雷诺数。

$$\begin{cases} C_D = \dfrac{24}{Re_p} & Re_p \leqslant 1 \\[2mm] C_D = \left(0.63 + \dfrac{4.8}{Re_p^{0.5}}\right)^2 & Re_p > 1 \end{cases} \tag{10.171}$$

$$Re_p = \frac{\rho_f d_p \alpha_f |u - v|}{\mu} \tag{10.172}$$

颗粒受到的浮力可由下式求出：

$$F_b = \frac{1}{6}\pi d_p^3 \rho_f g \tag{10.173}$$

对于欧拉-拉格朗日方法，一般采用所谓的流体单元中颗粒源项方法来实现双向耦合。该方法把离散的颗粒相看作连续的流体相的质量、动量源，在处理动量方程时，把处于某流

体网格单元内所有颗粒受到的流体作用力的反作用力累加起来,作为附加源项赋给气相动量方程:

$$F_s = \frac{-\sum_{i=1}^{n}(F_d^i + F_b^i)}{V_{cell}}$$

(10.174)

式中,$n$ 表示该流体单元中的颗粒数量;$V_{cell}$ 表示流体网格单元的体积。

颗粒与流体之间的传热主要通过对流方式实现,采用 Ranz 等(1952)总结的经验公式进行计算,传热率与 $Nu$ 相关,单个颗粒与流体间的传热率为

$$q_{pf} = Nu\pi d_p k_f (T_f - T_p)$$

(10.175)

$Nu$ 与颗粒雷诺数和普朗特数相关:

$$Nu = 2.0 + 0.6Re_p^{1/2}Pr^{1/3}$$

(10.176)

其中,

$$Pr = \frac{\mu c_f}{k_f}$$

(10.177)

同样,流体单元受到的传热量也采用流体单元中颗粒源项方法来实现双向耦合,因此能量源项为

$$Q_{fp} = \frac{-\sum_{i=1}^{n}q_{pf}^i}{c_f V_{cell}}$$

(10.178)

# 10.4　格子玻尔兹曼方法

### 10.4.1　格子玻尔兹曼方法原理

流体的数值模拟方法,按照所采用的流体模型或设计的出发点不同可分为三类:宏观方法、微观方法和介观方法。介观方法是一种介于流体连续性假设与分子动力学之间的流体模拟方法,它既具有微观方法适用性广的特点,又具有宏观方法不关注分子运动细节的特点,在精度和计算量上均具有较大的优势。其中,格子玻尔兹曼方法(lattice Boltzmann method,LBM)是近年来备受关注的一种介观流体模型。

LBM 的基本架构源于 20 世纪 70 年代兴起的格子气自动机(lattice gas automata,LGA)模型。在 LGA 中,连续的流体被假设为大量虚拟流体颗粒的集合,并且时间与空间也被划分成离散的单元;虚拟颗粒在规则的空间网格上迁移,并按照一定的规则发生碰撞;流体的宏观运动行为可通过对虚拟颗粒的统计得到。虽然该模型具有直观、清晰的物理意义,但存在着一些不足,譬如含有统计噪声、不满足 Gallieo 不变性、碰撞规则复杂等。

为了克服这些不足,LBM 摒弃了 LGA 中的布尔变量,采用概率密度分布函数对颗粒的运动进行描述,并且引入了平衡分布函数,将流体颗粒的碰撞过程转化为对平衡状态的松弛过程。经过一系列的改进后,利用 LBM 模型可直接推导出正确的 N-S 方程。此后,一些研究者又证明了 LBM 模型可严格地从连续 Boltzmann 方程通过适当的离散而得到,这不仅建

立了 LBM 与经典介观理论的联系,而且为该模型的深入理解与进一步发展奠定了基础。

从 20 世纪 90 年代至今,LBM 的理论与应用均有了较快的发展,研究者们针对不同过程的特点提出了多种计算模型,如耦合传热问题的流动模型、可压缩流体模型、多组分体系的颜色模型、伪势模型与自由能模型、反应流模型、燃烧模型、湍流模型,以及模拟磁流体的模型等。虽然这些模型对各自特定的问题可实现一定精度的模拟,但缺乏良好的统一性,由于对微观过程分析的出发点不同,模型中虚拟颗粒的演化规则以及模型的数学结构往往存在较大差异。这一方面不利于描述同一问题的各种模型间相互取长补短,另一方面不利于描述不同问题的各种模型间相互嫁接或联合使用。

作为一门新兴的交叉学科,LBM 仍处于不断的发展中,一些基本问题还有待解决。虽然 LBM 发展得尚不完善,但它与传统的 CFD 方法相比,在某些方面具有显著的优势。

① 易于处理复杂的固体边界。由于 LBM 中的流体以虚拟颗粒的形式演化发展,当颗粒运动到固体边界时,在一定的反弹规则下,如半步长反弹格式、动力学格式、外推格式等,可自发地返回流场内部。因此,在实际计算中,只须指定边界点的位置,而无须做任何的程序修改,便可实现复杂通道中的流动模拟。

② 易于处理液液或气液间的相界面。对非互溶或部分互溶流体的模拟,传统 CFD 方法往往需要精确地追踪相界面的位置,导致计算量与计算时间大幅增加,而在 LBM 中,对相界面问题的处理可转化为对流体颗粒间力的控制。譬如,在非互溶组分间设置一定强度的斥力,可使其产生自发的相分离,并且斥力的大小可决定两相间的界面张力。又如,对于部分互溶的流体,调节颗粒间作用力的强弱可控制其互溶程度。一些研究者采用多相 LBM 模型成功地描述了液滴间的相互作用、液滴的形变与破碎过程,以及微通道中液滴、气泡的生成过程等。

③ 具有较高的计算效率。在 LBM 中,流体颗粒的迁移碰撞过程可由简单的代数方程描述,在模拟时只须对这些代数方程进行直接的求解,从而避免求解偏微分方程组的复杂计算;压力可以根据状态方程直接计算得到,而传统 CFD 方法需花费较大精力求解 Poisson 方程或类似的方程才能得到压力信息。同时,由于 LBM 的松弛迭代是可同步进行的局域运算,各个节点的信息在多个处理器之间的通信也极易优化,所以 LBM 也非常适合于并行计算。此外,LBM 的优势还在于可模拟较高 Knudsen 数下的流动问题,以及易于添加非体积力等。

在 LBM 模型中,宏观流体被假设为由大量虚拟流体颗粒构成。这些颗粒可沿空间格子方向以一定概率运动,称为“对流”,并在网格节点上与来自其他方向的颗粒发生作用,称为“碰撞”。微观颗粒循环的“对流碰撞”演化过程,决定了流体的宏观运动现象。LBM 能利用概率密度分布函数(PDF)描述流体颗粒在格子方向上的运动概率。流体的宏观性质,如速度、密度、压力、浓度等,可通过对 PDF 的统计得到。

在“对流碰撞”的演化过程中,“对流”步骤取决于格子结构。二维模拟计算通常选用 D2Q9 的格子结构,即 2 维 9 速度方向的格子;三维模拟计算通常选用 D3Q19 的格子结构,即 3 维 19 速度方向的格子,如图 10.6 所示。

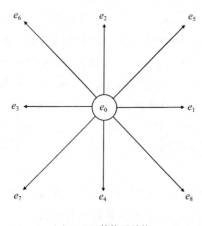

（a）D2Q9的格子结构

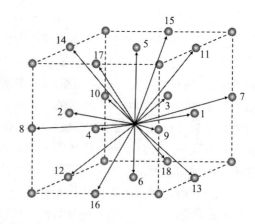

（b）D3Q19的格子结构

**图 10.6　模拟中常用的格子结构**

"碰撞"步骤有多种处理方式,其中单松弛的 LBGK 算法是至今应用最广泛的一种。本书以此种算法为例,介绍对流碰撞过程。流体颗粒的"碰撞"过程被简化为对平衡状态的松弛过程,并只用一个与流体黏度相关的松弛时间控制松弛速度。松弛时间 $\tau$ 与流体的运动黏度 $\nu$ 之间的关系如下:

$$\nu = \frac{1}{3}\left(\tau - \frac{1}{2}\right) \tag{10.179}$$

从式(10.180)可见,只有当松弛时间 $\tau$ 大于 0.5 时,流体的运动黏度才为正值,具有合理的物理意义。需要指出的是,当 $\tau$ 接近 0.5 时会导致数值计算不稳定。

综上所述,"对流碰撞"的演化过程可用一个代数方程描述,如式(10.180)所示。

$$f_i(x + e_i\Delta t, t + \Delta t) = f_i(x,t) - \frac{1}{\tau}\left[f_i(x,t) - f_i^{\mathrm{eq}}(x,t)\right] \tag{10.180}$$

式中,$f$ 为流体的概率密度分布函数;$f^{\mathrm{eq}}$ 为平衡分布函数。

式(10.180)左边一项表示在 $t + \Delta t$ 时刻,在 $x$ 位置 $e_i$ 方向上相邻网格点的 PDF;右边第一项表示在 $x$ 位置 $t$ 时刻 $e_i$ 方向上的 PDF;右边第二项表示在 $x$ 位置 $t$ 时刻 $e_i$ 方向的 PDF 对平衡分布的松弛过程。显然,式(10.180)右侧第一项描述了对流过程,第二项描述了碰撞过程。

在 D2Q9 的 LBGK 算法中,平衡分布函数 $f^{\mathrm{eq}}$ 的形式如下:

$$f_i^{\mathrm{eq}}(x) = w_i\rho(x)\left(1 + \frac{e_iu^{\mathrm{eq}}}{c_s^2} + \frac{(e_iu^{\mathrm{eq}})^2}{2c_s^4} - \frac{u^{\mathrm{eq2}}}{2c_s^2}\right) \tag{10.181}$$

式中,$e_i$ 为格子向量;$w_i$ 为权重系数;$c_s$ 为格子声速。对于 D2Q9 格子结构,其取值分别如式(10.182)至式(10.184)所示;对于 D3Q19 格子结构,其取值分别如式(10.185)至式(10.187)所示。

$$e = \begin{bmatrix} 0 & 1 & 0 & -1 & 0 & 1 & -1 & -1 & 1 \\ 0 & 0 & 1 & 0 & -1 & 1 & 1 & -1 & -1 \end{bmatrix} \tag{10.182}$$

$$w_i = \begin{cases} 4/9, & i = 0 \\ 1/9, & i = 1,2,3,4 \\ 1/36, & i = 5,6,7,8 \end{cases} \tag{10.183}$$

$$c_s = \frac{\sqrt{3}}{3} \tag{10.184}$$

$$\boldsymbol{e} = \begin{bmatrix} 0 & 1 & -1 & 0 & 0 & 0 & 0 & 1 & -1 & 1 & -1 & 1 & -1 & 1 & -1 & 0 & 0 & 0 & 0 \\ 0 & 0 & 0 & 1 & -1 & 0 & 0 & 1 & -1 & -1 & 1 & 0 & 0 & 0 & 0 & 1 & -1 & -1 & 1 \\ 0 & 0 & 0 & 0 & 0 & 1 & -1 & 0 & 0 & 0 & 0 & 1 & -1 & -1 & 1 & 1 & -1 & 1 & -1 \end{bmatrix} \tag{10.185}$$

$$w_i = \begin{cases} 1/3, & i=0 \\ 1/18, & i=1\sim6 \\ 1/36, & i=7\sim18 \end{cases} \tag{10.186}$$

$$c_s = \frac{\sqrt{3}}{3} \tag{10.187}$$

式(10.181)中,$\rho(x)$ 与 $u^{eq}$ 分别为 $x$ 位置的密度与平衡速度,其形式与体系的组分模型有关,在单相单组分体系中,其计算方法如式(10.188)至式(10.190)所示。

$$\rho(x) = \sum_i f_i \tag{10.188}$$

$$u = \frac{1}{\rho} \sum_i f_i e_i \tag{10.189}$$

$$u^{eq} = u + \frac{\tau}{\rho} F \tag{10.190}$$

这里需要指出的是,流体颗粒的平衡速度 $u^{eq}$ 是在流体宏观速度 $u$ 的基础上,增加作用于流体颗粒的外力 $F$ 而得到的,该力的具体形式与体系的组分模型有关。对于单相单组分体系,$F$ 通常为重力或外加电场力与磁场力等。

### 10.4.2　多相多组分流体的格子玻尔兹曼方法

在化学工程的研究体系中,研究者关心的往往是多相多组分体系。多相多组分流体的宏观动力学行为非常复杂,往往伴随着组分扩散、相变、界面的产生(运动)等物理过程,甚至会发生化学反应。对于这样复杂的流体系统,传统的流体动力学模型和模拟方法面临很大的困难。格子 Boltzmann 方法的微观本质和介观特点,为建立多相多组分流体模型提供了可行的框架。从描述流体相互作用方式的角度,多相多组分流体模型可以分为颜色模型、伪势模型、自由能模型和动力学模型。

由不同流体构成的多相流系统的第一个 LBM 模型是 Gunstensen 等(1991)提出的。该模型基于 Rothman 和 Keller (1988)提出的 LGA 两相流模型(RK-1LGA),这类模型用不同的颜色区分不同相态的流体,不同流体之间的相互作用可通过引入颜色梯度来实现,并可根据它来调整流体粒子的运动趋势,以实现流体的分离或混合。颜色模型是早期的多相流模型,与 Laplace 定律相符,并被用于研究旋节线(spinodal)相分离、多孔介质内的多相流动等复杂问题。

早期的颜色模型仍具有一些局限性,如表面张力与界面的各向异性相关、在界面附近有非物理的虚假流动发生、不容易考虑热力学的影响、重新标色过程需要较多的计算成本,这些因素对其应用产生了较大限制。近年来,研究者对颜色模型不断地进行改进,在着色过程中加入了直接作用力,减轻了扰动量的产生,并对颜色的分离过程进行了改进,减小了界面伪速度的大小,得到了分布更窄的两相界面。

颜色模型的关键是根据颜色梯度对流体粒子进行重新分配,颜色作用力的实质就是界面处流体粒子在界面两侧所受的平均作用力之差。Shan 和 Chen 于 1993 年提出了一种能够更直接刻画粒子之间相互作用的 LB 模型,即利用一种伪势来反映这种相互作用,因而称为伪势模型。伪势模型中假设流体粒子之间存在非局部的相互作用,称为 Green 函数,它决定组分之间的相互作用强度,通常 Green 函数只考虑临近各点的影响。应用该函数,同组分之间相互吸引而异组分之间相互排斥,可以实现组分的分离。

伪势模型提出后,Shan 和 Doolen (1995)又对基本模型作了改进,使得碰撞过程中系统总动量守恒,并重新定义了宏观流动速度,使与之对应的宏观方程误差大大降低。Sbragaglia 等(2007)对模型进行了进一步改进,减小了伪速度并使得界面张力可以自由调控。伪势模型直接对微观相互作用力进行描述,能够反映多相多组分流体动力学的物理本质,因而得到了比较广泛的应用,但理论分析指出,只有当相互作用力中的有效密度函数取指数形式时,该模型才与热力学相关理论一致。

颜色模型和伪势模型都是基于界面现象的唯象模型,含有部分人为的假设。Swift 等(1995,1996)直接从多相多组分流体的自由能理论出发,构造了与热力学理论一致的多相多组分 LB 模型。该模型的基本思想是根据自由能函数构造平衡分布函数,通过引入一个非理想流体的热力学压力张量,使得系统包括动能、内能和表面能在内的总能量守恒得以满足。

简单流体的 LB 模型可以通过 Boltzmann 方程得到,同样,从多相多组分流体的介观动力学理论出发,也可以得到相应的 LB 模型。由于动力学理论一般都具有坚实的物理基础,这样得到的 LB 模型在物理上也会较为合理。近年来,研究者们以动力学为基础发展了多种 LB 模型,在此不进行详述。

### 10.4.3　格子玻尔兹曼方法的边界处理

边界处理在格子 Boltzmann 方法中起着非常重要的作用,是格子 Boltzmann 方法实施中非常关键的一个步骤,它会对数值计算的精度、计算的稳定性以及计算效率产生很大的影响。我们将边界条件简单地分为两类:固体壁面条件与流体进出口条件。固体壁面条件有多种边界处理格式,如反弹格式、镜面反射格式、混合格式、复杂边界处理格式等;流体进出口条件也有多种处理方法,如周期边界格式、流动边界格式、压力边界格式等。在此,仅以固体壁面条件中的"mid-plane"格式与流体进出口条件中的非平衡反弹格式为例,简要介绍格子 Boltzmann 方法边界条件的具体应用。

"mid-plane"格式的 bounceback 算法(Chen 等,1991),以 D2Q9 模型为例。在该算法中,固体边界位于两个节点之间。在某次对流前,流体中接近固体边界的某网格点上,如图 10.7a 中所示的 $i$ 点,e4、e7、e8 方向的分布函数 $f_4$、$f_7$、$f_8$ 在对流后分别输运到固体内部的 $j$、$k$、$o$ 点,如图 10.7b 所示。这 3 个分布函数在固体内部网格点上转变为大小不变、方向相反的分布函数,即变为 e2、e5、e6 方向上的 $f_2$、$f_5$、$f_6$,并暂时存储于固体内部。在下一次对流时,$f_2$、$f_5$、$f_6$ 运动回流体内部的 $i$ 点,并成为 $i$ 点 e2、e5、e6 方向的分布函数,至此完成 bounceback 过程。此 bounceback 过程的物理意义为,朝向固体壁面运动的流体颗粒在与壁面碰撞后弹回原位,从而保证了固体壁面处流体的宏观速度为零,即非滑移边界条件。

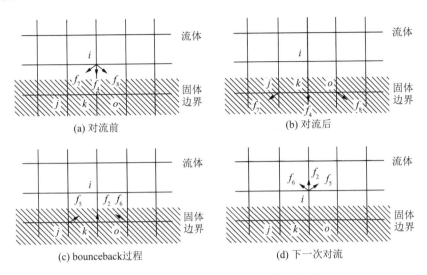

**图** 10.7　mid-plane bounceback **算法示意**

　　对于流体进出口边界,以 Zou-He(1997)边界算法为例,将宏观变量(如速度、压力)的设定合理转化为微观量。本模拟工作中只涉及如下四类进出口边界: ① 沿 $x$ 正方向的速度入口; ② 沿 $y$ 正方向的速度入口; ③ 沿 $y$ 负方向的速度入口; ④ 沿 $x$ 正方向的压力出口。根据 Zou-He 算法,式(10.192)至式(10.195)分别给出了这四类条件中边界网格点上的分布函数设定。

$$\begin{cases} u_x > 0 \text{ 为定值}, u_y = 0 \\[2mm] \rho = \dfrac{1}{1-u_x}[f_0 + f_2 + f_4 + 2(f_3 + f_6 + f_7)] \\[2mm] f_1 = f_3 + \dfrac{2}{3}\rho u_x \\[2mm] f_5 = f_7 - \dfrac{1}{2}(f_2 - f_4) + \dfrac{1}{6}\rho u_x \\[2mm] f_8 = f_6 + \dfrac{1}{2}(f_2 - f_4) + \dfrac{1}{6}\rho u_x \end{cases} \tag{10.191}$$

$$\begin{cases} u_y > 0 \text{ 为定值}, u_x = 0 \\[2mm] \rho = \dfrac{1}{1-u_y}[f_0 + f_1 + f_3 + 2(f_4 + f_7 + f_8)] \\[2mm] f_2 = f_4 + \dfrac{2}{3}\rho u_y \\[2mm] f_5 = f_7 - \dfrac{1}{2}(f_1 - f_3) + \dfrac{1}{6}\rho u_y \\[2mm] f_6 = f_8 + \dfrac{1}{2}(f_1 - f_3) + \dfrac{1}{6}\rho u_y \end{cases} \tag{10.192}$$

$$
\begin{cases}
u_y < 0 \text{ 为定值}, u_x = 0 \\[2mm]
\rho = \dfrac{1}{1+u_y}[f_0 + f_1 + f_3 + 2(f_2 + f_5 + f_6)] \\[2mm]
f_4 = f_2 - \dfrac{2}{3}\rho u_y \\[2mm]
f_7 = f_5 + \dfrac{1}{2}(f_1 - f_3) - \dfrac{1}{6}\rho u_y \\[2mm]
f_8 = f_6 - \dfrac{1}{2}(f_1 - f_3) - \dfrac{1}{6}\rho u_y
\end{cases}
\tag{10.193}
$$

$$
\begin{cases}
\rho > 0 \text{ 为定值}, u_y = 0 \\[2mm]
u_x = -1 + \left(\dfrac{1}{\rho}\right)[f_0 + f_2 + f_4 + 2(f_1 + f_5 + f_8)] \\[2mm]
f_3 = f_1 - \dfrac{2}{3}\rho u_x \\[2mm]
f_6 = f_8 - \dfrac{1}{2}(f_2 - f_4) - \dfrac{1}{6}\rho u_x \\[2mm]
f_7 = f_5 + \dfrac{1}{2}(f_2 - f_4) - \dfrac{1}{6}\rho u_x
\end{cases}
\tag{10.194}
$$

 习　题

1. 简要阐述 CFD-PBM 耦合模型。
2. 引起气泡聚并的原因有哪几种？
3. 简要阐述气泡破碎的几类模型。
4. 简要介绍 CFD-DEM 模型的原理及其应用。
5. 简要描述两球形颗粒之间的范德华力。
6. 说明 LBM 方法在多相流领域中的应用优势。

# 参考文献

[ 1 ] AÇIKGÖZ M，FRANÇA F，LAHEY R T JR. An experimental study of three-phase flow regimes[J]. International Journal of Multiphase Flow，1992，18(3)：327—336.

[ 2 ] ALAJBEGOVIĆ A，ASSAD A，BONETTO F，et al. Phase distribution and turbulence structure for solid/fluid upflow in a pipe[J]. International Journal of Multiphase Flow，1994，20(3)：453—479.

[ 3 ] 白博峰，郭烈锦，赵亮. 汽(气)液两相流流型在线识别的研究进展[J]. 力学进展，2001，31(3)：437—446.

[ 4 ] BARNEA D，Shoham O，Taitel Y，et al. Flow pattern transition for gas-liquid flow in horizontal and inclined pipes：comparison experimental data with theory[J]. International Journal of Multiphase Flow，1980，12(5)：217—225.

[ 5 ] 车得福，李会雄. 多相流及其应用[M]. 西安：西安交通大学出版社，2007.

[ 6 ] 蔡继勇，陈听宽，汤为，等. 水平管内油水乳状液流动特性研究[J]. 化学工程，1999，27(3)：32—35.

[ 7 ] FLORES J G，CHEN X T，SARICA C，et al. Characterization of oil-water flow patterns in vertical and deviated wells[J]. SPE Production & Facilities，1999，14(2)：102—109.

[ 8 ] 陆厚根. 粉体技术导论[M]. 2 版. 上海：同济大学出版社，1998.

[ 9 ] 鲁钟琪. 两相流与沸腾传热[M]. 北京：清华大学出版社，2002.

[10] 林宗虎. 气液固多相流测量[M]. 北京：中国计量出版社，1988.

[11] 刘大有. 建立两相流方程的动力论方法[J]. 力学学报，1987，19(3)：213—221.

[12] 刘大有，王柏懿. 有相间质量交换的悬浮体两相流基本方程[J]. 中国科学(A 辑)，1990(5)：495—504.

[13] 刘大有，王柏懿. 推导悬浮体二相流基本方程的一种新方法[J]. 力学学报，1992，24(1)：122—127.

[14] LEE A H. A study of flow regime of transition oil-water-gas mixtures in horizontal pipelines[D]. Athens：Ohio University，1993.

[15] 罗毓珊，陈听宽，蔡继勇. 空气/油水乳状液泡状流/弹状流流型及其转换的研究[J]. 工程热物理学报，1999，20(4)：491—495.

[16] 阎昌琪. 气液两相流[M]. 2 版. 哈尔滨：哈尔滨工程大学出版社，2010.

[17] 赵彦琳，姚军. 多相流测量技术[M]. 北京：科学出版社，2021.

[18] 岑可法,樊建人. 工程气固多相流动的理论及计算[M]. 杭州：浙江大学出版社,1990.

[19] 孔珑. 两相流体力学[M]. 北京：高等教育出版社,2004.

[20] 谭天佑,梁凤珍. 工业通风除尘技术[M]. 北京：中国建筑工业出版社,1984.

[21] 徐济鋆. 沸腾传热和气液两相流[M]. 北京：原子能出版社,1993.

[22] WALLIS G B, DREW D A. Fundamentals of two-phase flow modeling[J]. Multiphase Science and Technology, 1994, 8(1—4)：1—67.

[23] ZENG Y J. Coupled dynamics in soil[M].Berlin：Springer-Verlag, 2013.

[24] JUDD A M. Convective boiling and condensation[J]. Chemical Engineering Science, 1973, 28(9)：1775.

[25] DELHAYE J M. Local instantaneous equations[C]// Von Karman Institute. Fluid Dynamics Two-phase Flows in Nuclear Reactors,1978,1:37.

[26] DELHAYE J M. Instantaneous space-averaged equations[C]// Von Karman Institute. Fluid Dynamics Two-Phase Flows in Nuclear Reactors,1978,1:21.

[27] Anon. Time average equation[M]. Berlin：Springer, 2014.

[28] DREW D A, SEGEL L A. Averaged equations for two-phase flows[J]. Studies in Applied Mathematics, 1971, 50(3)：205—231.

[29] GRAU R J, CANTERO H J. A systematic time-, space- and time: space-averaging procedure for bulk phase equations in systems with multiphase flow [J]. Chemical Engineering Science, 1994, 49(4)：449—461.

[30] ISHII M. Thermo-fluid dynamic theory of two-phase flow [M]. Eyrolles, Paris,1975.

[31] MARBLE F E. Dynamics of a gas containing small solid particles [C]. Combustion and Propulsion (5th AGARD Colloquium),Pergamon Press, 1963.

[32] LIU D Y, ZHU F Y. Discussion on the basic equations for gas-particle flows in various models[J]. Frontiers of Fluid Mechanics,1988:762—767.

[33] RUDINGER G. Fundamentals of gas-particle flow[M]. Amsterdam：Elsevier Scientific Pub Co., 1980.

[34] GAN Y B , XU A G , ZHANG G C , et al. Physical modeling of multiphase flow via lattice Boltzmann method: numerical effects, equation of state and boundary conditions[J]. Frontiers of Physics, 2012, 7(4)：481—490.

[35] YONEMOTO Y, KUNUGI T. Development of multi-scale multiphase flow equation and thermodynamic modeling of gas-liquid interface [J]. Thermal Science and Engineering, 2008, 16：11—29.

[36] SHA W T. Time averaging of volume-averaged conservation equation of multiphase flow[J]. AIChE Symposium Series,1983,79(225):420—426.

[37] MISHIMA K, HIBIKI T. Some characteristics of air-water two-phase flow in small diameter vertical tubes[J]. International Journal of Multiphase Flow,

1996，22(4)：703—712.

[38] PHILLIPS R J，ARMSTRONG R C，BROWN R A，et al. A constitutive equation for concentrated suspensions that accounts for shear-induced particle migration[J]. Physics of Fluids A：Fluid Dynamics，1992，4(1)：30—40.

[39] OLIVELLA S，CARRERA J，GENS A，et al. Nonisothermal multiphase flow of brine and gas through saline media[J]. Transport in Porous Media，1994，15(3)：271—293.

[40] 岑可法，倪明江，骆仲泱，等. 循环流化床锅炉理论设计与运行[M]. 北京：中国电力出版社，1998.

[41] 陈彬，颜欢，刘阁，等. 流固两相流的稀疏离散相模型研究进展[J]. 化工进展，2016，35(11)：3400—3412.

[42] 林建忠，于明州，林培锋，等. 纳米颗粒两相流体动力学[M]. 北京：科学出版社，2013.

[43] 刘大有. 二相流体动力学[M]. 北京：高等教育出版社，1993.

[44] 谢洪勇. 粉体力学与工程[M]. 北京：化学工业出版社，2003.

[45] 谢洪勇，刘志军，刘凤霞. 粉体力学与工程[M]. 3 版. 北京：化学工业出版社，2021.

[46] SIRIGNANO W A. Fluid dynamics and transport of droplets and sprays[M]. Cambridge：Cambridge University Press，1997.

[47] LEFEBVRE A ，MCDONELL V G. Atomization and sprays[M]. Calabasa：CRC Press，2017.

[48] SHARP D H. An overview of Rayleigh-Taylor instability [J]. Physica D：Nonlinear Phenomena，1984，12(1—3)：3—10.

[49] WU P K ，TSENG L K ，FAETH G M. Primary breakup in gas/liquid mixing layers for turbulent liquids[J]. Atomization and Sprays，1992，2(3)：295—3117.

[50] DEEPU P，BASU S，Kumar R. Vaporization dynamics of functional droplets in a hot laminar air jet[J]. International Journal of Heat and Mass Transfer，2013，56(1—2)：69—79.

[51] SAZHIN S S，AL QUBEISSI M，XIE J F. Two approaches to modelling the heating of evaporating droplets[J]. International Communications in Heat and Mass Transfer，2014，57：353—356.

[52] EYSSARTIER A，CUENOT B，GICQUEL L Y M，et al. Using LES to predict ignition sequences and ignition probability of turbulent two-phase flames[J]. Combustion and Flame，2013，160(7)：1191—1207.

[53] CHERNYAK V. The kinetic theory of droplet evaporation [J]. Journal of Aerosol Science，1995，26(6)：873—885.

[54] SU J. Improved lumped models for transient radiative cooling of a spherical body [J]. International Communications in Heat and Mass Transfer，2004，31(1)：

85—94.

[55] ZHANG L, KONG S C. Vaporization modeling of petroleum-biofuel drops using a hybrid multi-component approach[J]. Combustion and Flame, 2010, 157(11): 2165—2174.

[56] SIRIGNANO W A, WU G. Multicomponent-liquid-fuel vaporization with complex configuration[J]. International Journal of Heat and Mass Transfer, 2008, 51(19—20): 4759—4774.

[57] JAIN P K, SINGH S, RIZWAN-uddin. An exact analytical solution for two-dimensional, unsteady, multilayer heat conduction in spherical coordinates[J]. International Journal of Heat and Mass Transfer, 2010, 53(9—10): 2133—2142.

[58] BRENN G, DEVIPRASATH L J, Durst F, et al. Evaporation of acoustically levitated multi-component liquid droplets[J]. International Journal of Heat and Mass Transfer, 2007, 50(25—26): 5073—5086.

[59] WU J S, LIU Y J, SHEEN H J. Effects of ambient turbulence and fuel properties on the evaporation rate of single droplets[J]. International Journal of Heat and Mass Transfer, 2001, 44(24): 4593—4603.

[60] SAZHIN S. Droplets and sprays[M].London: Springer, 2014.

[61] DOMBROVSKY L, SAZHIN S. Absorption of thermal radiation in a semi-transparent spherical droplet: a simplified model[J]. International Journal of Heat and Fluid Flow, 2003, 24(6): 919—927.

[62] HAMOSFAKIDIS V, REITZ R D. Optimization of a hydrocarbon fuel ignition model for two single component surrogates of diesel fuel[J]. Combustion and Flame, 2003, 132(3): 433—450.

[63] KOJIMA S. Detailed modeling of n-butane autoignition chemistry [J]. Combustion and Flame, 1994, 99(1): 87—136.

[64] SAZHIN S S, FENG G, HEIKAL M R, et al. Thermal ignition analysis of a monodisperse spray with radiation[J]. Combustion and Flame, 2001, 124(4): 684—701.

[65] MINETTI R, RIBAUCOUR M, CARLIER M, et al. Experimental and modeling study of oxidation and autoignition of butane at high pressure[J]. Combustion and Flame, 1994, 96(3): 201—211.

[66] DAI Z, FAETH G M. Temporal properties of secondary drop breakup in the multimode breakup regime[J]. International Journal of Multiphase Flow, 2001, 27(2): 217—236.

[67] ABRAMZON B, SIRIGNANO W A. Droplet vaporization model for spray combustion calculations[J]. International Journal of Heat and Mass Transfer, 1989, 32(9): 1605—1618.

[68] ARBELOA I L, ROHATGI-MUKHERJEE K K. Solvent effect on photophysics

of the molecular forms of rhodamine B. Solvation models and spectroscopic parameters[J]. Chemical Physics Letters，1986，128(5—6)：474—479.

[69] AZBEL D，KEMP-PRITCHARD P. Two-phase flows in chemical engineering [M]. Cambridge：Cambridge University Press，1981.

[70] CHI-YEH H，GRIFFITH P. The mechanism of heat transfer in nucleate pool boiling：part I[J]. International Journal of Heat and Mass Transfer，1965，8(6)：887—904.

[71] ELLION M E. A study of the mechanism of boiling heat transfer[D]. Pasadena：California Institute of Technology，1954.

[72] FRIZ W. Maximum volume of vapor bubbles[J]. Physic. Zeitschz. 1935，36：379—384.

[73] JACKOB M. Heat Transfer[M]. New York：McGraw-Ifill，1972.

[74] NIGMATULIN R I. Dynamics of multiphase media [M]. Washington：Hemiaphere Publishing Co，1991.

[75] MIKIC B B，ROHSENOW W M，GRIFFITH P. On bubble growth rates[J]. International Journal of Heat and Mass Transfer，1970，13(4)：657—666.

[76] MOORE F D，MESLER R B. The measurement of rapid surface temperature fluctuations during nucleate boiling of water[J]. AIChE Journal，1961，7(4)：620—624.

[77] SCRIVEN L E. On the dynamics of phase growth[J]. Chemical Engineering Science，1959，10(1—2)：1—13.

[78] 施明恒，甘永平，马重芳. 沸腾和凝结[M]. 北京：高等教育出版社，1995.

[79] SNYDER N W. Summary of conference on bubbly dynamics and boiling heat transfer[J]. JPL Memo 20—137，CIT，1956.

[80] VAN STRALEN S J D，SOHAL M S，COLE R，et al. Bubble growth rates in pure and binary systems：combined effect of relaxation and evaporation micro-layers[J]. International Journal of Heat and Mass Transfer，1975，18(3)：453—467.

[81] ZUBER N，FINDLAY J A. Average volumetric concentration in two-phase flow systems[J]. Journal of Heat Transfer，1965，87(4)：453—468.

[82] LIU M C，WANG L Z，LU G M，et al. Twins in $Cd_1-x Zn_x S$ solid solution：highly efficient photocatalyst for hydrogen generation from water[J]. Energy & Environmental Science，2011，4(4)：1372—1378.

[83] CHAI S Q，ZHANG G J，LI G Q，et al. Industrial hydrogen production technology and development status in China：a review[J]. Clean Technologies and Environmental Policy，2021，23(7)：1931—1946.

[84] ACOSTA A J，PARKIN B R. Cavitation inception：a selective review[J]. Journal of Ship Research，1975，19(4)：193—205.

[85] ARAKERI V H. Cavitation inception[J]. Proceedings of the Indian Academy of Sciences Section C: Engineering Sciences, 1979, 2(2): 149—177.

[86] BLAKE J R, GIBSON D C. Cavitation bubbles near boundaries[J]. Annual Review of Fluid Mechanics, 1987, 19: 99—123.

[87] BRAISTED D M. Cavitation induced instabilities associated with turbomachines [D]. California:California Institute of Technology, 1980.

[88] BRENNEN C E. Cavitation and bubble dynamics[M]. New York: Cambridge University Press,2014.

[89] CECCIO S L, BRENNEN C E. Observations of the dynamics and acoustics of travelling bubble cavitation [J]. Journal of Fluid Mechanics, 1991, 233: 633—660.

[90] FUJIKAWA S, AKAMATSU T. Effects of the non-equilibrium condensation of vapour on the pressure wave produced by the collapse of a bubble in a liquid[J]. Journal of Fluid Mechanics, 1980, 97(3): 481—512.

[91] GATES E M, ACOSTA A J. Some effects of several free stream factors on cavitation inception on axisymmetric bodies [C]// Proceedings of the 12th Symposium on Naval Hydrodynamics, Washington, DC. 1978.

[92] HICKLING R, PLESSET M S. Collapse and rebound of a spherical bubble in water[J]. The Physics of Fluids, 1964, 7(1): 7—14.

[93] Hydraulic Institute (US). Standards of Hydraulic Institute [S]. The Institute, 1947.

[94] KIMOTO H. An experimental evaluation of the effects of a water microjet and a shock wave by a local pressure sensor[C]// Int. ASME Symp. on Cavitation Res. Facilities and Techniques, 1987: 217—224.

[95] LAUTERBORN W, BOLLE H. Experimental investigations of cavitation-bubble collapse in the neighbourhood of a solid boundary[J]. Journal of Fluid Mechanics, 1975, 72(2): 391—399.

[96] MCNULTY P J, PEARSALL I S. Cavitation inception in pumps[J]. Journal of Fluids Engineering, 1982, 104(1): 99—104.

[97] PLESSET M S. The dynamics of cavitation bubbles[J]. Journal of Applied Mechanics, 1949, 16(3): 277—282.

[98] PLESSET M S, CHAPMAN R B. Collapse of an initially spherical vapour cavity in the neighbourhood of a solid boundary[J]. Journal of Fluid Mechanics, 1971, 47(2): 283—290.

[99] PLESSET M S, PROSPERETTI A. Bubble dynamics and cavitation[J]. Annual Review of Fluid Mechanics, 1977, 9: 145—185.

[100] SOYAMA H. Cavitation observations of severely erosive vortex cavitation arising in a centrifugal pump[C]// Proc. 3rd Int. Conf. Cavitation, I Mech E,

Cambridge. 1992：103—110.

[101] 罗宏昌. 静电实用技术手册[M]. 上海：上海科学普及出版社，1990.

[102] 方俊鑫，殷之文. 电介质物理学[M]. 北京：科学出版社，1989.

[103] 鲍重光. 静电技术原理[M]. 北京：北京理工大学出版社，1993.

[104] 马文蔚，周雨青. 物理学（上册）[M]. 6版. 北京：高等教育出版社，2014.

[105] HOYT J W，TAYLOR J J. Waves on water jets[J]. Journal of Fluid Mechanics，1977，83(1)：119—127.

[106] MIAO P，BALACHANDRAN W，WANG J L. Electrostatic generation and theoretical modelling of ultra fine spray of ceramic suspensions for thin film preparation[J]. Journal of Electrostatics，2001，51—52(1—4)：43—49.

[107] HSIANG L P，FAETH G M. Near-limit drop deformation and secondary breakup[J]. International Journal of Multiphase Flow，1992，18(5)：635—652.

[108] PILCH M，ERDMAN C A. Use of breakup time data and velocity history data to predict the maximum size of stable fragments for acceleration-induced breakup of a liquid drop[J]. International Journal of Multiphase Flow，1987，13(6)：741—757.

[109] 闻建龙，王军锋，张军，等. 柴油高压静电雾化燃烧的研究[J]. 内燃机学报，2003，21(1)：31—34.

[110] 袁洪印，马中苏，秦好泉，等. 食品表面静电涂敷高压电极结构的试验[J]. 农业工程学报，2000,16(2)：113—115.

[111] JAWOREK A，KRUPA A. Jet and drops formation in electrohydrodynamic spraying of liquids. A systematic approach[J]. Experiments in Fluids，1999，27(1)：43—52.

[112] CHEN X P，DONG S T，CHENG J S,et al. Study on electrostatic atomization and the spray modes in fluid atomization[J]. Experimental Mechanics，2000，15(1)：97—103.

[113] 张军，闻建龙，王军锋，等. 毛细管环电极下的静电雾化模式的研究[J]. 农业机械学报，2006,37(6)：124—127.

[114] WANG Z T，MITRAŠINOVIĆ A M，WEN J Z. Investigation on electrostatical breakup of bio-oil droplets[J]. Energies，2012，5(11)：4323—4339.

[115] WANG R，GRÖHN A J，ZHU L，et al. On the mechanism of extractive electrospray ionization（EESI）in the dual-spray configuration[J]. Analytical and Bioanalytical Chemistry，2012，402(8)：2633—2643.

[116] ZHENG J Q，ZHANG J，LUO T Q. Experimental investigation on charging characteristics of coal water slurry droplets[J]. Proceedings of the CSEE，2009，29(14)：80—85.

[117] 张军，闻建龙，王军锋，等. 不同雾化模式下静电雾化的雾滴特性[J]. 江苏大学学报（自然科学版），2006，27(2)：105—108.

[118] WILHELM O. Electrohydrodynamic spraying-transport，mass and heat transfer of charged droplets and their application to the deposition of thin functional films[D]. Switzerland：Swiss Federal Institute of Technology in Zurich，2004.

[119] 周力行. 湍流两相流动与燃烧的数值模拟[M]. 北京：清华大学出版社，1991.

[120] 周崇芝. 二相流体动力学[J]. 力学进展，1993，23(3)：431—432.

[121] 王泽. 荷电气固两相流及在植保工程中的应用[D]. 镇江：江苏理工大学，1994.

[122] 金晗辉. 荷电两相湍流理论在病虫害防治技术中的应用研究[D].镇江：江苏理工大学，1999.

[123] 王军锋. 荷电喷雾燃烧的基础研究：燃油静电喷雾及荷电两相湍流射流的研究[D]. 镇江：江苏大学，2002.

[124] WANG Z，JIN H，WANG J，et al. Numerical simulation of charged gas-liquid two phase jet flow in electrostatic spraying[J]. Chinese Journal of Mechanical Engineering，2001，14(3)：266—270.

[125] 李静海，欧阳洁，高士秋，等. 颗粒流体复杂系统的多尺度模拟[M]. 北京：科学出版社，2005.

[126] ZHOU L X. Recent advances in studies on multiphase and reacting flows in China[J]. Acta Mechanica Sinica，2002，18(2)：97—113.

[127] 王贞涛. 石灰浆液双流体荷电喷雾烟气脱硫理论与试验研究[D]. 镇江：江苏大学，2008.

[128] 罗惕乾. 流体力学[M]. 3 版. 北京：机械工业出版社，2007.

[129] 杨敏官，王军锋，罗惕乾，等. 流体机械内部流动测量技术[M]. 北京：机械工业出版社，2006.

[130] COOPER J F，JONES K A，MOAWAD G. Low volume spraying on cotton：a comparison between spray distribution using charged and uncharged droplets applied by two spinning disc sprayers[J]. Crop Protection，1998，17(9)：711—715.

[131] 闻建龙，张星，王志强. 荷电气固两相流动凝并特性试验[J]. 排灌机械，2009，27(5)：337—340.

[132] SUN Z K，YANG L J，MA X W，et al. Promoting the removal of coal-fired fine particles by the coupling of different Vortex sheets in chemical-turbulent agglomeration[J]. Energy & Fuels，2020，34(8)：10019—10029.

[133] FARZANEH M，ALLAIRE M A，MARCEAU K，et al. Electrostatic capture and agglomeration of particles emitted by diesel engines[C]// Proceedings of 1994 IEEE Industry Applications Society Annual Meeting，Denver，CO，USA：IEEE，1994：1534—1537.

[134] 胡志光，赵丽，温鹏飞. 双极荷电和静电凝并装置的总体设计研究[J]. 广东化工，2011，38(12)：116—117.

[135] SCALA F，D'ASCENZO M，LANCIA A. Modeling flue gas desulfurization by

spray-dry absorption[J]. Separation and Purification Technology，2004，34(1—3)：143—153.

[136] 陈汇龙. 石灰浆液荷电雾化脱硫的基础理论和试验研究[D]. 镇江：江苏大学，2007.

[137] ARCOUMANIS C，MCGUIRK J J，PALMA J M L M. On the use of fluorescent dyes for concentration measurements in water flows［J］. Experiments in Fluids，1990，10(2)：177—180.

[138] BOYER C，DUQUENNE A M，WILD G. Measuring techniques in gas-liquid and gas-liquid-solid reactors[J]. Chemical Engineering Science，2002，57(16)：3185—3215.

[139] CRIMALDI J P. Planar laser induced fluorescence in aqueous flows［J］. Experiments in Fluids，2008，44(6)：851—863.

[140] CRIMALDI J P. The effect of photobleaching and velocity fluctuations on single-point LIF measurements［J］. Experiments in Fluids，1997，23（4）：325—330.

[141] DIEZ F J，BERNAL L P，FAETH G M. PLIF and PIV measurements of the self-preserving structure of steady round buoyant turbulent plumes in crossflow［J］. International Journal of Heat and Fluid Flow，2005，26(6)：873—882.

[142] GRAINDORGE P，LALOUX B，GIRAULT M，et al. METRICOR 2000：amultiparameter fiber optic sensor instrument［C］// SPIE's 1996 International Symposium on Optical Science，Engineering，and Instrumentation. Proc SPIE 2839，Fiber Optic and Laser Sensors XIV，Denver，CO，USA，1996，2839：101—110.

[143] GUILKEY J E，GEE K R，MCMURTRY P A，et al. Use of caged fluorescent dyes for the study of turbulent passive scalar mixing[J]. Experiments in Fluids，1996，21(4)：237—242.

[144] HINSCH K D. Three-dimensional particle velocimetry［J］. Measurement Science and Technology，1995，6(6)：742—753.

[145] HU H，KOBAYASHI T，SAGA T，et al. Particle image velocimetry and planar laser-induced fluorescence measurements on lobed jet mixing flows[J]. Experiments in Fluids，2000，29：S141—S157.

[146] KARASSO P S，MUNGAL M G. Scalar mixing and reaction in plane liquid shear layers[J]. Journal of Fluid Mechanics，1996，323：23—63.

[147] KULKARNI A A，JOSHI J B，KUMAR V R，et al. Application of multiresolution analysis for simultaneous measurement of gas and liquid velocities and fractional gas hold-up in bubble column using LDA[J]. Chemical Engineering Science，2001，56(17)：5037—5048.

[148] KULKARNI A A，JOSHI J B，KUMAR V R，et al. Simultaneous

measurement of hold-up profiles and interfacial area using LDA in bubble columns: predictions by multiresolution analysis and comparison with experiments[J]. Chemical Engineering Science, 2001, 56(21－22): 6437－6445.

[149] LARSEN L G, CRIMALDI J P. The effect of photobleaching on PLIF[J]. Experiments in Fluids, 2006, 41(5): 803－812.

[150] LAW A W K, WANG H W. Measurement of mixing processes with combined digital particle image velocimetry and planar laser induced fluorescence[J]. Experimental Thermal and Fluid Science, 2000, 22(3－4): 213－229.

[151] MILLER N, MITCHIE R. Measurement of local voidage in liquid/gas two-phase flow systems[J]. Journal of the British Nuclear Energy Society, 1970, 9(2): 94－100.

[152] MUDDE R F, GROEN J S, VAN DEN AKKER H E A. Application of LDA to bubbly flows[J]. Nuclear Engineering and Design, 1998, 184(2－3): 329－338.

[153] TSUCHIYA K, FURUMOTO A, FAN L S, et al. Suspension viscosity and bubble rise velocity in liquid-solid fluidized beds[J]. Chemical Engineering Science, 1997, 52(18): 3053－3066.

[154] WALKER D A. A fluorescence technique for measurement of concentration in mixing liquids[J]. Journal of Physics E: Scientific Instruments, 1987, 20(2): 217－224.

[155] WANG T F, WANG J F, REN F, et al. Application of Doppler ultrasound velocimetry in multiphase flow[J]. Chemical Engineering Journal, 2003, 92(1－3): 111－122.

[156] ANTAL S P, LAHEY R T JR, FLAHERTY J E. Analysis of phase distribution in fully developed laminar bubbly two-phase flow[J]. International Journal of Multiphase Flow, 1991, 17(5): 635－652.

[157] BUWA V V, DEO D S, RANADE V V. Eulerian-Lagrangian simulations of unsteady gas-liquid flows in bubble columns[J]. International Journal of Multiphase Flow, 2006, 32(7): 864－885.

[158] COOK T L, HARLOW F H. Vortices in bubbly two-phase flow[J]. International Journal of Multiphase Flow, 1986, 12(1): 35－61.

[159] CROWE C T. Multiphase flow handbook[M]. Calabasas: CRC Press, 2005.

[160] LOPEZ DE BERTODANO M, LAHEY R T JR, JONEC OC. Development of a $k$-$\varepsilon$ model for bubbly two-phase flow[J]. Journal of Fluids Engineering, 1994, 116(1): 128－134.

[161] HOSOKAWA S, TOMIYAMA A. Effects of bubbles on turbulent flows in vertical channels[C]. Tampa proceeding of the 7th International Conference on Multiphase Flow, 2010.

[162] ISHII M，ZUBER N. Drag coefficient and relative velocity in bubbly，droplet or particulate flows[J]. AIChE Journal，1979，25(5)：843－855.

[163] JAKOBSEN H A. On the modeling and simulation of bubble column reactors using a two-fluid model [D]. Trondheim：Norway Norwegian Institute of Technology，1993.

[164] KRISHNA R，URSEANU M I，VAN BATEN J M，et al. Influence of scale on the hydrodynamics of bubble columns operating in the churn-turbulent regime：experiments vs. Eulerian simulations[J]. Chemical Engineering Science，1999，54(21)：4903－4911.

[165] LAHEY R T，LOPEZ DE BERTODANO M，JONES O C. Phase distribution in complex geometry conduits[J]. Nuclear Engineering and Design，1993，141(1－2)：177－201.

[166] LAUNDER B E，SPALDING D B. Mathematical models of turbulence[M]. London：Academic Press，1972.

[167] LEE S L，LAHEY R T，JONES O C. The prediction of two-phase turbulence and phase distribution phenomena using a $k$-$\varepsilon$ model[J]. Japanese Journal of Multiphase Flow，1989，3(4)：335－368.

[168] LUCAS D，KREPPER E，PRASSER H M. Prediction of radial gas profiles in vertical pipe flow on the basis of bubble size distribution[J]. International Journal of Thermal Sciences，2001，40(3)：217－225.

[169] MILNE-THOMSON L M. Theoretical hydrodynamics[M]. 5th ed. New York：Macmillan Press，1968.

[170] MOIN P，MAHESH K. Direct numerical simulation：a tool in turbulence research[J]. Annual Review of Fluid Mechanics，1998，30：539－578.

[171] PATANKAR S V，SPALDING D B. Acalculation procedure for heat，mass and momentum transfer in three-dimensional parabolic flows [J]. International Journal of Heat and Mass Transfer，1972，15(10)：1787－1806.

[172] PIOMELLI U. Large-eddy simulation：achievements and challenges [J]. Progress in Aerospace Sciences，1999，35(4)：335－362.

[173] POLITANO M S，CARRICA P M，CONVERTI J. A model for turbulent polydisperse two-phase flow in vertical channels[J]. International Journal of Multiphase Flow，2003，29(7)：1153－1182.

[174] RAFIQUE M，CHEN P，DUDUKOVIĆ M P. Computational modeling of gas-liquid flow in bubble columns[J]. Reviews in Chemical Engineering，2004，20(3－4)：225－375.

[175] RZEHAK R，KREPPER E. CFD modeling of bubble-induced turbulence[J]. International Journal of Multiphase Flow，2013，55：138－155.

[176] SATO Y，SADATOMI M，SEKOGUCHI K. Momentum and heat transfer in

two-phase bubble flow—I. Theory[J]. International Journal of Multiphase Flow, 1981, 7(2): 167—177.

[177] TOMIYAMA A. Struggle with computational bubble dynamics[J]. Multiphase Science and Technology, 1998, 10(4): 369—405.

[178] TOMIYAMA A, KATAOKA I, ZUN I, et al. Drag coefficients of single bubbles under normal and micro gravity conditions[J]. JSME International Journal Series B, 1998, 41(2): 472—479.

[179] TROSHKO A A, HASSAN Y A. A two-equation turbulence model of turbulent bubbly flows[J]. International Journal of Multiphase Flow, 2001, 27(11): 1965—2000.

[180] WANG T F, WANG J F, JIN Y. A CFD-PBM coupled model for gas-liquid flows[J]. AIChE Journal, 2006, 52(1): 125—140.

[181] 张兆顺, 崔桂香, 许春晓. 湍流理论与模拟[M]. 北京: 清华大学出版社, 2005.

[182] ANGELIDOU C, PSIMOPOULOS M, JAMESON G J. Size distribution functions of dispersions[J]. Chemical Engineering Science, 1979, 34(5): 671—676.

[183] HESKETH R P, ETCHELLS A W, RUSSELL T W F. Bubble breakage in pipeline flow[J]. Chemical Engineering Science, 1991, 46(1): 1—9.

[184] KOSTOGLOU M, KARABELAS A J. Toward a unified framework for the derivation of breakage functions based on the statistical theory of turbulence[J]. Chemical Engineering Science, 2005, 60(23): 6584—6595.

[185] KUMAR S, RAMKRISHNA D. On the solution of population balance equations by discretization—I. A fixed pivot technique [J]. Chemical Engineering Science, 1996, 51(8): 1311—1332.

[186] LEVICH V G, RICE S A. Physicochemical hydrodynamics[J]. Physics Today, 1963, 16(5): 75.

[187] LUO H, SVENDSEN H F. Modeling and simulation of binary approach by energy conservation analysis[J]. Chemical Engineering Communications, 1996, 145(1): 145—153.

[188] LUO H A, SVENDSEN H F. Theoretical model for drop and bubble breakup in turbulent dispersions[J]. AIChE Journal, 1996, 42(5): 1225—1233.

[189] NAMBIAR D K R, KUMAR R, DAS T R, et al. A new model for the breakage frequency of drops in turbulent stirred dispersions[J]. Chemical Engineering Science, 1992, 47(12): 2989—3002.

[190] OTAKE T, TONE S, NAKAO K, et al. Coalescence and breakup of bubbles in liquids[J]. Chemical Engineering Science, 1977, 32(4): 377—383.

[191] PRINCE M J, BLANCH H W. Bubble coalescence and break-up in air-sparged bubble columns[J]. AIChE Journal, 1990, 36(10): 1485—1499.

[192] RAMKRISHNA D. Population balances [M]. San Diego: Academic Press, 2000.

[193] TENNEKES H, LUMLEY J L. A first course in turbulence[M]. Cambridge: MIT Press, 1972.

[194] WANG T F, WANG J F, JIN Y. Theoretical prediction of flow regime transition in bubble columns by the population balance model[J]. Chemical Engineering Science, 2005, 60(22): 6199-6209.

[195] WANG T F, WANG J F. Numerical simulations of gas-liquid mass transfer in bubble columns with a CFD-PBM coupled model[J]. Chemical Engineering Science, 2007, 62(24): 7107-7118.

[196] ALDER B J, WAINWRIGHT T E. Phasetransition for a hard sphere system [J]. The Journal of Chemical Physics, 1957, 27(5): 1208-1209.

[197] VARGAS W L, MCCARTHY J J. Heat conduction in granular materials[J]. AIChE Journal, 2001, 47(5): 1052-1059.

[198] BATCHELOR G K, O'BRIEN R W. Thermal or electrical conduction through a granular material [J]. Proceedings of the Royal Society of London A Mathematical and Physical Sciences, 1977, 355(1682): 313-333.

[199] DI FELICE R. The voidage function for fluid-particle interaction systems[J]. International Journal of Multiphase Flow, 1994, 20(1): 153-159.

[200] CHEN S Y, MARTÍNEZ D, MEI R W. On boundary conditions in lattice Boltzmann methods[J]. Physics of Fluids, 1996, 8(9): 2527-2536.

[201] GUNSTENSEN A K, ROTHMAN D H, ZALESKI S, et al. Lattice Boltzmann model of immiscible fluids [J]. Physical Review A, Atomic, Molecular, and Optical Physics, 1991, 43(8): 4320-4327.

[202] ROTHMAN D H, KELLER J M. Immiscible cellular-automaton fluids[J]. Journal of Statistical Physics, 1988, 52(3): 1119-1127.

[203] SBRAGAGLIA M, BENZI R, BIFERALE L, et al. Generalized lattice Boltzmann method with multirange pseudopotential[J]. Physical Review E, Statistical, Nonlinear, and Soft Matter Physics, 2007, 75(2): 026702.

[204] SHAN X, CHEN H. Lattice Boltzmann model for simulating flows with multiple phases and components[J]. Physical Review E, Statistical Physics, Plasmas, Fluids, and Related Interdisciplinary Topics, 1993, 47(3): 1815-1819.

[205] SHAN X W, DOOLEN G. Multi-component lattice-Boltzmann model with interparticle interaction[J]. Journal of Statistical Physics, 1995, 81(1-2): 379-393.

[206] SWIFT M R, OSBORN W R, YEOMANS J M. Latticeboltzmann simulation of non-ideal fluids[J]. Physical Review Letters, 1995, 75(5): 830-833.

[207] SWIFT M R，ORLANDINI E，OSBORN W R，et al. Lattice Boltzmann simulations of liquid-gas and binary fluid systems[J]. Physical Review E，Statistical Physics，Plasmas，Fluids，and Related Interdisciplinary Topics，1996，54(5)：5041—5052.

[208] ZOU Q S，HE X Y. On pressure and velocity boundary conditions for the lattice Boltzmann BGK model[J]. Physics of Fluids，1997，9(6)：1591—1598.